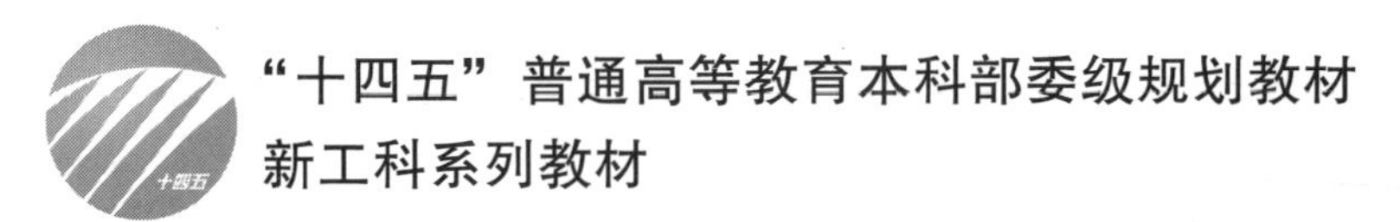

服装可持续设计与管理

洪岩　编著

中国纺织出版社有限公司

内 容 提 要

本书从“可持续时尚”的概念出发，阐述了时尚行业践行可持续的必要性；再分别从可持续时尚消费、可持续服装设计、可持续服装材料加工、服装供应链可持续管理、纺织品及服装回收、可持续品牌营销、产品生命周期分析、整体可持续对服装产业各环节可持续现状的影响以及如何践行可持续进行了阐述。

本书可作为高等院校服装设计、服装工程专业师生的教学用书，也可供从事以时尚为核心的设计与管理人员参考阅读。

图书在版编目（CIP）数据

服装可持续设计与管理 / 洪岩编著 .--北京：中国纺织出版社有限公司，2023. 5

“十四五”普通高等教育本科部委级规划教材 新工科系列教材

ISBN 978-7-5229-0515-0

Ⅰ. ①服… Ⅱ. ①洪… Ⅲ. ①服装设计—高等学校—教材 Ⅳ. ①TS941. 2

中国国家版本馆 CIP 数据核字（2023）第 068546 号

责任编辑：范雨昕 孔会云 责任校对：寇晨晨
责任印制：王艳丽

中国纺织出版社有限公司出版发行
地址：北京市朝阳区百子湾东里 A407 号楼 邮政编码：100124
销售电话：010—67004422 传真：010—87155801
http://www. c-textilep. com
中国纺织出版社天猫旗舰店
官方微博 http://weibo. com/2119887771
三河市宏盛印务有限公司印刷 各地新华书店经销
2023 年 5 月第 1 版第 1 次印刷
开本：787×1092 1/16 印张：14. 25
字数：315 千字 定价：58. 00 元

凡购本书，如有缺页、倒页、脱页，由本社图书营销中心调换

前言

近年来，在消费者“追新求异”的衣着需求和企业“快时尚”所带来利润的驱动下，纺织服装行业使环境负重不断增加，随着“碳达峰、碳中和”成为中国乃至全球环境可持续的发展目标，加快推动绿色低碳发展、持续改善生态环境质量，已是国内纺织服装行业的未来焦点。

依照2021年发布的《国民经济和社会发展第十四个五年规划和2035年远景目标纲要》《纺织行业“十四五”发展纲要》和《中国服装行业“十四五”发展指导意见和2035年远景目标》，在分析总结行业发展现状及“十四五”所面临形势的基础上，提出了纺织服装业未来发展的主题词为“科技、时尚、绿色（可持续）”。

中国纺织工业联合会会长孙瑞哲也在首届世界时尚科技大会上表示，“负责任、可持续的时尚是全球时尚行业未来趋势之一。”时尚企业要以责任为根本原则，参与打造可持续的产业价值生态，承担起“碳达峰、碳中和”的社会责任。

可持续时尚作为近年来纺织服装行业的新概念，意味着要将绿色环保与减碳理念贯穿于纺织服装的制造生产。可持续时尚是时尚行业绿色低碳及社会责任的转型，是一个新的工业革命。可持续是一个不断升级的过程，需要持续创新和优化。纺织服装行业要加快构建绿色低碳循环产业体系，不断学习、调整、创新和提升，形成切实可行的可持续发展解决思路或方案。如何探索更加绿色、环保的可持续时尚方向，目前众多行业人士已经在行动。

要实现服装产业的可持续，须从原材料选取加工之初就要遵循可持续原则，并在后续设计、加工、运输、消费、处置中都要以“绿色、低碳、循环”为标准。本书从其服装产业整体可持续的中心思想出发，阐明了当前服装业不可持续的现状，提出了实现服装业各环节一些较可行的可持续发展方案，并总结了服装业实行可持续发展的意义，倡导服装业绿色可持续发展。

全书共9章，从“可持续时尚”的概念出发，阐述了时尚行业践行可持续的必要性；再分别从可持续时尚消费、可持续服装设计、可持续服装材料加工、服装供应链可持续管理、纺织品及服装回收、可持续品牌营销、产品生命周期分析、整体可持续对服装产业各环节可持续现状的影响以及如何践行可持续进行了阐述。在资料检索、内容组织等方面获得了季安之、王雅贤、韦凌文、汪旭甜、王星源、阴旭东、朱忠义的支持与帮助。在此，向以上人员表示衷心的感谢。

此外，特别感谢上海成功湖时装工艺有限公司总经理郑荣升对书稿进行了审阅，并提出了宝贵意见。

在本书的撰写过程中，作者希望自己能够源于经典的或已被证明的正确理论、原理和方法，将自己的所思所想，清晰明了地传递给读者；也希望展现一些新颖，且具有代表性的案例供读者思考借鉴，希望能图文并茂地向读者介绍服装产业可持续发展的意义。但由于目前国内外可供参考的有关服装行业可持续发展的资料并不多，限于作者水平，书中可能存在纰漏和不足之处，诚挚欢迎各位读者批评指正！

洪岩

2023 年 1 月

目录

第一章　绪论

自工业革命开始，时尚产业飞速发展，时尚经济已经逐步成为现代经济模式的主要代表，然而时尚产业往往伴随着高污染、高能耗和一些道德问题，环保意识和社会责任感在时尚领域中越来越普及。为促进时尚产业的可持续发展，首先需要对时尚和可持续时尚的概念进行简要的铺垫。本章为导入章节，主要介绍时尚产业与时尚产业环节、可持续发展的概念及基本准则和时尚产业的可持续发展三大部分，为读者建立一定的时尚理论基础，从而引发对可持续时尚的思考。

第一节　时尚产业与时尚产业环节

一、时尚的概念

在《辞海》中，“时尚”的释义为“一种外表行为模式的流传现象。如在服饰、语言、文艺、宗教等方面的新奇事物往往很快吸引多数人采用及模仿、流传和推广。时尚表达了人们对美的爱好和欣赏或借此发泄个人内心被压抑的情绪，属于人类行为的文化模式的范畴。时尚可看作习俗的变动形态，而习俗可看作时尚的固定形态”。

不同学科的专家对于“时尚”的理解和表达各有侧重。在哲学家眼里，时尚是一个相对宽泛的概念。齐奥尔格·西美尔（Georg Simmel）在《时尚的哲学》中写道，时尚是既定模式的模仿，它满足了社会的需要，把个人引向每个人都在行进的道路，它提供了一种把个人行为变成模板的普遍性规则。他认为时尚是一个广泛的社会现象，包括所有社会场所、语言应用以及交流方式同样属于时尚的范畴。从服装与时尚的关系方面看，批评家和符号学家巴尔泰斯（Roland Barthes）认为，如服装是时尚的物质基础，而时尚本身是一个含义丰富的文化系统。在服装领域，凯萨（Susan B. Kaiser）将“时尚”定义为：某种包含新款式的创造并介绍给消费大众以及广受其欢迎的动态社会过程，而当作为物品时表示在特定时间受广大团体欢迎的某种款式。

国内学者对时尚的研究相比国外起步稍晚。20 世纪 40 年代社会学家孙本文在《社会心理学》中曾给时尚做出如下定义：“所谓时尚即一时崇尚的式样。式样就是任何事物所表现的格式……只要社会上一时崇尚，任何有式样可讲的事物，都可称为时尚。”他认为，时尚不仅是人的行为模式，也可以包括物的形状模式。陈创生认为，“时尚是社会变动的一种表现形式，时尚不仅表现为一种物质样式、一种行为方式，更包括一种意义、一种文化。它是根据历史的变化着的各种代码、样式和符号系统制造出来的”。贺雪飞把时尚作为一种独特的文化现象和文化形态，在对时尚文化的属性和定义、产生和形成条件、话语特征等方面进行论证之后指出，“时尚文化不仅是文化的表征，也是社会的镜子，其潮起潮落的转换无不折射着社会政治、经济、文化不断演变的轨迹”。

有一位设计师曾说过："'时尚'不仅关于服饰，时尚无处不在，时尚是创意和想法，它跟人们的生活方式有关，也跟世界上正在发生的事息息相关。"

时尚需要同时具备三个要素：符合时代感；有一定的流行度，即受众群；不断变化的。

二、时尚风格

时尚风格，指一个时代、一个民族、一个流派或一个人的服装在形式和内容方面所显示出来的价值取向、内在品格和艺术特色，是服装整体外观与精神内涵相结合的总体表现，能传达出服装的总体特征。

时尚风格所反映的客观内容，主要包括三个方面，一是时代特色、社会面貌及民族传统；二是材料、技术的最新特点和它们审美的可能性；三是服装的功能性与艺术性的结合。某一时期的时尚风格代表了那个时代的历史渊源、文化渊源和地域渊源。以下简要介绍20世纪的服装风格衍变。

（一）19世纪末至20世纪

维多利亚时期（1837—1901），指英国维多利亚女王在位期间的服饰风格。服饰特点是细纱、蕾丝、荷叶边、缎带、蝴蝶结等。人们喜欢在领口、袖口、裙摆处都露出蕾丝花边，就连在当时流行的下午茶的餐桌上，也要铺上白色刺绣蕾丝的桌布和餐巾，才显得十分有情调。

（二）20世纪初

到了20世纪初，随着妇女独立自主运动的活跃和第一次世界大战的爆发，服装风格从维多利亚末期的华丽保守的旧时代迈入了更加简单朴素的样式，更加注重实用性，例如裙长变短，露出脚部，裙摆变窄。

（三）20世纪20年代

叛逆、大胆、革新是20世纪20年代的写实。人们把对战争的不满宣泄出来，服装更加大胆新颖，新的创造力带领时尚潮流进入新篇章，女性服饰得到了彻底的自由与解放，彻底摒弃了繁杂的教条与传统华丽的服饰，开启了时尚潮流的黄金十年。

（四）20世纪30年代

在第一次世界大战结束后，西方又迎来了为期四年的经济大萧条，女性从社会岗位上重回家庭，开始厌倦模仿男性的服装，而是追求具有女性传统特征的美：典雅、贴身、苗条。服装的外形更加偏向纤细、修长、成熟和优雅，这成为20世纪30年代女性的代名词，而此时在晚礼服中，背部大胆采用深V型的领口，裸露出大部分的面积，展现女性的优雅与华丽。为了尽可能展现优雅，突出女人天生的流线形体态，设计师们通过深V露背、斜裁、垂悬、围裹等手法突出线条的精致，露出背部线条，更是被看作是女性美感和性感的象征。

（五）20世纪40年代

1939年爆发了第二次世界大战，这是人类历史上惨痛的经历，却也让人们被压抑的对于美的追求再次迸发，成为引领服装时尚界进入一段更加辉煌的岁月。在第二次世界大战期间，环境很艰苦，西方女性仍希望有一套干练实用的服装，伦敦时尚协会成员设计出一系列简洁却不失高雅的日间服装，服装的款式和设计已经有了很大的改变。风衣、西装、制服不仅保持了30年代的优雅风格，还使身体轮廓更加分明。高腰裤和休闲裤也成为女性日常打扮的一部分，这样更加便于她们行走、工作。这也是女性越来越趋向独立自主的象征。

（六）20世纪50年代

第二次世界大战结束之后，全球经济迅猛发展，人们的生活水平也不断提高，人们把更多的时间和金钱投在时装方面。此时的女性服装，在轮廓上追求的是娇柔而优雅、斜肩、圆滚的臀部和狭窄的腰部。自1947年迪奥（Dior）的首次发布以来，带来了new look时尚潮流。

（七）20世纪60年代

20世纪60年代是一个完全打破传统，鼓励自我表达、放飞自我、随心所欲的年代。受当时年轻人的影响，这十年涌现出大量的风格灵感具有一定的改革性。迷你裤、喇叭裤、牛仔裤都成为时尚的穿搭标配，将服装带回最简洁、自然的时刻。

（八）20世纪70年代

20世纪70年代，受嬉皮士文化和后现代主义绘画的直接影响，人们彻底抛弃了华丽而束缚的着装，爱上了随意的风格。这是多元、自由的时刻，人们随意搭配，不再统一或格式化，阔腿裤、牛仔裤都开始大面积流行。

（九）20世纪80年代

到了20世纪80年代，时装潮流更加多元化，高收入的人群追寻高档名牌和高级女装，年轻的消费者打扮得十分前卫时髦，追求个性，表现自我，喜爱自由。随着女权运动的加深，服装中出现了很夸张的垫肩套装，下身搭配紧身的窄裙，形成一个倒三角，使女性也拥有权威感。这一时期代表设计师是阿玛尼和拉格菲尔特。

（十）20世纪90年代

到了20世纪90年代，随着科技的发展，人们开始重视生态环境的问题。他们提倡节俭，回归最纯朴自然的环保状态。90年代的主流时尚就是简约主义的服装。

三、时尚产业

时尚产业是指以文化为依托，技术为基础，通过创新、创意和创造对各类传统产业资源要素进行整合、提升后形成的新兴产业链，是跨越先进制造业与现代服务业产业界限的综合化产业。服装是时尚的一个表现方式。

时尚产业不是单一产业，是产业集群的综合表现。时尚的概念又是随着时代的进步不断变化的。时尚产业既有先进制造业的概念，也有传统手工业的技艺；既有现代审美的需求，也有传统文化的利用；是融合了第二产业的制造，第三产业中的商业、媒介、媒体、设计等一系列的业态，是创意性、生产性的新兴产业运作方式。时尚产业的流程如图1-1所示。

由图1-1可知，时尚产业最基本的层级是由原材料的生产商和供应商组成。大部分的原材料用于时尚行业的生产中。第二层级是设计和生产时尚产品。设计师根据对时尚流行趋势的预测与解读，产生可销售的概念，创造出时尚产品。服装制造商购买原材料、裁剪和缝制服装，从而制成制成品。时尚制成品通过位于时尚市场中心的销售代表以及购买转售给零售商的批发商进行销售。该流程图中的最后一个环节是零售商。零售商通过商店或直接营销与最终消费者产生直接联系。除了各种生产商、制造商和零售商之外，时装业还包括许多辅助企业，它们促进时装、传播信息和协助行业的其他部门的发展。

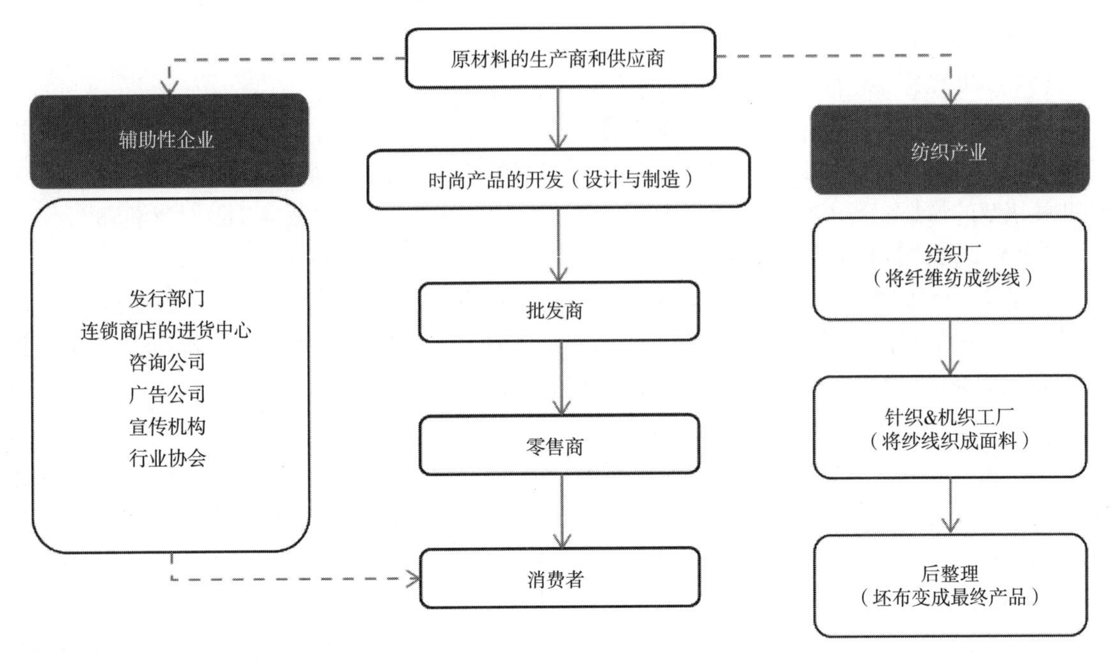

图 1-1　时尚产业的流程

时尚产业的范围是广泛和多样化的。企业的所有部门都是相互关联的，都有着相同的最终目标——确定消费者想要购买什么样的商品，并通过生产和销售这些商品来赚取利润。随着立法的改变和全球范围内贸易壁垒的逐步消除以及互联网的发展，时尚产业越来越成为一个全球性的行业。

四、时尚产业环节

如图 1-2 所示，时尚产业的各环节包括纤维、纱线、辅料（包括配饰、缝纫线、标签）的供应商，面料的购买商，时尚产品的设计与开发，时尚产品制造商和承包商，时尚产品的分配和销售以及最终的回收。

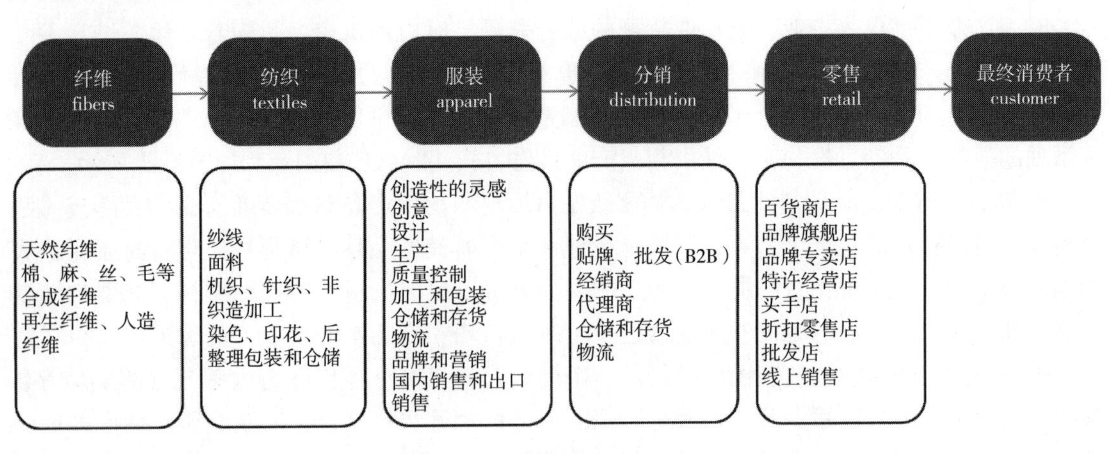

图 1-2　时尚产业的各环节

第二节 可持续发展的概念及基本原则

一、可持续发展的概念

20 世纪 60 年代末，人类开始关注环境问题。1972 年 6 月 5 日，联合国在斯德哥尔摩召开了人类环境会议，提出“人类环境”的概念，并通过人类环境宣言，成立了环境规划署，首次将环境问题纳入世界各国政府和国际政治的事务议程。“可持续发展”的概念，最早是在这次会议上正式讨论的。

1987 年 4 月 27 日，世界环境与发展委员会发表了一份《我们的共同未来》（*Our Common Future*）的报告，即《布兰特报告》（*Brundtland Report*），提出了“可持续发展”的概念。定义为“可持续发展是指既能满足当代人的需要，又不对后代人满足其需要的能力构成危害的发展”。

1992 年 6 月 3 日至 14 日，联合国环境与发展大会，是官方对可持续发展讨论的高峰。大会通过了《里约热内卢环境与发展宣言》（*Rio Declaration*）以及《二十一世纪议程》（*Agenda* 21）。大会标志着人类对环境与发展的认识提高到了一个崭新的阶段。大会为人类高举可持续发展的旗帜，走可持续发展之路发出了总动员，可持续发展得到世界最广泛和最高级的政治承诺。

2009 年，时尚产业首次参与哥本哈根世界气候大会，时尚产业的可持续发展就在商业可持续、社会文化可持续、环境可持续等方向上展开了努力。在国际组织层面，诞生了联合国可持续时尚联盟。在企业间，则有由开云集团总裁 Francois-Henri Pinault 牵头，与一些知名品牌一起签订了一份《时尚公约》（*Fashion Pact*）的协议书。这份 *Fashion Pact* 协议书中确立了不同的可持续发展目标来应对目前地球环境的变化，以此来拯救海洋污染和恢复生物的多样性。其中更是确立了要在 2030 年前停用一次性塑料产品，减少碳的排放量，并解决在生产过程中微纤维的污染以及支持农业的再生发展。解决时装产业的生产污染问题以此减缓全球化问题。

1992 年，联合国环境与发展大会前后，全球范围对可持续发展问题展开了热烈讨论，其中，最具有代表性，也是影响较大的可持续发展定义，可以概括为以下几个方面。

1. 从经济属性定义可持续发展 这类定义有不少表达方式。不管哪一种表达方式，都认为可持续发展的核心是经济发展。在《经济、自然资源、不足和发展》一书中，作者 Edward B. Barbier 把可持续发展定义为“在保持自然资源的质量和其所提供服务的前提下，使经济发展的净利益增加到最大限度”。还有的学者提出，可持续发展是“今天的资源使用不应减少未来的实际收入”。当然，定义中的经济发展已不是传统的以牺牲资源和环境为代价的经济发展，而是“不降低环境质量和不破坏世界自然资源基础的经济发展”。具体可持续时尚的商业价值与意义，将由本章第五节以开云集团为例进行说明。

2. 从社会属性定义可持续发展 1991 年，由世界自然保护同盟、联合国环境规划署和世界野生生物基金会共同发表了《保护地球——可持续生存战略》（*Caring for the Earth*：*A Strategy for Sustainable Living*）（以下简称《生存战略》）。《生存战略》提出的可持续发展定义为："在生存于不超出维持生态系统涵容能力的情况下，提高人类的生活质量"，并且提出可持续生存的九条基本原则。在这九条基本原则中，既强调了人类的生产方式与生活方式要与地球承载能力保持平衡，保护地球的生命力和生物多样性，同时，又提出了人类可持续发展的价值观和130个行动方案，着重论述了可持续发展的最终落脚点是人类社会，即改善人类的生活质量，创造美好的生活环境。《生存战略》认为，各国可以根据自己的国情制定各不相同的发展目标。但是，只有在"发展"的内涵中包括有提高人类健康水平，改善人类生活质量和获得必须资源的途径，并创造一个保持人们平等、自由、人权的环境，"发展"只有使我们的生活在所有这些方面都得到改善，才是真正的"发展"。

3. 从自然属性定义可持续发展 较早的时候，持续性这一概念是由生态学家首先提出来的，即所谓生态持续性。它旨在说明自然资源及其开发利用程度间的平衡。1991年11月，国际生态学协会（Intecol）和国际生物科学联合会（Lubs）联合举行关于可持续发展问题的专题研讨会。该研讨会的成果不仅发展而且深化了可持续发展概念的自然属性，将可持续发展定义为：保护和加强环境系统的生产和更新能力。从生物圈概念出发定义可持续发展，是从自然属性方面定义可持续发展的一种代表，即认为可持续发展是寻求一种最佳的生态系统以支持生态的完整性和人类愿望的实现，使人类的生存环境得以持续。

4. 从科技属性定义可持续发展 实施可持续发展，除了政策和管理国家之外，科技进步起着重大作用。没有科学技术的支持，人类的可持续发展便无从谈起。因此，有的学者从技术选择的角度扩展了可持续发展的定义，认为"可持续发展就是转向更清洁、更有效的技术，尽可能接近'零排放'或'密闭式'工艺方法，尽可能减少能源和其他自然资源的消耗"。还有学者提出，"可持续发展就是建立极少产生废料和污染物的工艺或技术系统"。他们认为，污染并不是工业活动不可避免的结果，而是技术差、效益低的表现。

二、可持续发展的三要素

《21世纪议程》将可持续概念划分为三大领域，即经济（economic）、环境（environment）和社会（social），并将它们定义为可持续发展的三大支柱，如图1-3所示。

（一）经济可持续发展

可持续发展鼓励经济增长而不是以环境保护为名取消经济增长，因为经济发展是国家实力和社会财富的基础。但可持续发展不仅重视经济增长的数量，更追求经济发展的质量。可持续发展要求改变传统的以"高投入、高消耗、高污染"为特征的生产模式和消费模式，实施清洁生产和文明消费，以提高经济活动中的效益、节约资源和减少废物。从某种角度上，可以说集约型的经济增长方式就是可持续发展在经济方面的体现。

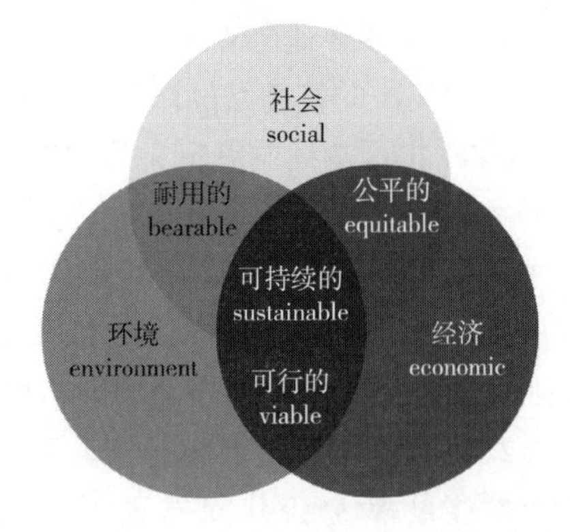

图1-3 可持续发展的三要素

（二）环境可持续发展

可持续发展要求经济建设和社会发展要与自然承载能力相协调。发展的同时必须保护和改善地球生态环境，保证以可持续的方式使用自然资源和环境成本，使人类的发展控制在地球承载能力之内。因此，可持续发展强调了发展是有限制的，没有限制就没有发展的持续。生态可持续发展同样强调环境保护，但不同于以往将环境保护与社会发展对立的做法，可持续发展要求通过转变发展模式，从人类发展的源头、从根本上解决环境问题。

（三）社会可持续发展

可持续发展强调社会公平是环境保护得以实现的机制和目标。可持续发展指出世界各国的发展阶段可以不同，发展的具体目标也各不相同，但发展的本质应包括改善人类生活质量，提高人类健康水平，创造一个保障人们平等、自由、教育、人权和免受暴力的社会环境。这就是说，在人类可持续发展系统中，经济可持续是基础，生态可持续是条件，社会可持续才是目的。下一世纪人类应该共同追求的是以人为本位的自然—经济—社会复合系统的持续、稳定健康发展。

三、可持续发展的基本原则

（一）公平性原则

公平是指机会选择的平等性。可持续发展的公平性原则包括两个方面：一方面是本代人的公平即代内之间的横向公平；另一方面是指代际公平性，即世代之间的纵向公平性。可持续发展不仅要实现当代人之间的公平，而且也要实现当代人与未来各代人之间的公平，因为人类赖以生存与发展的自然资源是有限的。从伦理上讲，未来各代人应与当代人有同样的权力来提出他们对资源与环境的需求。各代人之间的公平要求任何一代都不能处于支配的地位，即各代人都应有同样选择的机会空间。

（二）持续性原则

这里的持续性是指生态系统受到某种干扰时能保持其生产力的能力。资源环境是人类生存与发展的基础和条件，资源的持续利用和生态系统的可持续性是保持人类社会可持续发展的首要条件。这就要求人们根据可持续性的条件调整自己的生活方式，在生态可能的范围内确定自己的消耗标准，要合理开发、合理利用自然资源，使再生性资源能保持其再生产能力，非再生性资源不至过度消耗，并能得到替代资源的补充，环境自净能力能得以维持。可持续发展的可持续性原则从某一个侧面也反映了可持续发展的公平性原则。

（三）共同性原则

可持续发展关系到全球的发展。要实现可持续发展的总目标，必须争取全球共同的配合行动，这是由地球整体性和相互依存性所决定的。因此，致力于达成既尊重各方的利益，又保护全球环境与发展体系的国际协定至关重要。实现可持续发展就是人类要共同促进自身之间、自身与自然之间的协调，这是人类共同的道义和责任。

四、可持续设计的基本原则

（一）3R 原则

2002 年的“能源 · 环境 · 可持续发展研讨会”提出了要发展 3R 环保技术，如图 1-4 所示，即减量化（reduce）、再使用（reuse）和再循环（recycle），这被认为是可持续发展中被广泛认可的解决方案之一。追求 3R 的最终目标是实现循环绿色经济，通过节约、回收和再利用，使物品的价值得到最大的开发和使用。

图 1-4　3R 环保技术

1. 减量化原则　减量化原则指的是尽可能减少所有的消耗、浪费或使用的资源。要求用较少的原料和能源投入来达到既定的生产目的或消费目的，进而到从经济活动的源头就注意节约资源和减少污染。此外，减量化原则要求产品的包装应该追求简单朴实而不是豪华浪费，从而达到减少废物排放的目的。例如德国品牌 LOQI，号称“环保袋里的爱马仕”，该品牌使用欧盟 Oeko-Tex 认证的可再生面料，印染的油墨都是环保的，如图 1-5 所示。又例如瑞士的品牌 Freitag，该品牌使用废旧的卡车车篷制作包袋，手工裁剪缝制，每一款产品的花色都独一无二。

2. 再使用原则　再使用原则是指反复多次使用资源或者通过对物品进行改造，激发出新的使用价值。要求制造产品和包装容器能够以初始的形式被反复使用。再使用原则要求抵制当今世界一次性用品的泛滥，生产者应该将制品及其包装当作一种日常生活器具来设计，使其可以被再三使用。再使用原则还要求制造商应该尽量延长产品的使用期，而不是非常快地更新换代。例如，宜家旗下 Hilver 餐桌拥有一个可以变成凳子的包装纸。取出餐桌，包装纸简单处理一下，就可以变成一把不错的凳子。

3. 再循环原则　再循环原则要求生产出来的物品在完成其使用功能后能重新变成可以利

图 1-5　LOQI 品牌的环保袋
（图源：LOQI 官网）

用的资源，而不是不可恢复的垃圾。按照循环经济的思想，再循环有两种情况，一种是原级再循环，即废品被循环用来产生同种类型的新产品，例如报纸再生报纸、易拉罐再生易拉罐等；另一种是次级再循环，即将废物资源转化成其他产品的原料。原级再循环在减少原材料消耗上面达到的效率要比次级再循环高得多，是循环经济追求的理想境界。例如，Prada 于 2020 年 12 月启动的 Upcycled by Miu Miu 项目中，对经典设计进行升级再造，赋予它们二次生命，使旧衣物焕发新光彩，如图 1-6 所示。

图 1-6　对旧衣的升级再造
（图源：Prada 官网）

（二）8R 原则

在原先 3R 原则的基础上，加拿大设计师、Tush Skivvies 创意总监 Amelie Mongrain 提出 6R 原则，呼吁衡量一个国家的时尚文化，要多地关注慢时尚。HSIEH 为健全废物管理体系提出了 7R 黄金法则。在现有理论基础上，本书基于生命周期从“设计师—产品—环境”的角度梳理出可持续服装设计的 8R 原则，如图 1-7 所示。

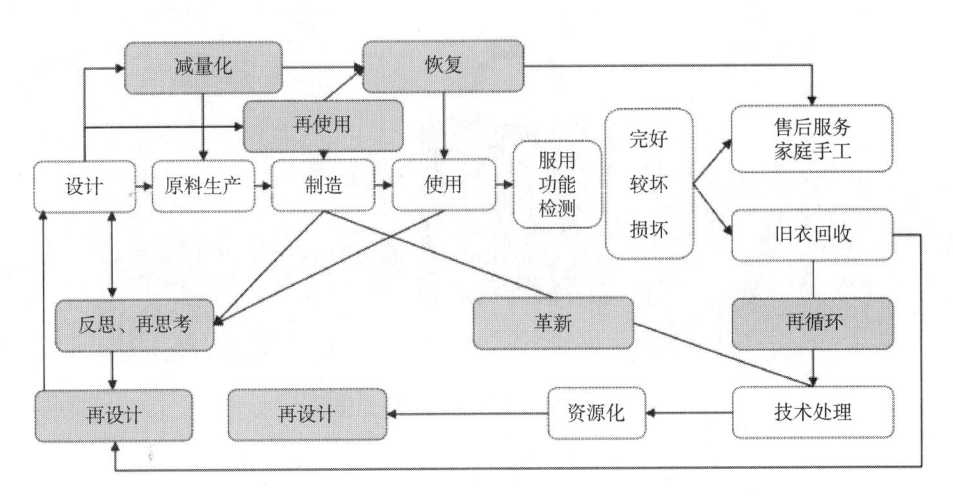

图 1-7　服装生命周期中 8R 原则关系

1. 再思考(rethink)　首先，在思想源头上设计师要对现有设计模式及生产过程中造成的资源浪费、环境污染等问题进行反思，转变设计思路，探寻新的设计方向，赋予服装可持续生命力。其次，追踪记录流通于市场的可持续性设计产品，对反馈问题进行重新思考，避免在践行可持续时尚发展时误入歧途。

2. 再使用(reuse)　再使用原则是指服装的设计需要多元化、可变性，材料力求耐磨、耐脏。具体表现为最大限度地挖掘产品的使用功能，以满足消费者的多重需求，延长服装的生命周期，降低购买力度，放缓产品的更替速度。服装产品的再使用除了对材料性能有高要求外，设计师还要兼顾服装结构转变对人体舒适度及材料使用合理性之间的平衡。

3. 减量化(reduce)　减量化原则是指在设计及生产过程中用较少的原料和能源投入达到生产与消费目的。在设计方面，主要体现在如何降低边角余料的产生。在生产方面，具体表现为合理使用自然资源、降低污染风险、减少化学剂、减少资源消耗、降低碳排放量的产生。

4. 革新(renovation)　革新原则是指技术与方法的革新，审视以往设计与生产过程，保留并完善积极有效的方法，剔除只强调经济效益而忽视环境影响的生产方式，提出科学有效的创新方法。

5. 恢复(recovery)　恢复原则在微观层面上是对服装进行修复和维护，主要体现在服装的售后服务及家庭手工方面。在宏观层面上，通过一系列有效的方法解决污染问题，使生态系统恢复生机。如收集自然环境中的废弃纺织物、生活废品等进行回收利用，减少环境污染，从而提高生态系统的恢复力。

6. 再设计(redesign)　再设计原则是指对已存在的物品或设计用全新的思维方式进行二次设计，旨在推翻原有事物的存在方式、使用价值及精神寓意，开创出全新的设计思路。在服装设计中，再设计通常是指对过时的、不符合当下文化潮流及审美的旧时装进行二次设计，使其重新被大众所接受。再设计原则还包括对受到一定程度破坏但保留部分服用功能的服装进行解构重组，赋予其全新的使用功能及服用价值。

7. 再循环(recycle) 再循环原则是指产品在完成其实用功能后被重新资源化利用，而不是直接丢弃。在服装设计中实现再循环有两种方式：具有完好服用功能的旧衣物通过情感连接进行再循环使用，常见的方式有公益组织发起的旧衣物捐赠活动等；将真正意义的使用寿命终结的服装通过专业的技术处理，重新加工成全新的材料，再次进入生产与使用环节。

8. 再生产(remanufacture) 再生产原则就是指反复进行的社会生产活动，是针对服装产业传统的“取材—制造—废弃”线性生产模式而提出的解决思路及设计原则。再生产原则贯穿于上述7R原则中，是实现7R原则的主要手段。首先要求设计师在设计之初，就要全面考虑产品在产业链各阶段再生产的可能性；其次要求制造商担负起生产责任，不断实现原料的重复利用，形成闭合循环模式；最后是消费者的再消费，即消费者所购买的产品是由前人消费的产品经分解、重组而成。

第三节 时尚产业的可持续发展

一、时尚产业可持续发展的必要性

自工业革命开始，时尚产业飞速发展，时尚经济已经逐步成为现代经济模式的主要代表。在时尚经济中，快时尚是其中的重要组成部分，占据了很大一部分市场份额。虽然快时尚潮流已成为时尚产业的代名词，但是快时尚始终伴随着高能耗和高破坏。快时尚是服装企业对市场的时尚设计快速反应，在快时尚概念的带领下，服装企业设计与生产紧贴最新时装潮流的服装产品，并且以低廉的价格流入卖场。快时尚是时装设计以最快的方式进入商店，以响应最新趋势的结果。在这样的模式下，快时尚产品逐步演变成廉价和消费者可以负担得起的服装产品。此外，伴随着快时尚服装生产的速度快和价格低廉，随之引发许多道德方面的问题，包括薪资待遇、工作环境、身心健康安全得不到保障等一系列劳工权益问题。虽然快时尚潮流已成为时尚产业的代名词，但也正是因为要以“快”挣钱，所以牺牲环境、资源、道德等问题也成为近年来快时尚饱受争议的一大话题，时尚产业的可持续发展势在必得。

（一）环境污染

时尚产业是仅次于石油化工产业的全球第二大环境污染制造者。时装中所使用到的纤维、配料以及时装在生产和分配时都造成了不同形式的环境污染，包括水、空气、土壤等。联合国2018年“可持续发展”高级别政治论坛上的数据显示，时尚行业每年所排放的废水占到全球总量的20%，所释放的二氧化碳占总量的10%，超过了所有国际航班和远洋海运排放量的总和。据联合国预测，到2030年，如果全球人口达到85亿，那么服装消费量将增至1.02亿吨，这意味时尚供应链上巨大的资源消耗、劳动力投入和污染排放。

1. 水污染 废弃纺织品的化学物质会逐步析出，污染土壤和地下水。生产服装的一些工序，包括退浆、精练、漂白、丝光、染色、印花、整理等，产生的污水具有水量大、浓度高、大部分呈碱性且色泽深的特点，是工业污水中较难处理的一类污水，对环境和水资源的安全构成了严重威胁。

2. 空气污染 在英国，每年完全没穿过的衣服多达24亿件，价值高达100亿英镑（约合885亿元人民币），平均每户每年要丢掉26件还可以穿的衣服。而全世界仅有20%的服装能被回收或再利用，大量的时尚产品和服装产品最终成为垃圾填埋场的废物或被焚烧。焚烧衣物后产生的大量毒素和有害气体被释放到空气中，对空气质量造成严重污染。此外，世界上很多服装都是在印度或孟加拉国生产制造，这些国家基本上选用的能源都是煤炭，煤炭会释放出大量的温室气体。在生产合成纤维时，则会释放出一种比二氧化碳破坏性还要强300倍的一氧化二氮。

3. 土壤污染 每年，在所有的纺织品中有约80%被丢弃到垃圾处理厂被填埋，而这80%的服装足以填满整个悉尼海港。被填埋的服装大多是由合成纤维制成的，是由不可生物降解的纤维组成，只会堆积在垃圾填埋场中，并数千年不会被降解。此外，合成纤维制成的衣物需要上百年才能降解。这些废弃物占用了大量的土地资源，给土壤带来严重的威胁。

4. 威胁到动物和人类 在日常生活中，人们每次洗衣服（涤纶、锦纶等材质）时，约有1900条单独的细微纤维脱落，每年大概会向海洋释放50万吨微纤维，相当于500亿个塑料瓶，这些塑料颗粒不会被大自然所分解。其他研究表明，水里的鱼儿会吸收塑料颗粒中的有毒化学物质，在某种情况下，塑料颗粒会影响海里生物的发育，从而影响某个种群，塑料颗粒在鲸、海龟和其他生物体内不断积累，慢慢地它们会因此而死去。小型水生生物也会摄取这些塑料颗粒，然后被小鱼吃掉，小鱼又被大鱼吃掉，最终人类会因为食用这些大鱼威胁到自身的健康。

（二）道德问题

在20世纪90年代初期，就已经有社会群体关注到服装行业生产供应链中对环境的污染问题和剥削劳工的现象。1991年，美国劳工活动家杰弗里·巴林格（Jeffrey Ballinger）发表了一份关于耐克在印度尼西亚工厂做法的报告，揭露了一起丑闻：低于最低工资、童工和被比作“血汗工厂”的工作条件。在这些社会群体的影响下，慢慢开始催生出一些具备责任意识的品牌和社会性组织，共同致力于减少时尚行业对人类和地球的负面影响。

但真正让“道德时尚”引发全球关注的，却是一起惨案。2013年孟加拉国首都卡达一座名为拉纳大厦的快时尚制衣“血汗工厂”坍塌，导致1000多人丧生，2000多人受伤。这座8层建筑包含多家服装工厂。在工人发现建筑出现严重裂缝时，工人还被强制要求继续工作，并被告知无任何安全问题，而这些付出生命代价的工人每日工资只有2美元。更为讽刺的是，这一年是时尚行业最赚钱的一年——时尚行业利润高达3万亿美元。近几年来，“血汗工厂”虽有所收敛，但仍层出不穷。

2013年5月8日，达卡Mirpur工业区内一家服装厂发生火灾，火灾发生在一栋11层高的大楼内，最终8人丧生。

快时尚品牌为了降低劳动成本，将工厂转移到劳动力比较廉价的地方，这样可以让自己在市场中比较有竞争力，赢得更多的市场份额，从而赚取更多的利润。过去，许多国际企业将大批工厂开办在中国的沿海地区，随着中国经济发展，人工成本上升，服装制造业就向人工成本和地价都更低廉的更下游国家发展。

2016年，一个名为Labor Voices的非营利组织产出了第一份关于“血汗工厂”的数据报告。这份报告调查了土耳其50个地区的9000多名工人，其中，3217名分享了他们对工作条件的评定。这些评分由多个元素构成，比如防火措施、薪资水平、工作时长、虐待、环境清洁度和童工使用情况等。然而调查结果并不乐观，44%的人受到过言语上的侮辱，38%被强迫不间断地工作14天……这已经违反了国际劳动法。另外，还有55%的人指出，厕所和餐厅卫生条件较差，或根本无法使用。

由此，道德时尚作为可持续时尚中的重要环节之一，近年来得到了广泛的关注。

二、可持续时尚的概念

可持续时尚（sustainable fashion）是近年来在时尚圈、服装界、环保领域非常流行的概念，从设计师到企业经营者、从环保专家到联合国官员，都在倡导“可持续时尚”。“可持续时尚”概念的提出，可以追溯到1962年美国生物学家雷切尔·卡森出版的《寂静的春天》一书，她在书中揭露了农业化学品滥用所导致的严重和广泛的污染问题。

在维基百科中，可持续时尚这样定义：它是促进时尚产品和时尚系统向生态更加完整性和社会正义性转变的行为和过程。可持续时尚不仅涉及时尚纺织品或产品，还包含整个时尚系统，这意味着相互依存的社会、文化、生态，甚至金融体系都囊括其中。可持续时尚需要从许多相关利益者的角度来思考，如消费者、生产者、生物物种、现在和未来的子孙后代等。

绿色战略（green strategy）组织对于“可持续时尚”给出如下定义：通过可持续的方式进行制造、销售和使用的服装、鞋和配件，与此同时还应该考虑到这一过程中对于环境和社会经济所造成的影响。

可持续时尚分为道德时尚、慢时尚、循环时尚和纯素时尚，如图1-8所示。

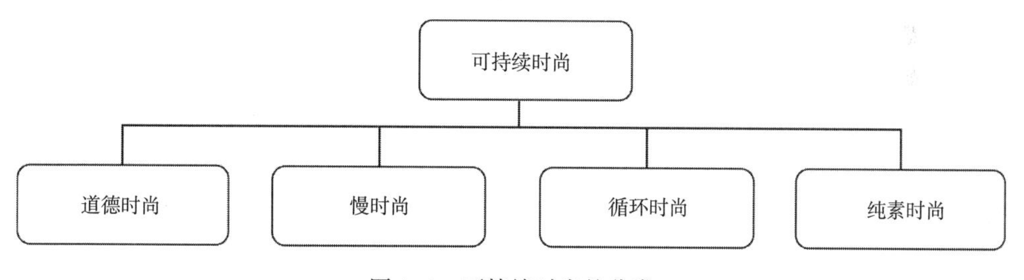

图1-8　可持续时尚的分类

（一）道德时尚

道德时尚（ethical fashion）更加侧重于时尚行业的社会影响，更加注重人权的考量。道德时尚关注劳工薪资待遇、工作环境、身心健康安全、非法童工等一系列劳工权益问题。同时，道德时尚也包括平等权利、纯素时尚和无残害时尚。

不同专家对于道德时尚的有着不同的定义。

道德时尚，旨在减少时尚行业对个人、动物和地球的负面影响。生产一件衣服将涉及设计、劳动力和材料，道德时尚指从原材料种植到整个成衣的过程中，每一步都应该善待地球和人类。

道德时尚，是指在服装设计、生产和分销中都注重减少对人类和地球的伤害。在最理想的状态下，道德时尚应该使生产供应链上的劳动者受益，并为所有人创造一个更好的未来，而不仅是为食物链最顶端的人创造利益。

虽然，对于道德时尚，目前并没有统一的定义。但总体来说，道德时尚更为关注时尚行业对社会的影响（包括劳工权益及动物福利问题），其原则主要旨在减少时尚行业对于人类、动物和地球的负面影响。

在上述孟加拉国拉纳大厦的倒塌事件后，时尚产业链中有违社会公平性的问题开始受到了广泛重视，全球行业层面开始大力推行相关的国际标准、第三方认证的普及，来进一步保护劳工的权利和福祉。例如全球首个道德规范国际标准 SA8000（即“社会责任标准”），主要包含童工、强迫或强制劳动、健康和安全等相关内容；为了帮助发展中国家的生产者获得更好贸易条件的“公平贸易”运动，后续还发展出了以产品和机构为对象的“公平贸易”认证。

（二）慢时尚

1. 概念　“慢时尚”是一种时尚的认知和方法，它考虑到制作服装所需的过程和资源，尤其注重可持续性。它包括购买质量更好，耐穿，重视对人、动物和地球公平的服装。

“慢时尚”在一个统一的运动中代表了所有的生态、伦理和绿色……在当代世界，“慢时尚”作为一个革命性的过程介入其中，因为它鼓励花时间来确保高质量的生产，赋予产品价值，并考虑与环境的联系。

“慢时尚”是关于有意识地和完整地消费和创造时尚。它将社会和环境意识和责任感与穿着漂亮、做工精良、经久耐用的衣服的乐趣联系在一起（与快速时尚的直接满足相比）。

2. 发展历程　1986 年，意大利发起并迅速席卷全球的“慢食运动”（slow food movement）。这场目的是“通过保护美味佳肴来维护人类不可剥夺的享受快乐的权利，同时抵制快餐文化、超级市场对生活的冲击的运动，号召人们反对单调的标准化、规格化生产，提倡有个性、有营养的产品”。而这正为“慢时尚”的诞生提供了土壤。“慢”的提倡是人们不再满足于大规模生产所带来的即时享受，反而开始期待和追求更有意义的生活方式的表现。这种缓慢的趋势后续不断催化了一系列类似的运动，特别是作用在了设计上。

20 世纪 90 年代后期至 21 世纪初，快时尚行业发展迅猛，其凭借成本和速度的优势取代了传统高街品牌。在快速上市和亲民价格的背后，其带来的问题也显而易见——全球化所提供的廉价劳动力和低人权、环境法律标准，尤其是导致了第三世界血汗工厂和环境污染重灾区。正如记者 Lucy Siegle 在其纪录片《真实的成本》中提醒的：“快时尚不是免费午餐。总有一些人，总有一些地区在买单”。快时尚的问题暴露出来以后，引起了众多的思考——时尚的代价是什么？时尚到底该如何发展？

2007 年，时尚理论专家 Kate Fletcher 受到慢食运动的启发，首次提出了与大约 20 年前出现的快时尚模式相反的“慢时尚”这一概念。Kate Fletcher 在英国创立了慢时尚和可持续设计研究中心，并在全球知名环境事务线上杂志《生态学人》（*The Ecologist*）上以“慢时尚”为题发表文章，号召人们从可持续性和道德角度反思当下时尚行业的各个环节，包括设计、制造、消费。

此后，越来越多的设计师及品牌觉醒，越来越多主张“慢时尚”的品牌成长了起来。例如，户外服装品牌推出了服装修补和回收再利用项目。这些举措正是为了鼓励消费者更珍视每一件衣物。这些更符合人类真实生存需求及发展的行动，使“慢时尚”相关话题被热议，在过去的几年里得到了越来越多的支持。

传统的快时尚品牌也在积极地向慢时尚转型。Pull&Bear 等品牌于 2021 年 7 月作出承诺，到 2025 年，其所有衣服都将使用可持续面料制成，并且不会再把衣物送到垃圾填埋场。2015 年，有些快时尚品牌推出了新的“环保自觉行动”系列，其面料均使用可持续面料。此外，针对堆积如山的废弃物丢弃现象，还开启了旧衣回收计划，消费者可以带任何品牌的旧衣服到店内进行回收，然后得到一张代金券。随后，Esprit、C&A 等快时尚品牌都纷纷实施了回收计划。

“慢时尚”所强调的品质、耐用、功能、安全，让越来越多的消费者重新定义了消费和生活方式。全球时尚搜索平台 Lyst 在今年 4 月公布了 2020 年可持续时尚报告，其指出在过去的一年中，“慢时尚”一词产生了高达 9000 万次的搜索。这说明，环境与人之间更紧密的互动将更多地融入人们的生活，消费者越来越趋向更为理性和谨慎的消费决策，也更关注于更有价值、更耐用的产品。

（三）循环时尚

2014 年，“可持续时尚”首次正式和“循环经济”一同被讨论，继而在瑞典的时尚行业研讨会中诞生了这个全新概念——循环时尚。

“循环时尚”可以被定义为：衣服、鞋或者配饰在设计、采购原材料、制造和销售阶段，考虑到以它们最有价值的形式、尽可能长时间地被使用；以负责任的方式、高效地进入社会资源的循环系统；在不被人类使用后，能安全地进入自然生态中。

然而，对于时尚产业而言，循环经济意味着确保服装类产品更多地被使用（used more）；从制造之初，考虑到能被再造（made to be made again）；由安全的循环或者可再生材料制成（made from safe and recycled or renewable inputs）。

（四）纯素时尚

纯素时尚，是指以在不使用及不伤害动物的情况下生产而成的衣服、鞋子、包袋及配饰等服饰产品。更确切地说，这些时尚产品不含有任何动物材料，且在整个生产的过程中均未采用任何动物副产品（包括从动物身上提取的胶水、染料和化学物质等），以终结动物因服装行业而受害的现状。比如常见的棉、牛仔、亚麻、莫代尔、锦纶、涤纶及黏胶纤维等面料制成的服装都属于纯素时尚。

与之相对立的是由动物原材料制成的服饰单品，此类材料通常是从动物的毛发、皮肤或是分泌物等来源获得的纺织纤维生产成的织物，最终被制成服饰单品。常见的动物原材料包括羊毛、真皮、皮草、羽绒、丝绸等面料。

由全球时尚议程发布的《时尚产业脉搏》（*Pulse of the Fashion Industry*）报告发现，四种对环境最有害的材料中有三种是动物原材料，其中皮革对环境造成的危害最大，其次是丝绸、传统种植的棉花和羊毛。绝大多数的动物原材料在其纺织品加工的过程会使用大量的有毒化学物质，以保证织物的耐久度、染色性、柔软度、光泽感以及抗皱防污能力。例如，为了使羊毛等动物纤维易于染色，在其水洗过程中大量的有毒化学物质被使用。

随着纯素时尚的兴起，时尚界已开始行动，越来越多的品牌承诺以承担更多环境及社会责任的形式试图改善现状。在反皮草运动的影响下，伦敦、阿姆斯特丹和墨尔本等地的时装周已经实现了零皮草，而赫尔辛基时装周则更进一步，实现了无皮草和无皮革的承诺。值得一提的是，赫尔辛基所在地区已经有数千年的皮草风俗，这也是当地服装文化中最为重要的基础部分之一。

对环境影响较小的大麻、有机棉、亚麻和竹子等材料都是可行的纯素替代品。随着近年来越来越多的人关注市面上不少由如聚氯乙烯（PVC）或聚氨酯（PU）等不可降解的材料制成的纯素替代品，更多的品牌投入道德生产，包括用植物废料和回收的塑料瓶制成的纯素产品。

越来越多的消费者也开始寻求合乎伦理的时尚选择，以避免伤害及剥削动物的生活方式。许多公司开始弃用或减少使用皮草和皮革等动物原材料，并以合乎伦理的方式进行提取，同时积极探索替代性材料。例如，法国球鞋品牌 Veja 推出了由玉米工业废料制成的可生物降解的“纯素”小白鞋。又如，墨西哥 Desserto 品牌，研发出了仙人掌皮革，原料 100%由仙人掌制成，虽然最终的人造革不是 100%生物基，但是其耐用度高，可制成鞋、钱包、汽车座椅、衣服等，用途广泛。

第四节　全球可持续时尚教育

可持续性已在联合国的议题中被反复提及，可持续性最初的定义是将环境、经济和社会发展的三大支柱与布伦特兰报告结合而成的，它被用作为国家和商业公司应如何管理具备社会公正和生态可行性的经济增长蓝图，落实全球目标，以便能让 2030 年变成更美好的世界。

2018 年 7 月 11 日，联合国学术影响（UNAI）参与了在纽约联合国总部举行的高等教育可持续发展倡议全球活动。该活动是联合国可持续发展高级别政治论坛（HLPF）的组成部分。高等教育可持续发展倡议（HESI）是在联合国部分实体间成立的伙伴关系，旨在为高校提供将高等教育、科学、政策制定相结合的平台。高等教育机构切实处在创新前沿，也是可持续发展的关键力量，能对实施可持续发展目标加以支持。高等教育通过支持研究和可持续行为、通过促进批判性思考，激励下一代学习者，教授他们社会转变所需要的技能、思维方式和态度，以此来支持实施可持续发展目标。高校有能力，也将会在实施可持续发展目标中扮演关键的领导角色。

随着可持续发展变得越来越重要，在纺织服装行业，可持续时尚也成为当下最热门的话题之一，各大纺织服装高校也逐渐将可持续时尚纳入课程体系范围内。本节将简单概述全球纺织服装类高校的可持续时尚教育。

一、国内可持续时尚教育

（一）香港理工大学

2021 年，香港理工大学纺织及制衣学系开展了名为“快时尚、慢时尚、绿色时尚”的在线系列讲座。香港理工大学与 UPW 公司进行合作，邀请了所有主修针织品设计和技术的学士三年级学生参与针织品的可持续解决方案，自由地用 UPW 样本和其他可重复使用的材料进行实验和开发他们的设计，该项目不仅强调了时尚的可持续性，还鼓励学生以不同的方式思考设计过程。马纳斯·库马尔·萨卡尔博士在纺织业可持续发展国际电子会议上发表演讲，演讲主题包括可持续发展的传统纺织和时尚、环保花式纱线、织物和复合材料、可持续纺织化学加工、可持续纺织纤维、纺织品的回收和再利用等。

香港理工大学在其开设的许多课程中，都将可持续的理念纳入课程目标中。例如，时尚供应链管理中的绿色产品研究课程，通过时尚供应链的绿色生产文献，探索时尚供应链中可持续生产和社会责任之间的关系。

（二）东华大学

2021 年，东华大学与丽婴房合作设立了“可持续时尚设计校外实习（实践）基地”，以年轻群体更易接受的形式，将可持续设计理念与企业实践相结合，促进新生代学子对可持续时尚的理解，给了年轻艺术家一个展现才华的平台。同时，向大众宣传环境保护的迫切性以及环保时尚的可能性。

东华大学上海国际时尚创意学院（Shanghai International College of Fashion and Innovation，SCF）联手行动亚洲，依循双方长期推动可持续时尚的理念，于 2019 年设立了“同理新时尚课程工作坊”，希望借此为亚洲地区引入更广阔的可持续时尚视野与态度。同时还开发出针对亚洲时尚院校的“可持续时尚零皮草”课程，作为可持续时尚教育课程之始，让各高校能与时共进，培养未来的时尚业界人才进入业界，准备面对道德意识逐渐高涨的消费市场。

（三）苏州大学

苏州大学纺织与服装工程学院在欧盟 ERASMUS MUNDUS 联合计划框架内与欧洲四所著名纺织专业院校，法国的国立高等纺织工艺学校（ENSAIT）、瑞典的布罗斯大学（University of Boras）、意大利的都灵理工大学（Polytechnic University of Turin）合作开展的高层次国际联合培养项目——纺织可持续管理与设计（Sustainable Management and Design for Textiles SMDTex）博士生联合培养项目。该项目依托于欧盟教育、视听与文化执行署，中国驻欧盟使团教育组和中国国家留学基金委的支持。

2021 年，苏州大学新开设一门“服装可持续设计与管理”的课程，从可持续时尚的概念出发，分别对可持续时尚消费、可持续服装材料及加工服装供应链可持续管理、服装回收、可持续品牌营销、产品生命周期分析以及牛仔产业为例的整体可持续八个部分进行深入讲解。

（四）牛顿商学院

牛顿商学院（Newton Business School）是专注于时尚买手、时尚营销、奢侈品管理等研究领域、亚洲一流的国际时尚教育与品牌发展中心，全球三大时尚买手教育机构之一，其开设的课程都将可持续概念融入其中。例如，牛顿商学院与中央圣马丁艺术设计学院开设的“全球时尚品牌总监”的课程中的一个主题为设计变革·奢侈与可持续发展，论述了可持续性和奢侈是可以互相兼容的。

二、国外可持续时尚教育

（一）中央圣马丁学院

英国中央圣马丁学院于 2008 年设立了可持续时尚中心（Centre for Sustainable Fashion，CSF），现已发展成为一个跨学科合作和以生态学为中心的社区。它是由世界领先的研究人员、设计师、教育家和传播者组成的，旨在探索可持续设计领域，并将其作为艺术和商业实践应用于时尚。

中央圣马丁学院还在线上开设了可持续时尚相关的各种短期课程，例如可持续时尚设计（sustainable fashion design online）、可持续时尚的市场路线（sustainable fashion routes to market）、时尚的可持续采购（sustainable sourcing for fashion）、时尚领域的道德和可持续实践（ethical and sustainable practice in fashion）等，这些课程旨在通过理论和实践，从时尚供应链的整个角度对设计、生产和消费服装的方式，探索纳入可持续设计概念的策略，践行可持续时尚度的理念。

2022 年 1 月，中央圣马丁学院宣布推出一门全新的再生设计硕士课程，作为其珠宝、纺织品与材料课程的一部分。学院希望以此鼓励学生在设计中考虑生物多样性、气候、文化和社会经济公平，从最广泛的角度向学生传授可持续设计。2022 年 9 月，这门线上课程正式开启。

（二）伦敦时装学院

2018 年起，英国伦敦时装学院与行动亚洲携手针对中国时尚业界与学术界，以论坛和具体课程的方式，从零皮草时尚着手去推广可持续时尚。2018 年 5 月，双方首次合作举办“可持续时尚从零皮草开始”论坛，希望能通过这次论坛合作契机，加速引导中国的时尚行业和消费者，构建起零皮草可持续时尚的理念。2019 年，零皮草时尚课程也落地上海东华大学。

（三）金斯顿大学

2022 年，金斯顿大学（Kingston University）也推出了两门可持续时尚研究生课程，希望通过以实践为基础的教学模式，培养学生的批判性思维，更好地找出克服挑战的方法。其中一门名为“可持续时尚：商业与实践”的课程，旨在教导学生对时尚行业中存在的道德问题提出解决方案。课程负责人 Sass Brown 博士认为：“任何行业的可持续性都是绝对重要的，特别是时尚行业。如果没有更加可持续的实践，我们的行业就没有未来。因此，学生了解如何提出解决方案至关重要。”

（四）利兹大学

英国利兹大学（University of Leeds）与皇家艺术学院和哈德斯菲尔德大学以及一些工业合作伙伴合作领导了未来时装工厂（future fashion factory）研究，专注于从数字连接和可持续的流程（digitally connected and sustainable processes）、数字通信和数据分析（digital communication and data analytics）这两大主题开发新的创意设计流程、产品、服务和商业模式。利兹大学也在开发技术，以数字方式传达织物的外观和手感，减少对物理采样的需求。

利兹大学还设立了为期三年的可持续时尚学士（bachelor in sustainable fashion）学位，旨在探索塑造时尚产业未来可持续发展的商业、消费者、文化、社会和技术因素。

（五）东伦敦大学

英国东伦敦大学（University of East London）设立了为期三年的可持续时尚与管理学士（bachelor in sustainable fashion and management）学位，旨在专注于重新定位时尚教育中的设计分析、开发和生产过程。

（六）ESMOD 高等国际时装设计学院

法国巴黎 ESMOD 高等国际时装设计学院也致力于更负责任的时尚，走向对生态负责的教学方法，该教学计划符合包括资源（面料、印刷等）的可持续方法的规范。对于图案制作：零浪费（放置图案以避免织物浪费），选择对生态环境影响最小的织物（产地、染料等）；对于设计：印刷和装订无塑料风格的文件夹，使用再生纸等。此外，还在面料图书馆内设立“生态图书馆”，以提高学生对新的可持续面料的认识。

德国柏林 ESMOD 于 2011 年推出了一个国际硕士课程——时尚的可持续性。这个创新的课程采用整体和跨学科的设计方法，将自己定位为生态、道德、社会和经济的可持续发展，鼓励学生在制定未来的设计战略和方法时探索可持续发展的各个方面，并提供接触创新材料、技术和生产技术的机会。

（七）法国国际时装学院

法国国际时装学院（International Fashion Academy，IFA）设立了时尚创新实验室 Foundry，并与 RoundRack 合作搭建一个帮助时尚品牌管理其创新纺织品的平台，创建一个符合联合国可持续发展目标的可持续性、时尚和创新分类法。

法国国际时装学院还设立了为期三年的时尚可持续发展学士（bachelor fashion sustainability）学位，学生将学习到品牌和沟通、客户体验、可持续采购承诺（sustainable sourcing commitment）、纺织品加工等课程。

法国国际时装学院（IFA，Paris）在上海校区开设了环保再造课程，帮助学员充分开拓创意思维，同时利用旧服饰和解构再造，通过尝试全新的原创方式不断挑战自己的创造力，完成新颖组合的系列设计，为世界的环保做出贡献。在巴黎校区，IFA 开设了时装循环改造短期课程，使学生能够以一种独特的方式将不再穿戴的物品或旧衣服进行循环改造，然后创造出一种更具可持续性的购物、创造和思考方式。

（八）法国巴黎时装学院

法国巴黎时装学院（L’Institut Français de la Mode）设立了时装升级再造设计工作坊季节性课程（seasonal course in fashion upcycling design workshop）和时尚可持续发展短期课程：塑造时尚的未来（short course in fashion sustainability：shaping fashion’s future）。

（九）法国高等艺术应用设计学院

法国高等艺术应用设计学院（L’Institut Supérieur des Arts Appliqués）设立了为期两年的时装营销与可持续发展硕士（master in fashion marketing & sustainability）的在线课程，学生将学习到循环经济（circular economy）、时尚生态系统（the fashion ecosystem）等内容。

（十）罗马时装学院

意大利罗马时装学院（Accademia Costume & Moda）设立了为期一年的时尚可持续发展与行业发展硕士（master in fashion sustainability & industry evolution）课程，对学生进行时尚材料文化（culture of fashion materials）、专业设计（design of professionalism）、时尚史（history of fashion）、文化过程社会学（sociology of cultural processes）和材料类型（type of materials）教育。

（十一）卢索服装学院

意大利卢索服装学院（Accademia del Lusso）设立了为期九个月的可持续时装设计硕士（master in sustainable fashion design）课程，对学生进行生态时尚和新时尚技术（eco-fashion and new fashion technologies）等课程的教学。

（十二）米兰时装学院

米兰时装学院（Milano Fashion Institute）设立了产品可持续性管理硕士（master in product sustainability management）课程和为期四周的新可持续时尚短期课程（short course in new sustainable fashion），旨在让学生了解新的可持续时尚与可持续的系统。

（十三）柏丽慕达时装学院

意大利柏丽慕达时装学院（Polimoda）设立了可持续时尚硕士（master in sustainable fashion）学位和为期四周的可持续时尚季节性课程（seasonal course in sustainable fashion），致力于打造一个卓越的可持续时尚教育中心。

（十四）阿姆斯特丹时装学院

荷兰阿姆斯特丹时装学院（Amsterdam Fashion Academy）设立了可持续剪裁和/或服装制作的季节性课程（seasonal course in sustainable pattern cutting and/or garment construction）。

（十五）瑞典纺织学院—布罗斯大学

瑞典纺织学院—布罗斯大学（The Swedish School of Textiles-University of Borås），专注于设计实验室和创新研究，可持续实践处于大学的前沿，在反向和循环价值链（reverse and circular value chains）、需求驱动价值链中的小批量制造（small-series manufacturing in demand-driven value chains）和可追溯价值链（traceable value chains）等领域进行了研究。

瑞典纺织学院—布罗斯大学还设立了为期两年的资源回收—循环经济的聚合物材料硕士（master programme in resource recovery-polymer materials for the circular economy）学位，侧重于如何处理聚合物材料以及它们如何成为循环经济的一部分。

（十六）帕森斯设计学院

美国帕森斯设计学院（Parsons School of Design）于2011年开始与Loomstate进行零浪费合作（zero waste collaboration），推出了零浪费风衣与零废布牛仔，目前正在合力打造尽可能接近零浪费且不失美观的牛仔裤。

帕森斯设计学院也专注于可持续发展的选项对所有专业开放，为此设立了可持续系统（sustainable systems）、零浪费设计（zero waste design）、可持续时尚（sustainable fashion）、可持续的商业模式（sustainable business models）等课程，同时还有为期六到九周的时尚可持续性在线课程（online course in fashion sustainability），旨在将可持续性付诸实践，使设计师适应缓慢和再生的时尚中的新角色。

（十七）纽约时装学院

纽约时装学院（Fashion Institute of Technology，FIT）于2017年成立了DTech实验室

（DTech Lab）并将可持续性原则贯彻于一系列的项目之中，使设计思维与新兴科技结合，来革新创意和零售行业，进行了 NEUE Labs，Infor Fashion ERP，Cotton Incorporated 等项目。

FIT 还于 2008 年成立了 FIT 可持续发展委员会（FIT Sustainability Council），定期在校园内举办商业和设计会议（business and design conference）以及可持续发展意识周（sustainability awareness week，SAW），同时提供补助金支持校园项目。此外，FIT 还设立了时尚商品的可持续性（sustainability in fashion merchandising）、可持续包装（sustainable packaging）等课程，以及可持续性介绍（introduction to sustainability）、循环产品生命周期（circular product lifecycle）等线上课程。

（十八）加州艺术学院

加州艺术学院（California College of the Arts）坚持艺术和设计背景下的环保主义，与 Fibershed 合作，在再生羊毛牧场开发负碳产品；在可持续棉花项目中研究再生棉花种植系统，将纤维转变为可持续材料等。

加州艺术学院还设立了时装设计学士（bachelor in fashion design）和设计策略工商管理硕士（master in design strategy）学位，同时提供了众多探索生态实践的课程，如可持续性（sustainability）、可持续发展研讨会（sustainability seminar）、可持续发展工作室（sustainability studio）等，通过跨学科方法促进关于可持续发展问题的讨论，以现代方式处理该主题。加州艺术学院也建立了 CCA 图书馆（CCA library）和材料图书馆（materials library）为研究与教学提供了支持。

（十九）普瑞特艺术学院

普瑞特艺术学院（Pratt Institute）将可持续性整合到多项研究中，于 2002 年成立了普拉特可持续创新设计孵化器（Pratt design incubator for sustainable innovation），在清洁能源、时尚、设计和设计咨询四个领域进行研究。目前，孵化器拥有 12 家企业，并且在纽约布鲁克林开设了 Pratt Pop-up 店。普瑞特艺术学院也对可持续材料进行了大量的研究，创造了一系列基于明胶的生物塑料（gelatin-based bioplastics）。

普瑞特艺术学院也设立了可持续性研究辅修（minor in sustainability studies），从环境、经济和社会角度看待可持续性，提供了可持续性和生产（sustainability and production）、可持续核心（sustainable core）、可持续发展与时尚（sustainability and fashion）等课程的学习。

（二十）奥蒂斯艺术与设计学院

奥蒂斯艺术与设计学院（Otis College of Art and Design）于 2013 年成立了奥蒂斯可持续发展联盟（Otis Sustainability Alliance），致力于推动环境、社会、教育和经济方面的发展可持续性，并进行了众多的可持续设计项目，例如通过回收的优质男式牛仔裤来设计运动服，使用可持续大麻和有机棉设计新型女士套装，使用创新的悬垂技术对牛仔单品进行升级再造等。

奥蒂斯艺术与设计学院还为时装设计学士（bachelor in fashion design）学位提供了探索环保、智能设计的核心课程（core coursework that explores eco-friendly，smart design），提供了适用于所有专业的可持续发展辅修课程（minor in sustainability），以及人类生态学（human ecology），科学与可持续设计（science and sustainable design）、可持续发展顶峰（sustainability capstone）等课程的学习。

（二十一）旧金山艺术大学

旧金山艺术大学（Academy of Art University）强调艺术和设计教育的可持续性，让学生自己领导关于可持续设计计划，学习 CLO-3D 虚拟原型制作软件以减少浪费，使用高质量面料、有机和可回收材料进行设计等。

旧金山艺术大学还提供了可持续设计（sustainable design）、可持续设计调查（survey of sustainable design）、可持续设计与实践工作室（sustainable designs & practices studio）等线下课程以及可持续发展与社会（sustainability and society）线上课程的学习，使学生将可持续性融入设计中，以减少对环境的影响。

（二十二）美国时尚设计商业学院

美国时尚设计商业学院（Fashion Institute of Design & Merchandising，FIDM）从仿生纱线和生物合成材料到透明皮革和可穿戴电路，不断进行着创新型材料的研发，致力于可以改变地球的可穿戴技术。

FIDM 作为唯一一所提供牛仔布设计和开发高级学习课程的学院，从种植棉花到工程纱线和织物的制作开发和推广使用更可持续的做法，并设立了牛仔布商业学士（bachelor in business in denim）学位。FIDM 也提供了产品生命周期中的可持续实践（sustainable practices in the product lifecycle）、可持续发展与时尚产业（sustainability & the fashion industry）、设计中的可持续实践（sustainable practices in design）等课程的学习，并与 Guess 合作指导学生进行可持续设计。FIDM 还会定期举行绿色纺织品及原材料专题展览，让公众看到创新性的产品。

第五节　可持续时尚的商业价值和意义

可持续作为时尚行业发展变革的新领域，它不仅是环境和社会发展的必然结果，同时也为时尚行业带来了新的商业价值和意义。

一、企业的可持续行动

开云集团（Kering）于 1963 年成立，是一家国际控股的法国公司。早在 2003 年，集团董事会主席及首席执行官弗朗索瓦·亨利·皮诺（François -Henri Pinault）先生就将可持续发展设为开云的核心战略。

2009 年，集团及旗下多个时尚品牌全力支持影片《家园》（*Home*）的发行，这是一部由 Yann Arthus-Bertrand 执导的，为提高人们对全球变暖后果的认知而制作的纪录片。该片于 2009 年 6 月 5 日世界环境日在百余个国家同日发行，全球近 1.5 亿人看过这部纪录片，它通过先进空中拍摄技术给观众留下了极其深刻的印象，提升了大众对地球及所有生物的负有责任的认知。

2013 年，开云集团创立了材料创新实验室（MIL），致力于发掘可持续的织物与纺织品，并为集团旗下品牌和主要供应商提供资源、工具和新的解决方案，帮助他们理解如何在产品开发中做出更可持续的选择。目前，开云旗下品牌现在可使用 3800 余种经过认证的有机面料和纤维样本，包括替代皮革、可持续面料，以及天然纤维、纤维素纤维和合成纤维。

2015 年，开云首次正式发布集团的环境损益表（EP&L），为业务开展铺平道路并提供了崭新视角，鼓励企业拟定创新的解决方案来评估其对环境的影响。环境损益表向集团和旗下时尚品牌的活动提供清晰及全面的信息评估。帮助集团和时尚品牌了解在哪些领域可以在供应链、生产过程，还是在原材料的转化方面，通过实施不同的方案来大幅减少对环境的影响。集团依据环境损益表的计算结果来实施具体解决方案，以减少集团因生产活动对环境的影响，并组织各层面产生实际效益。

2017 年，开云与 Fashion for Good-Plug and Play 联合推出创业加速器，以此推动未来 10 年内时尚奢侈品行业的积极转型。此项开云集团的“2025 战略”意图在时装行业的整个产业链寻求创新的解决方案，从可替代原材料到循环技术等角度变革思考，进而延长产品寿命。如今，从可生物降解的发光材料和藻类纤维材料，到创新的生态染色工艺和具备突破性技术的服装回收方式，开云集团已经为 50 多家从 Fashion for Good-Plug and Play 顺利毕业的初创企业提供了支持和帮助。

2020 年，开云集团首次发布生物多样性专项战略，承诺在 2025 年实现对生物多样性专项战略，承诺在 2025 年实现对生物多样性的“净正面”影响。为此，集团和旗下时尚品牌正在加快推进保护和维护生物多样性的举措。这些行动包括：支持多项生态保护计划，并 Wie 原材料采购、制造工艺和动物福利制定严格的标准，遏制生物多样性的丧失、恢复生物系统及物种。为了实现这些目标，开云集团将生物多样性战略分为 A—R—R—T 四个阶段：避免（avoid），做出不会对或防止对具有高度保育价值的地区产生负面影响的决定；减少（reduce），通过科学和认证，减少对生物多样性的影响；恢复和再生（regenerate、restore），恢复在不可避免的情况下受影响的生态系统；转变（transformation），开发改变游戏规则的解决方案，在集团供应链以外革新全球时尚和精品行业。

“时尚行业与可持续发展俱为一体”，是开云集团全球主席和 CEO 皮诺先生坚定不移的信念，可持续发展理念也已伴随开云经历悠远绵长的岁月，一直都是开云集团的战略核心及旗下时尚品牌和所有利益相关者创新和价值创造的驱动力。

不同于那些以环保商品标榜自己负责任一面的企业，开云选择从创新意识出发，借助旗下品牌极强的消费与文化引导力，尽可能多地把集团对于未来时尚行业可持续发展的理念注入品牌和产品中。

2021 年 6 月，开云旗下品牌 Gucci 曾推出过由全新类皮革材料 Demetra（图 1-9）制作的 Gucci Basket 系列球鞋、Gucci Ace 系列运动鞋及 Gucci Rhyton 系列运动鞋。这款材料由 Gucci 耗时两年研发，由高达 77% 的植物性材料制成，柔韧度、光洁度、耐用程度与动物皮革相同，但可持续性更强，并同时满足了不含动物成分的原材料需求。不同于大多数正在开发的新材料，Demetra 没有生产规模上的局限，能够满足品牌的大批量生产需求。秉承开放的创新精神，Gucci 向时装业供应 Demetra，其他品牌也可以对这款材料自由改良，创造别具一格的外观，进一步扩大应用范围，开发更具特色的产品。同时，Gucci 也会通过 Gucci-Up 的拓展项目回收再利用制造过程中产生的废料。

图 1-9　Gucci 使用 Demetra 材料制作的运动鞋
（图源：Gucci Equilibrium）

二、可持续时尚的商业价值与意义

联合国在 2015 年提出的《2030 可持续发展目标 SDG》成为各国政府及产业联手努力的共同目标。身为污染较严重的时尚产业，致力推动的可持续时尚，不但成为全球性流行趋势，更存在产业变革下的无限商机。

不断进取的创新精神，让前文提到的开云集团在赢得消费者信任与行业尊敬的同时，获得了很多与可持续发展相关的荣誉与奖项。例如，入选 Corporate Knights 2021 全球最佳可持续发展企业百强榜单、连续九年荣登全球和欧洲“道琼斯可持续发展指数”（DJSI）榜单，以及连续两年成为碳足迹公开项目（CDP）唯一上榜的奢侈品公司。

时尚行业应从源头开始。企业应该注重可持续发展生产理念，从购买原料、加工生产至成品销售，均持以环保的高标准进行。可持续浪潮下，越来越多的企业正在改变商业模式，改善供应链和工作条件，年轻世代对可持续议题的重视也不断提升。可持续时尚也成为越来越重要的议题。

创新是时尚行业成功实现可持续改革的关键。首先，改变带来发展机遇，而可持续创新是改变、颠覆现有商业模式的机会。当企业为可持续发展做出前瞻性的规划，就能够极大地推动创新，并有助于降低长期成本，从而建立更有韧性的运营模式。其次，创新与合作对于企业实现可持续发展目标至关重要，但单靠企业自身的力量，是无法实现到既定的可持续发展目标，推动时尚行业的可持续发展，需要聚力前行。

本章小结

本章为导入章节，主要介绍了时尚产业与时尚产业环节、可持续发展的概念及基本准则和时尚产业的可持续发展三大部分。最后一部分为重点章节，通过引入环境污染和道德问题，使读者正确理解时尚产业可持续的必要性，进而延伸出道德时尚、慢时尚、循环时尚、纯素时尚四种可持续时尚。最后概述了全球可持续时尚的教育以及可持续时尚的商业价值与意义。希望读者在学习完本章后能对可持续时尚产生一定的思考与认知，在日后践行可持续消费理念，服装品牌也能由此做一些可持续的转型升级。

思考题

1. 整个服装生产链和供应链的所有环节应该怎样做到可持续发展？

2. 作为消费者，我们能做些什么来支持可持续发展？

3. 服装可持续发展是否已经成为快时尚或其他品牌宣传营销的手段？是否已成为品牌抢占市场的重要策略？

第二章 时尚可持续消费：教育与引领

社会环境的改变、技术的发展，使人们对时尚的消费理念和消费方式发生了巨大的变化。随着生态保护、节约资源、可持续发展等理念在全社会推广，消费者的可持续时尚意识逐渐觉醒，行业也在不断探索更多具有可行性的方法来正确引导消费者的可持续消费意识。本章内容基于目前的行业研究现状，阐述可持续消费现状和时尚业为正确引导消费者需做出的努力。

第一节 消费者与时尚的关系

一、消费者决定时尚的发展

时尚触及生活的方方面面，包括艺术、商业、消费、技术、人体、身份、现代性、全球化、社会变化、政治环境等。时尚的审美性极为重要，现代的时尚都聚焦在时装设计师身上，设计师通常都被认为是时尚的最初创造者。然而，设计师只是提出新的款式，最终决定它“入时”还是“过时”的是消费者。因为衣服穿在消费者身体上，而服装又能表现出他们在特定的文化背景中所形成的个人品位，因此时尚在个人身份感上发挥着极其重要的作用。它就像是“第二层皮肤”，向他人传达者我们是谁，或者我们想成为谁的信息。

时尚行业的故事由消费者的接受度来塑造，消费者对某一服饰风格接受度的提高受到多个维度因素或直接或间接的影响，如政治、经济、技术、文化、社会发展等。18～20 世纪，时尚行业的发展史无不验证着这一客观事实。工业革命前，政治、文化、社会变革影响上层阶级的追求，而上层阶级的追求决定时尚的发展。工业革命后，消费者群体不断扩大，多维度因素影响下的消费者有着更加细分的时尚需求，因此形成了多样化的时尚风格。

早在 17 世纪，巴黎就已经成为奢侈品的中心。但直到 18 世纪，随着宫廷与城镇的联系愈加密切，巴黎人的炫耀性消费获得了极大的增长，印刷物开始增多，现代时尚体系开始形成，巴黎成为时尚的中心地。18～19 世纪，时尚的成本很高，只有皇室和贵族这些精英群体才有经济能力在定期变化的基础上获得装饰精美、工艺精湛的服饰。因此高成本的时尚将消费者群体限制在上层阶级，时尚被认为是这些精英群体对服饰风格变化的适应，是精英群体身份的象征，表示穿戴者是富有而强大的。于是在这一时期，极尽奢华和优雅的洛可可风格被消费者广泛追捧，如图 2-1 所示。

法国大革命是欧洲社会和政治历史的转折点。与此同时，时装在 18 世纪末期也发生了根本性的改变。这一时期，整个欧洲都处于战争之中，精英消费者群体原本相对平静的生活被彻底打乱，加上浪漫主义艺术运动和庞贝古城考古发现的影响，人们愈加向往乌托邦式的田园生活，因此洛可可时代的奢华服饰被消费者抛弃了，转而开始追求穿着感更加舒适和自由的古希腊贵族服饰风格。因此欧洲时尚迎来了一个新时代，这个时期的服饰风格被称作是新古典主义风格，如图 2-2 所示。

图 2-1　18 世纪优雅的洛可可风格
（图源：《时尚通史》）

图 2-2　18 世纪末期法国细棉布宽松高腰短袖服饰和披巾
（图源：《时尚通史》）

到 19 世纪中叶，工业化的技术使消费者追求时尚的门槛进一步降低，消费者的阶级壁垒被逐渐打破，时尚风格简化，现代时尚中实用型的服饰风格初步成型。工业化的技术进步带来了更高效、更先进的织布机和缝纫机，工业化的生产不仅降低了布料的成本，也为社会提供了大量的就业岗位，越来越多的人可以支付得起成衣。此外，由贸易、银行和工业发展引发的社会结构变革使人们更加尊崇个人成就，而个人形象就是展示个人成就的一种方式。与此同时，零售商和广告等营销渠道鼓励人们在负担得起的情况下购买新的、更好的服装。因此时尚消费者的阶级壁垒被逐渐打破，越来越多的普通人有足够的经济能力紧跟当下的时尚潮流，现代时尚体系的建设稳步发展。

19~20 世纪，消费者数量增加，服装需求暴增。为了满足这些需求，大批量生产和优化分配生产力提高了服装的生产效率。诞生于工业革命的米尔斯（Mills）能够以远超于当时常规生产水平的速度进行面料生产，并使大规模成衣生产成为可能，因此消费者追求时尚的门槛进一步降低，时尚的发展也逐渐考虑到更多消费者群体的时尚需求。这一时期，欧美许多女性都试着接受更为理性的服饰风格，开始穿着简洁的裙子和仿男式女衬衫，如图 2-3 所示。在此背景下，市场上出现了样式简化，数量、品种丰富，而且售价亲民的服装产品，这些产品包括大多数品类的男装、女衬衫和连衣裙，现代时尚中实用性的服饰风格初步成型。

在经历了第一次世界大战的恐怖和摧毁之后，世界处于和平的喜悦之中，由此引发了运动的流行，所有人都可以参与运动，如马球、帆船、赛马和网球等。而所有的运动都需要配套的装备，消费者有了更细分的运动服饰的需求，于是专门的运动装设计开始出现，经过不

图 2-3 《高尔夫四人组》沃尔特·格兰维尔-史密斯
（图源：《时尚通史》）

断的优化和推广，逐渐渗透到主流时尚中。最早的现代化运动装出现在 20 世纪 20 年代，法国设计师让·巴杜将女性从沉重的多层运动装束中解放出来，引入“便服”的概念——即露出腿部的无袖连衣短裙，如图 2-4 所示。

图 2-4 无袖网球连衣裙 网球运动员苏珊·朗格伦
（图源：《时尚通史》）

同期，法国网球大满贯冠军勒内·拉科斯特觉得，在网球比赛中穿着传统僵硬的经编长袖衫不利于发挥出最佳状态。于是，他设计出一种宽松的小凸纹针织棉布短袖翻领网球服，领口缝有纽扣，下摆前短后长。改进后的网球服被广泛推广，也逐渐被运用到其他运动中，形成现代时尚中 Polo 衫的原型，如图 2-5 所示。

图 2-5 改进后的网球服
勒内·拉科斯
（图源：《时尚通史》）

在 20 世纪 30 年代的大萧条时期和 1945 年第二次世界大战结束后，由于政治和社会冲突带来了经济上的困境，经历过这些后，消费者普遍开始寻求舒适、实用的服装。这一时期，法国设计师可可·香奈儿为现代自由女性设计的一系列服饰掀起了一场时尚革命。其兼顾实用性和简洁优雅的服饰设计完美地贴合了积极投身新世纪潮流的女性欲望和需求。她的设计中以明线为特点的实用型套装成为延续至今的经典服饰。

第二次世界大战之后，年轻人要求拥有自己独特的个性。这在时装史上是第一次，年轻人公然提出抗议，拒绝与父母辈穿着同样的服饰，于是开始有了独立市场专门迎合不断壮大的青少年群体寻求与众不同的形象风格的需求。这一时期，学院风是一种精心构建的风格，为那些注重时尚的新一代年轻人建立起辨识度，保留了他们的年轻精神。学院风又称常春藤风格，源自东海岸常春藤大学联盟，普林斯顿大学、哈佛大学、耶鲁大学和达特茅斯学院这些学校的学生就以穿着标志社会、政治、经济地位的运动套装而闻名。这样的一套服装中包括一件土黄色或灰色人字呢面料、肩线自然的运动上衣，一件领尖钉有纽扣的牛津布衬衫，一条法兰绒或粗灯芯绒无褶裤，以及一双平底便鞋或者黑色棕色系带的皮鞋，如图 2-6 所示。

作为第二次世界大战的直接后果，美国的日用消费品成为现代化的标准。美国是许多人心中自由、机会与现代的象征。战争推动了美国消费主义思想的传播，好莱坞推动了美国商品的流行。牛仔服被大量消费者所接受，原因就在于这种思想和文化的交流。

图 2-6 学院风经典造型
（图源：《时尚通史》）

1853 年，李维·斯特劳斯来到加利福尼亚开办了家族纺织品分店，希望靠西部迅速增长的经济而获利。在淘金热时期，他为矿工生产了耐穿的工作服，美国牛仔服饰就这样诞生了。这种服饰从专业工作服转变为普通休闲服，好莱坞起到了很大的推动作用。关于荒凉西部的表演早已成为流行的娱乐节目，而随着美国电影产业的形成，“荒凉西部”题材更是被好莱坞纳入经典影片类型。到 20 世纪 30 年代，许多电影公司推出了大量西部片，演员一般都穿着牛仔裤亮相，银幕上的牛仔故事进一步提升了大众对牛仔服饰的追捧度，如图 2-7 所示。

20 世纪 70 年代，随着人们对女权主义关注度的提高，个人自主性的要求提高，新兴的职业女性需要精简的百搭单件行头，例如奢华面料制作的衬衫、定制的裤子和及膝长裙等方

图 2-7　20 世纪 30 年代的牛仔服影视造型
（图源：《时尚通史》）

便替换的单品。这些需求使时装的复杂性降低，现代主义的时尚风格产生。这一时期，女性更加支持裤装，于是推动了女裤男款化的改进，在款式上增加了前裤褶，侧缝带有竖口袋，如图 2-8 所示。

图 2-8　现代主义风格精简造型
（图源：《时尚通史》）

二、消费者的可持续时尚意识

21 世纪以前，帝国主义和殖民主义将西方的服装带到其他国家和地区，从而将西方的时尚推向全球，工业革命将服装的制作流程机械化，从而大幅降低了服装的成本和价格，因此，更多的消费者有能力提出对时尚的需求。进入 21 世纪后，在经济文化全球化（进出口贸易、好莱坞、动漫、社交媒体、音乐等）的影响下，消费者对时尚有了更高的感知力和更广泛的选择权，因此，他们在时尚行业的话语权达到了空前的高度，而时尚行业自身也面临着巨大的挑战。由于互联网和数字化技术的迅猛发展，使消费者有了大量可供选择的商品，而消费者在短时间内对更多款式的需求，促使了“快时尚”的流行。而其带来的巨大代价使人们意识到时尚行业需要新一轮的变革，要逐渐摒弃在商品经济中快速扩张的发展模式，不断探索符合长远发展诉求的可持续解决方案，以期实现更可持续的采购、生产、经营模式，在产业发展、环境和社会影响中建立有序平衡。

在全球范围内，据相关时尚产业调研显示，75%的消费者认为可持续性极其重要；超过 1/3 的消费者表示愿意选择在环境与社会改善方面有所实践的品牌，即使这可能不是他们的首选品牌；如果另一个品牌比消费者喜欢的品牌更环保、更有利于社会，超过 50%的消费者将计划在未来更换品牌；越来越多的年轻消费者表示，为了减轻对环境的负面影响，他们愿意为某些产品花更多的钱。在国内，根据不同研究机构和政府组织的关于中国可持续发展研究报告，可以得知中国有超过七成的消费者已具备一定程度的可持续意识，他们已经成为潜在的可持续消费践行者，并且这个数量正在逐年增加。但将可持续意识对应到时尚产业，消费者的认知度会有一定程度的降低。值得注意的是，“Z 世代”和“千禧一代”消费人群的可持续时尚意识较其他消费人群要高得多，且随着受教育程度的升高，消费者的可持续时尚意识也逐渐增长。

总体来看，由于国家的可持续发展战略和行业责任意识的加强，在可持续发展道路上不断探索和突破，社会的可持续正向主观规范与准则已经基本建立，距离消费者可持续时尚意识的普遍觉醒并不遥远。

第二节 消费行为与可持续发展

由于环境和社会问题的普遍增加，人们逐渐意识到传统时尚产品的生产消费所带来的负面影响，从而企业和研究人员广泛开展了可持续发展领域的研究，致力于推动时尚产业的可持续变革，在这一领域中，消费者被认为是变革的推动者，他们的消费行为是影响可持续时尚发展前景的主要原因之一。

一、可持续消费概述

（一）可持续消费定义

可持续消费的提出源于人们对传统消费模式的反思与审视，它的定义最早出现在 1994 年，联合国环境规划署在《可持续消费的政策因素》中对这一概念描述为：“提供服务以及相关产品以满足人类的基本需求，提高生活质量，同时使自然资源和有毒材料的使用量最少，使服务或产品的生命周期中所产生的废物和污染最少，从而不危及后代的需求。”

截至 2018 年 12 月，联合国发布了近 20 个可持续发展目标，其中的第 12 个目标“确保可持续的消费与生产模式”中明确定义：“在提高生活质量的同时，通过减少产品及服务整个生命周期的资源消耗、环境退化和污染，来增加经济活动的净福利收益。”综上，可持续消费不能单从字面上理解为产品（包括服务）最终消费环节的节约资源、消除污染和保护环境，而是要考虑产品的生命周期，包括原材料采购、生产加工、运输存储等。

（二）可持续消费本质内涵

实现消费“可持续性”和“发展性”的双赢，这是可持续消费的本质内涵。

从人与自然之间的关系上说，消费的“可持续性”主要是指当代人满足消费发展需要时不能超过生态环境承载力，消费要有利于环境保护，有利于生态平衡。它既要求实现资源的最优和持续利用，也要求实现废弃物的最小排放和对环境的最小污染。毫无疑问，生态环境承载力一旦被突破，消费就没有了“可持续性”。由于各种高消费、炫耀消费、攀比消费等无意义的消费增加了资源消耗、加剧了环境破坏的程度，所以都不是可持续消费。

从人与人之间的关系上说，消费的“可持续性”主要是指公平公正消费。可持续消费不是介于因贫困引起的消费不足和因富裕引起的消费过度之间的一种折中调和，而是一种新的消费模式。它体现了公平与公正原则，即全球当代和后代的每一个人都应该同等地享有追求生活质量的权利。任何人都不应因自身的消费而危及他人的生存和消费。否则，没有相对公平、相对公正消费的社会犹如一艘航行中倾斜的轮船，同样是不可持续的。

可持续消费必须是有利于社会和经济发展的，因此，消费停滞不是可持续消费，目前国际社会普遍认为，“零增长”理论虽然看到了传统经济增长方式可能带来的危害，但人类的出路不是“零增长”，而是可持续发展。同样，现有消费模式任其发展可能会带来一系列重大危害，但“零增长”绝不是可持续消费的本意，可持续消费应该是21世纪撬动经济增长，重新赋予市场活力的杠杆。

因此，可持续消费既要反对过分节俭，只满足温饱而忽视消费的“发展性”，又要反对奢侈消费，特别是反对不加节制地只注重物质享受，忽视生态环境制约，忽视社会公正制约，即忽视消费的“可持续性”。

二、公众可持续消费现状

为了探索中国的社会发展、人们的生活水平整体跨上一个新台阶时可持续消费呈现的新形态，商道纵横于2020年进行了年度可持续消费的调研，并结合调研数据形成了《2020年中国可持续消费报告》。该调研采用了问卷调查法进行资料收集，调研问题包含了公众对可持续消费的认知和理解、公众在衣食住行方面践行可持续消费的行为情况、影响公众践行可持续消费的因素等，调研的有效样本总数为5214，样本量大，人群分布较为均匀合理，分析结果具有统计意义上的显著性。本节结合商道纵横《2020年中国可持续消费报告》以及相关文献对中国公众可持续消费的现状进行了相关总结。

（一）公众对可持续消费的认知程度

1. 公众对可持续消费的态度 上述调研数据显示，大部分公众都认为可持续消费行为可以对外部环境有所改善。针对环境、社会、经济三大发展领域，分别约有50%的消费者更确定地认为可持续消费行为将有助于外部环境改善，并且在选择可持续产品时也以“构建更可持续的世界”作为主要动机。在调研中，53.8%的受众表示选择可持续产品的主要原因是“关心我们的世界，通过自己的行动让环境和社会更美好”，46.2%的受众是因为“希望下一代能够拥有可持续的生活环境”。大部分公众相信可持续消费可以带来积极的改变，公众的态度呈现积极的形态。

2. 公众对可持续消费的理解 上述问卷结果的数据显示，当提到可持续消费时，消费者能够联想到的最多的五个词汇分别是绿色、有机、天然、环保、循环再生，公众更偏向以更简单和直接的方式理解可持续消费。当前公众对可持续消费构成了积极印象，向善、断舍离、低碳、不浪费、节资节能、环境友好、共享经济、节约、实用耐用、企业社会责任等都是对可持续消费理解的关键词，如图2-9所示。

（二）公众认可的可持续消费行为

调研问卷中，在衣食住行四个维度的生活场景下，消费者票选出的最容易接受并积极实践的可持续消费行动有十点（图2-10）。

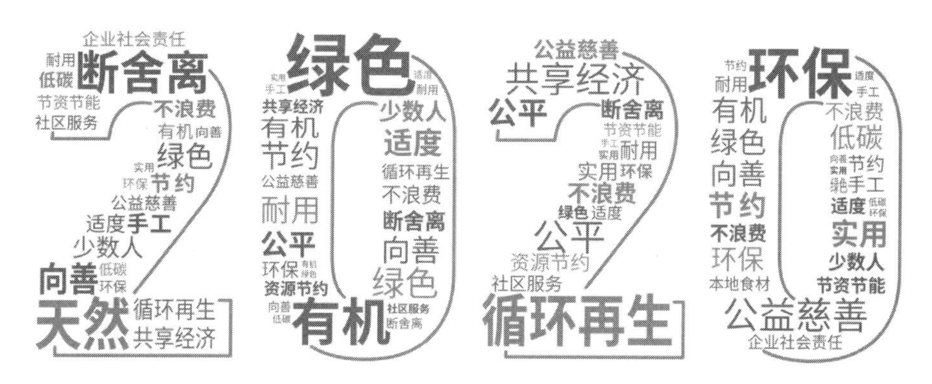

图 2-9　2020 年中国可持续消费关键词

（图源：《2020 年中国可持续消费报告》）

图 2-10　可持续消费行动

（图源：《2020 年中国可持续消费报告》）

三、公众可持续消费行为转变的理论模型

目前越来越多的消费者认同可持续消费，却没有开展相应的行动。这是因为消费者的行动决策并不完全依赖于理性思考，行为的改变同时受到很多感性思考和外部因素的影响。行为科学证明了情景（心理、社会和身体）的影响以及人类的思维结晶如何导致个人行为难以预测的结果。

（一）计划行为理论概述

计划行为理论（theory of planned behavior，TPB）被认为是社会心理学中最著名的行为关系理论（图 2-11），并被证实能够显著提高研究对行为的预测力和解释力，目前被广泛应用于各个领域的研究。

计划行为理论的理论源头可以追溯到 Fishbein 的多属性态度理论（theory of multiattribute attitude）。该理论认为行为态度决定行为意向，预期的行为结果及结果评估又决定行为态度。后来，Fishbein 和 Ajzen 发展了多属性态度理论，提出理性行为理论（theory of reasoned

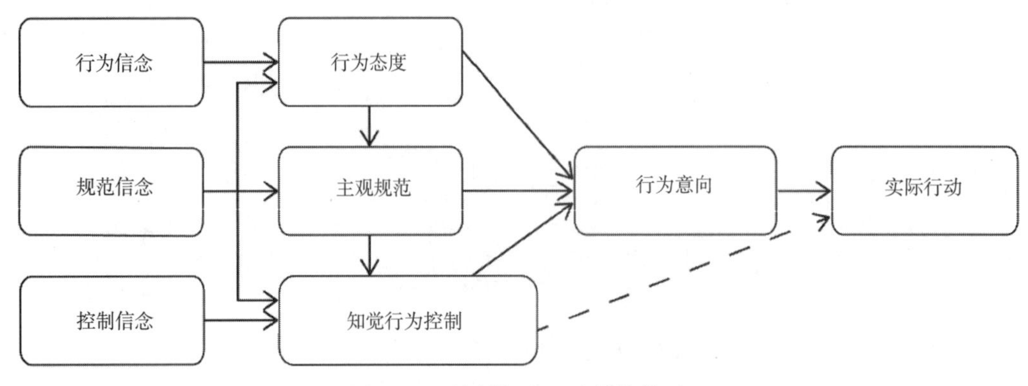

图 2-11　计划行为理论结构模型

（图源：Ajzen 提出的计划行为理论）

action）。理性行为理论认为行为意向是决定行为的直接因素，它受行为态度和主观规范的影响。由于理性行为理论假定个体行为受意志控制，严重制约了理论的广泛应用。因此，为了扩大理论的适用范围，1985 年，Ajzen 在理性行为理论的基础上增加了知觉行为控制变量，初步提出计划行为理论。1991 年，Ajzen 发表的《计划行为理论》一文，标志着计划行为理论的成熟。

计划行为理论有以下几个主要观点：

（1）非个人意志完全控制的行为不仅受行为意向的影响，还受执行行为的个人能力、机会以及资源等实际控制条件的制约，在实际控制条件充分的情况下，行为意向直接决定行为。

（2）准确的知觉行为控制反映了实际控制条件的状况，因此它可作为实际控制条件的代测量指标，直接预测行为发生的可能性（如图 2-11 虚线所示），预测的准确性依赖于知觉行为控制的真实程度。

（3）行为态度、主观规范和知觉行为控制是决定行为意向的三个主要变量，态度越积极、重要他人支持越大、知觉行为控制越强，行为意向就越大，反之就越小。

（4）个体拥有大量有关行为的信念，但在特定的时间和环境下只有相当少量的行为信念能被获取，这些可获取的信念又称突显信念，它们是行为态度、主观规范和知觉行为控制的认知与情绪基础。

（5）个人以及社会文化等因素，如人格、智力、经验、年龄、性别、文化背景等，通过影响行为信念间接影响行为态度、主观规范和知觉行为控制，并最终影响行为意向和行为。

（6）行为态度、主观规范和知觉行为控制从概念上可完全区分开来，但有时它们可能拥有共同的信念基础，因此它们既彼此独立，又两两相关。

（二）促进可持续消费行为的关键变量

在计划行为理论中，行为态度、主观规范和知觉行为控制决定行为意愿，行为意愿作为前三者的中介变量影响最终的实际行为。

1. 行为态度：我做这件事有用吗　态度是指个人对执行某行为是否能达到预期所抱持的看法。认同行动的价值才会有更强的行为意愿。据调研数据显示，大部分公众相信可持续消费可以在环境、经济、社会领域带来积极的改变，公众的行为态度呈现积极的形态。

2. 主观规范：我这样做大家怎么看我　主观规范指个人对于是否采取某项特定行为所感受到的社会压力与他人的看法，主要受到身边重要的人，例如父母、配偶、朋友、老师等的判断影响。调研显示，目前公众对可持续消费形成了积极印象。

3. 知觉行为控制：以我的能力和客观条件来说，我能完成这件事吗　当人们觉得自己可以成功地实施某些行为时，他们更有可能打算实施某些行为。影响个人做出判断主要有两个维度的因素，一是主观信念，即认为自己是否有能力完成某事，二是阻碍行动的外部因素。

四、可持续消费行为转变的阻碍和驱动因素分析

在计划行为理论下的可持续消费行为中，消费者有着积极的行为态度和正向的主观规范，而知觉行为控制却存在着不确定的影响因素，正是这些不确定的影响因素导致可持续消费行为转变的过程异常艰难。在行为转变的过程中，消费者会受到不同的外部环境因素影响。每一个因素都有可能改变消费者最终的购买决定，如价格、信息透明度、产品与服务的选择、购买的渠道与方式等。

同时，也有很多因素能够触动消费者进行可持续消费，帮助他们更有效地实现从意向到实际行动的转变，如消费者知识、价值观、特定的场景、与个人相关的议题、恰当的传播方式、可信赖的体系等，加强驱动力量，降低这些困难和阻碍有利于带动更多消费者实现行为转变。

（一）行为转变的阻碍因素分析

调研结果显示，公众的可持续消费意向到行动的客观阻碍因素包括：可持续产品选择有限，没有合适的购买渠道，销售人员没有给予有效的支持和帮助，后续回收环境不完善，可持续产品难以辨别，价格高于同类产品。

可持续产品选择有限是受访者在选购时遇到的最显著的阻碍因素，说明市场对多元、多样化的可持续产品具有需求且充满期待。没有合适的购买渠道、销售人员没有给予有效的支持和帮助以及可持续产品难以辨别都对消费者造成了一定程度的困扰，这三个因素也从侧面反映了需要更多的可持续产品、服务和相关信息的传播。另外，公众对产品的购买渠道不清晰，很大程度上说明了信息的错位、宣传力度较薄弱等问题。

针对上述阻碍因素的分析，企业可以对销售人员进行相关培训，让他们更为主动地为消费者介绍相关信息，增加顾客的可持续消费意识并建立与品牌的联结。并且，可持续产品的可持续属性信息和标识认证应该以更明显的方式展现给消费者，以期增加消费者的信任度。产品价格在调研中被认为是最不具有阻碍影响力的因素，说明部分消费者愿意为可持续产品承担一定范围内的溢价，而对其他消费者来说，他们有可能还没有进入了解价格的阶段，就已经放弃了购买。

（二）行为转变的驱动因素分析

1. 驱动因素的学术研究

（1）消费者知识。有研究认为，消费者知识的加入能够显著增加计划行为理论对可持续行为的预判，消费者知识的提升有助于促进可持续消费行为的发生和行为的长期稳定。需要注意的是，这里的消费者知识是特指消费者对于可持续产品的知识，而不是一般的环保知识。

当然一般的环保知识及相关信息是可持续产品的认知基础，若消费者拥有丰富的环保知识，则对可持续产品的感知更加敏锐。消费者知识包括两个维度：产品熟悉度和产品知识。熟悉度是指累积的消费经验，产品知识是指存储在个人记忆中的产品类别信息和规则的总和。受知识刺激和引导的消费者能够产生对特定产品的需求，在消费决策过程中消费者对各种知识进行加工处理形成消费决策，每次消费后累计的经验和知识储备又对下一次消费构成影响。很多可持续产品的本质是对传统产品在环境影响和资源消耗方面的改进，消费者之所以接受可持续产品及服务，在于他们对这些可持续改进的认知、判断和比较。通常情况下，可持续消费行为并不是消费者的冲动购买，而是基于各种专业知识和消费经验做出的综合判断。在某短视频平台，有一位消费者陈述了自己在购买了一条由海洋垃圾制成的连衣裙后，因为其廉价的质感和不舒适的穿着体验，大幅降低了对此类产品的好感度和消费倾向，即积极的消费态度对行为意愿的影响被产品使用后产生的消极态度所否定。因此，在向消费者全面普及可持续知识的同时，也要注重提高产品的使用体验，增加产品消费的满意度，如此才能更好地促进消费者可持续行为转变和培养长期的可持续消费习惯。

（2）价值观。积极正向的可持续价值观对可持续消费行为的转变有着指导和促进的作用。价值观是一种与最终状态或行为有关，超越特定情况并用于解决冲突或作出决定的信念。价值观被认为比态度更稳定、更抽象，并作为大量态度所依据的标准。一旦形成一个价值，它就会成为价值体系的一部分，而正是这个体系被个人用作指导自身或审视他人行为的指南。人是社会性动物，往往会将自身行为与他人进行比较，并通过观察他人行为来帮助自身确定“正确”的社会行为，尤其以最亲近的社会关系对其行为的影响最大。当越来越多的消费者形成可持续价值观，则会出现呈指数型增长的价值观传递模式，最终形成社会性的价值标准，那么消费者就会越多地考虑自身的消费行为所产生的社会影响。

（3）个人关联度。当消费所产生的影响越具象化，且与个人生活方式和自我形象的关联性越大，他们往往会更多地参与到可持续消费的进程中。例如，可再生材料制成的可持续服装，让消费者清楚地知道该服装的生产利用了多少废弃塑料，对环境产生了怎样积极的影响，则会让他们更加直接地感知到自己的消费行为能够影响环境的可持续发展，并且这样的感知有利于加强他们对可持续生活方式的理解和践行，那么他们便会更为主动地进行可持续消费。Allbirds 在官网上清晰地标示环保材料能节省多少资源，这一行为得到了用户的强烈认可。因此，当消费者感知到他们与时尚的可持续发展密切相关时，他们往往会对相关产品有积极消费意向。可持续产品的创新、生产和推广要加强和消费者之间的关联性，此类产品必须能够直接反映消费者的身份、形象和价值观，以鼓励和促进他们的可持续消费。

2. 驱动因素的实际调研分析

（1）场景。一定的场景能够促进消费者建立可持续消费行动的意愿和冲动，如图 2-12 所示。环境负面信息和公益活动参与都是最容易让消费者产生可持续消费意愿和冲动的场景，分别能激励 58%和 49%的受众。这两个场景都能让消费者对可持续发展的重要性有更感性的认知。而社会准则的引导同样能够触动消费者参与可持续消费。分别有 40%和 45%的消费者认为“亲朋好友的讨论和行动”以及“国家层面的倡导”都会对他们践行可持续消费的意愿产生积极影响，而这两者都是让可持续消费成为正向主观准则的重要因素。

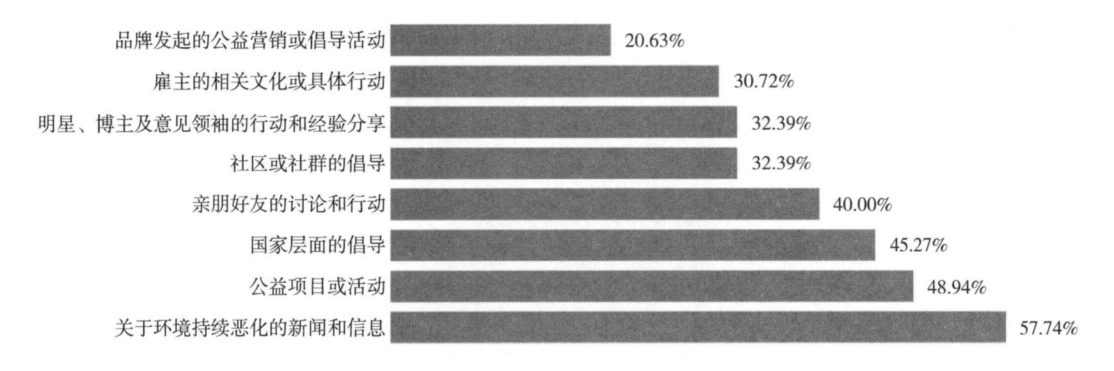

图 2-12　场景因素

（图源：《2020 年中国可持续消费报告》）

（2）议题。对于可持续消费议题，与“私利”相关的议题更容易与消费者建立联系，如图 2-13 所示。58%的受访者认为，健康的生活方式是更能打动他们的可持续议题。其次，零饥饿、消除贫困、提供干净和可持续的水供应、性别平等以及可持续的能源等具有普世性与公共性的议题角度也更能激励消费者参与行动。因此，在与消费者沟通时，从消费者生活相关的议题入手，特别是健康的生活方式，更能触发消费者的心动与行动。

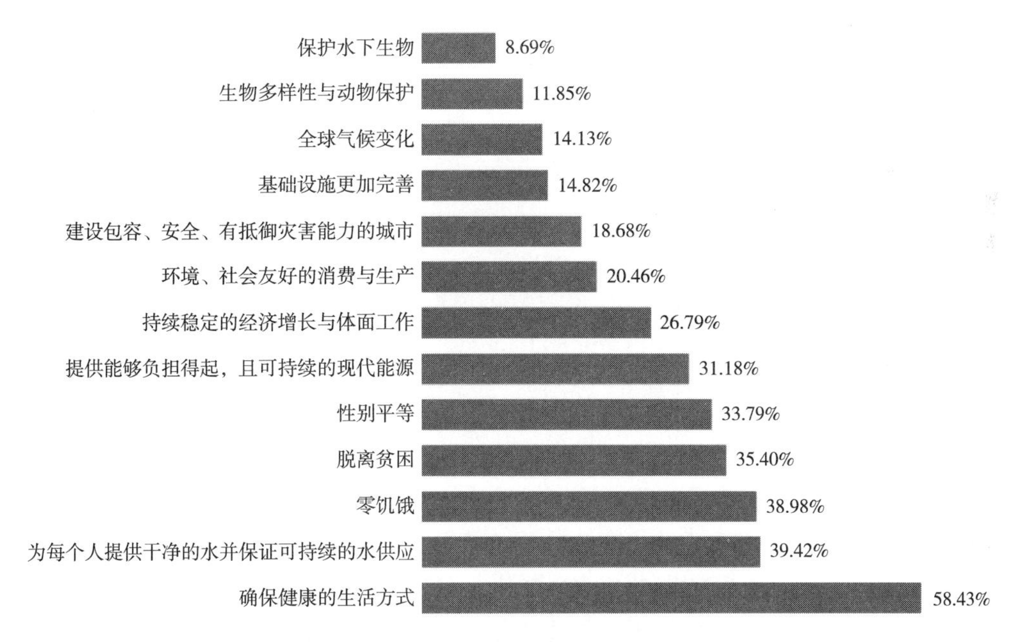

图 2-13　打动消费者的可持续消费议题

（图源：《2020 年中国可持续消费报告》）

（3）方式。有效传递可持续产品信息更容易打动消费者，如图 2-14 所示。倡导更可持续的生活方式和理念是更容易与消费者建立共鸣的策略，52. 14%的受访者认为，企业传达简约、品质、健康的生活方式更能打动他们。这是由于消费者更愿意选择符合他们自身价值观和态度的产品或品牌。另外，使用天然、负责任、无污染的原材料，以及提供清晰可靠的可持续产品信息也是打动消费者的有效方式，分别获得了42. 78%和49. 22%的受访者认同。这也说明，消费者对于企业可持续的采购，以及可持续产品信息的披露有较高的期待。

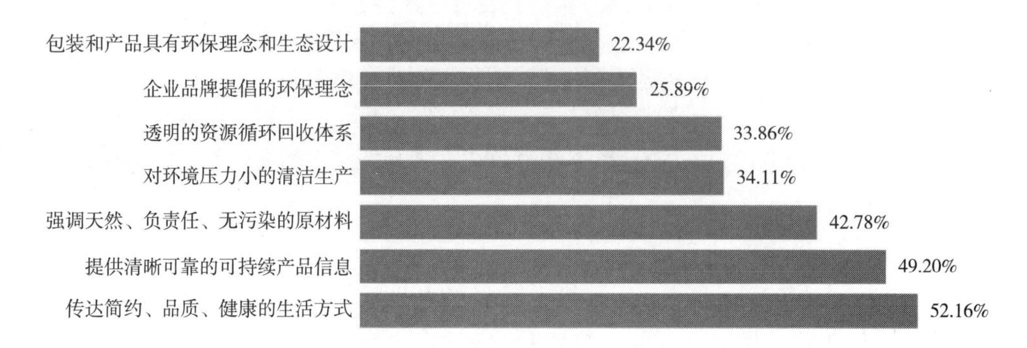

图 2-14　打动消费者的引导方式

（图源：《2020 年中国可持续消费报告》）

（4）可信赖的体系。完善的回收体系能够加强消费者对品牌的信赖，促进消费者做出可持续的购买决定。据调研结果显示，产品后续回收困难被认为是选择可持续产品过程中“非常有影响”的阻碍因素。伴随着各个城市关于垃圾分类的政策落地，公众对使用后的产品如何进入新的循环产生了更高的关注。完善回收体系让消费者在践行垃圾分类以及其他回收环节中更能感受和认同自身行动的价值。而消费者对产品回收关注的提升也体现出公众与可持续消费较以往有了更深入的思考。

（5）感性的交流。人与人的联系让可持续消费选择更容易。销售人员无法提供有效的帮助和支持被57%的受访者认为是困扰他们选择可持续产品的影响因素。无论是线上还是线下的销售人员，都能与消费者建立更直接的沟通。在可持续消费方面的信息，如果销售人员能在一定程度上帮助消费者做出更可持续的消费选择，也能够在消费群体中建立更好的品牌形象。

（6）经济成本。价格对促进可持续的生活方式依然存在显著的影响。尽管可持续产品的价格往往比一般产品更高，但是对于二手物品或闲置物品来说却恰恰相反。近年来明星在县域上转卖自己个人物品的行为引起公众的广泛关注，侧面反映二手物品闲置交易已经成为一种新的社交模式。这种社交文化的兴起很大程度上推动了可持续消费进入文化主流。然而，更优惠的价格依然是促进二手市场交易的主要动力。

（7）渠道。伴随技术的发展，人们购物体验越来越丰富，了解可持续消费的信息和渠道也变得更加多元，如图 2-15 所示。微信、小红书、抖音等近年迅速兴起的社交购物平台是他们了解可持续产品和信息的渠道。而电商平台则依然是主要的可持续产品销售阵地，分别有超过67%和54%的受众认为网络上的官方渠道（如电商平台、超市配送等）以及网络直播带货等平台是他们日常的可持续消费产品购买渠道。

然而，传统销售和传播渠道依然是触动消费者最直接的方式之一，影响力不可小觑，如

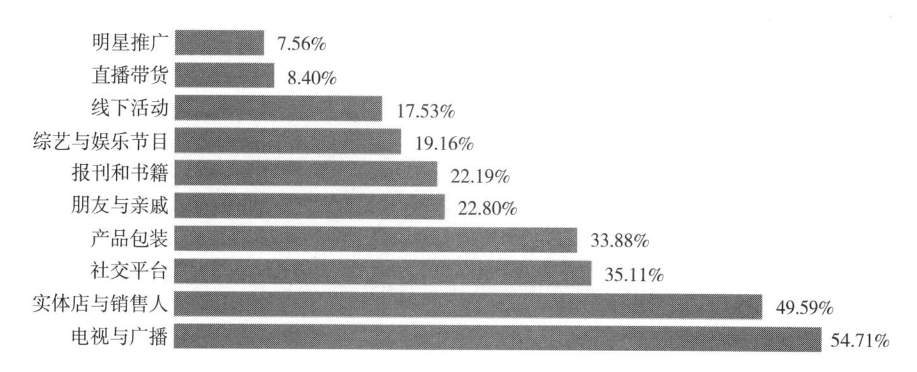

图 2-15 可持续产品与信息沟通渠道

（图源：《2020 年中国可持续消费报告》）

图 2-16 所示。57%以上的受众选择在实体店、线下店进行日常可持续产品的选购。55%的消费者通过电视与广播了解可持续消费的相关信息，50%的消费者则是通过实体店与销售人员进行了解。相对于新媒体的传播方式，传统渠道有更多的机会跟消费者产生深入的互动，让他们对产品有更直接和全面的了解。

图 2-16 可持续产品购买渠道

（图源：《2020 年中国可持续消费报告》）

此外，仅次于社交媒体平台的是产品包装。包装不仅是产品信息传递的载体，而且是品牌价值的传播阵地，它能够成为与消费者进行可持续产品沟通的理想媒介。

第三节 时尚的可持续消费

2020 年，中国在第 75 届联合国大会期间提出的 2030 年和 2060 年气候变化目标，让很多业内人士为之振奋，“绿色复苏”也成为疫情之后关于世界未来发展最热门的关键词之一。作为一个对社会和环境影响巨大的行业，时尚业的可持续发展受到来自行业和公众越来越多的关注。

可持续消费在国内还是相对超前的理念，却是未来的趋势，欧美等国消费者对产品的要求，除了好看好用还需要环境友好，以可持续时尚为代表的消费行为也被普遍认知。那么在国内的消费终端里，消费者对于可持续时尚产品有着怎样的认同，从认同到消费买单还有多大的距离？这是中国时尚业一直在探索和深度发掘的问题。可持续时尚与传统时尚存在显著差异，前者的消费需要建立在更大的责任心和道德感之上，所以可持续产品的开发和设计要充分考虑消费者需求，以此更好地提升消费体验，促进时尚可持续消费的行为转变和长期稳定。

在国内政治环境对可持续发展提出明确目标的大环境下，企业和品牌要避免盲目的自我狂欢和主观判断，需要在广泛的消费者调研基础上制定有针对性的教育和引导策略，开发出兼顾可持续性和商业性的时尚产品，获得消费者的拥护和忠诚度，从而有效促进全行业的可持续转型。

一、消费者的可持续时尚感知

根据2020年R. I. S. E. 的《后疫情时代——聚焦中国可持续时尚消费人群》的报告显示，消费者购买可持续时尚产品的关注点与产业受访者的认知存在错位。

品牌方认为消费者购买可持续时尚产品的关注度排序如下：价格（75%）、设计（60%）、可持续性（35%）、品牌故事/文化（30%）、网红/博主带货（25%）。

但实际上，消费者购买可持续时尚产品时，价格并不是首要考虑的因素。目标消费者对可持续时尚产品的关注度排序如下：设计（93%）、可持续性（86%）、品牌故事/文化（76%）、价格（66%）、网红/博主带货（28%）。

根据调研数据可以得知，对于消费者而言，即使对可持续发展有着高度认知，在实际购买时，还是会回归到对自己基本需求的考量。可持续时尚产品本质依然是时尚产品，消费者最为关注的仍是产品在功能和美学层面的设计。这一点与2021年老牌国货鸿星尔克突然爆火后，消费者纷纷对品牌提出提升产品的设计感的要求是一致的。价格并不是中国消费者购买可持续时尚产品最重要的决定性因素之一，他们整体的消费方式更倾向于理性——关注价格的合理性，而非一味追求低价。可持续时尚的消费者，他们对于品牌的理念、背后的故事同样重视，产品的可持续性和品牌故事是重要加分项。而明星或网红、时尚博主对产品的推荐对他们来说是不被认可的，这一点与如今带货销售的主流方式是矛盾的，但是这并不难以理解。因为可持续时尚代表的是更高的价值追求，它需要传播者自身具备更优秀的经历、更高尚的品质和真实践行可持续生活的经验，而目前大多数明星、网红、时尚博主并不具备或者消费者难以感知到以上三点，因此他们的传播效应可能会让消费者感到反感。

二、消费者调研

1. 核心 目的：挖掘消费者需求；行为：搜集信息；方式：随机应变。

2. 调研流程

（1）命题。为什么要研究这个问题？研究的内容是什么？

（2）方法选择。有二手资料、调查问卷和消费者访谈。

①二手资料（桌面研究）。概述：不进行一手资料的调研采集，通过计算机、手机、杂志、书籍等渠道搜索得到的资料。优点：时间、金钱成本的投入低，容易获取。缺点：时效性不强、信息滞后；不同机构的信息采集归类都是有差别的，不同渠道获取的信息无法对比，

相关性较低，无法直接服务于自身的研究目的；资料的权威性参差不齐，会存在较大的误差。

②调查问卷。调查问卷是日常生活中常见的调查方法，通过设计问题、发放问卷来收集信息。优点：节省时间、节省人力；通过大范围发放问卷，收集的信息容易统计处理量化分析。缺点：问题设计较难；回收质量参差不齐，会导致统计分析的结果有误。

③用户访谈。用户访谈是一种运用有目的、有计划、有方法的口头交流方式，向用户提问，并记录用户回答的调查方式，是研究型的交谈。

（3）人群画像。目标消费者范围：不是所有对此类产品有潜在需求的消费者，而是那些在做购买决策时愿意考虑到此类产品的人，这些消费者才是调研中应着重分析的目标消费者。目标消费者基本特征的调研包括：年龄、性别、受教育程度、职业、经济收入、个性等。

（4）收集反馈。人群：行为、需求、兴趣、渠道；产品：设计需求、功能需求、价值需求、体验。

（5）需求分析。

3. 调研权重

命题>需求分析>人群画像>方法选择≥收集反馈。

三、消费者需求分析

1. 消费者需求概述 消费者需求是人们为了满足物质和文化生活的需要而对物质产品和服务的具有货币支付能力的欲望和购买能力的总和。需求和人的活动是紧密联系的。人们购买产品，接受服务，都是为了满足一定的需求。一种需求满足后，又会产生新的需求。因此，人的需求不会有被完全满足和终结的时候。正是需求的无限发展性，决定了人类活动的长久性和永恒性。

需求虽然是人类活动的原动力，但它并不总是处于唤醒状态。当消费者的匮乏感没有达到某种迫切的程度，需求大多只是潜伏在消费者心底，没有被唤醒，或者没有被自身充分意识到。不过在商品经济中，尤其是以目前供大于求的市场发展下，消费者没有义务去了解自我需求，而商家则有义务且必须理解他们的需求点，并提供将需求具象化、清晰化、显像化的解决方案。当商家能够拿出这样一个解决方案，消费者就会知道自己原本模糊的需求到底是什么。于是消费者就会认同、感激、拥护商家，从而关注、了解、购买产品、体验商家的服务。

消费者需求一般来自两个方面：一是基于个人整体的经济水平和认知度产生的生理、安全、社交、尊重、求知、审美、自我实现这类直接性需求，这类需求又称马斯洛需求；二是基于客观事实当前阶段的需求普遍得不到满足而产生的渴望被满足的间接性需求，这类需求也可以认为是基于痛点的主观判断。

2. 消费者可持续时尚的需求 据相关调研数据显示，消费者目前对可持续时尚产品及服务较为宏观的需求有以下几点：

（1）可持续时尚消费是一种新潮流，消费者想要在时尚消费中更容易地做出更绿色的选择以追随最前沿的新风尚，如企业和品牌推出更多具有可持续属性的时尚产品类别以提供更丰富的选择范围；品牌要加大对销售人员的可持续知识的培训，线上或线下的销售人员能够主动对可持续产品进行详细的介绍和推荐；以更透明的方式提供产品可持续属性的信息，让消费者更容易辨别可持续产品。

（2）可持续理念融入消费者触手可及的生活日常，可持续时尚消费要能够体现他们独特的生活价值观。

（3）消费者在选择可持续时尚产品时，应重视生活的便利度，天然、健康、安全是获得消费者青睐的原因，在此基础上产品的设计需要有较好的时尚感和创新感。

（4）可持续产品的溢价要在合理的范围之内，让消费者在追求可持续时尚的同时，有一定的购买能力去增加对自身价值观的肯定。而消费者对于可持续产品及服务的具体需求则需要调研人员自己命题、调研和分析。

四、时尚可持续消费的引导者

时尚可持续消费要落到实处，政府的引导至关主要；企业的正面实践和品牌的倡导是桥梁；公众参与是时尚可持续消费的社会基础。

（一）中国引领时尚可持续消费的增长

中国不仅是制造大国，其消费市场和人民的消费能力也是巨大的。在过去的 10~15 年，中国已成为时尚品牌崛起的重要市场之一。中国品牌独特的垂直供应链、品牌效应、成型中的中产阶级、对新兴社会现象快速反应的创新能力，都能在全球时尚产业向可持续发展转型中产生巨大优势。2018 年底在波兰卡托维兹联合国气候变化大会上发布的《时尚业气候行动宪章》，还有 2020 年 9 月中国政府在第七十五届联合国大会上提出的碳中和目标，都坚定地表达了参与决心。2020 年由于新冠疫情的影响，全球经济下行，时尚产业发展受挫，美国、欧盟、日本等地时装周所在地区纺织服装和鞋类零售等时尚相关消费下降幅度明显，而中国时尚消费市场在有效的疫情控制下，率先得到了极大的复苏。上海时装周作为中国时装周代表，积极探寻危机下时尚产业转型发展之道，全球首个“云上时装周”开启消费新模式，销售额逆势增长，上海时装周参展品牌数量由 2018 年的 178 个逆势增长至 2020 年的 216 个，首度超越纽约和伦敦，可以看出时尚界“西强东弱”的格局正在逐步扭转。如果中国力量坚定可持续发展转型的目标，那么必定能够更高效地带领全球时尚产业进行可持续转型，中国消费者可持续消费意识的全面觉醒，必定带领可持续时尚进入新纪元。

（二）企业和品牌正在推动更广泛的消费者参与可持续消费

消费者是否在时尚领域内做出可持续的选择，企业的可持续实践和品牌的可持续倡导与传播非常关键。

1. 企业的可持续实践 面对种种挑战，可持续发展之于时尚业不再只是发展愿景，而是具体如何做的问题。鉴于可持续消费目前的形势，时尚企业可以从以下几个方面开展可持续的责任行动。

（1）可持续发展系统的建立。践行可持续时尚，企业需要建立系统认识，基于环境问题、社会问题、公司治理，从企业愿景、战略到人员组织、公司制度、慈善基金全面系统规划，让可持续渗透企业经营过程成为持续成长的力量。

（2）可持续专业人才的培养。考验一个企业可持续执行的效果是由专业人员的专业程度决定的，中国目前非常缺乏可持续管理人员，这就需要企业从内部开始培养或者委托专业培训机构。对可持续人才的知识广度和专业深度都有一定要求，只有对企业充分了解，才能更好地践行可持续理念和商业模式。

（3）全员可持续理念的贯通。可持续发展的必要性及与每一个员工和合作伙伴的相关性认知必须提升，促进全部员工、合作伙伴公众参与绿色消费文化与行为。

（4）供给侧改革。企业需要做好消费者的消费需求调研，将供给和需求深度结合，提供更高品质的可持续产品和服务，从供给入手倒逼可持续消费行为的形成，从而为整个行业的可持续发展做贡献。

（5）创新商业模式。开发有助于促进可持续消费的商业模式，如由提供产品转变为提供服务，由此来减少生产的产品数量和消耗的资源和能量，增加后续的回收再生环节，给消费者提供可持续的回收服务。

（6）透明的可持续管理。企业的可持续行为、价值和影响力必须量化、可视化衡量，让政府—企业—消费者都能直观地看到其价值所在，检验价值大小，增加企业社会效益。如以透明的方式把一些检测及技术指标、检测要求等在产品上展示，让消费者能够识别、读懂和知悉；或者对自己的产品和服务开展全生命周期的可持续属性分析，包括研发端、供应链和销售端，并将这个信息提供给消费者，定期发布可持续发展报告或社会责任报告是一种较好的信息提供方式，对促进减少能源消耗、水消耗、有害化学品使用、为产品延长使用寿命、无害化循环利用等进行详细的信息披露，能够有效教育和引导消费者选择更加可持续的产品和服务。

（7）技术改革。企业要加强可持续产品研发的技术改革，确保原材料生生不息地可获得性、可持续性和原材料成本的可控性；同时通过技术的提升，提高生产效率、减少成本浪费，通过人、物、科技、物流全方位的驱动，实现成本控制。只有这样才能保证最终达到消费者手上的产品是稳定的，价格是合理的，也才能真正引起可持续材料使用量的增大，从而实现可持续时尚的商业化。

2. 品牌的可持续行动与倡导　品牌作为时尚行业可持续进程的终端媒介，承担着推动上游产业链的可持续创新、传播时尚可持续理念和促进消费者可持续消费的重要责任。

（1）配合上游企业。品牌的可持续行动需要上游产业链密切配合，协同推进供应商的可持续技术创新，提高全链路可持续实践水平。如 2020 年 7 月，户外品牌 RICO LEE 联合纤维供应商推出含有回收再生纤维纤生代 Finex™ 的服装系列（见第四章第二节）。RICO LEE 的主理人 Rico 认为品牌应该更多地考虑怎样使用可持续材料，把产品设计得更好，去开发适合消费市场的款式。

（2）贯彻可持续设计理念。品牌要贯彻“摇篮到摇篮”的可持续设计理念，在可持续产品的设计阶段就要植入循环再生的概念，在传递品牌理念的同时扩大时尚可持续产品的选择。环保品牌 klee klee 通过对原色、植物染、环保牛仔等节能、减少污染、减少化学物质的工艺，实现品牌一贯秉持的环保理念。

（3）回收再生的推广。品牌端是回收再生趋势推广的桥梁，全产业链都在加强协作积极传递和探索回收再生应用。回收再生应用不仅是产品可持续的阶段性表现，也是产品可持续延伸的开端。

(4) 加强消费者引导。品牌方要避开“买”或“不买”的对立性消费逻辑，主动引导消费者进行可持续消费方式的选择。klee klee 品牌运营湘枚表示品牌方正积极探索和消费者的互动，尝试搭建可持续生活方式的社群，通过这样的形式向消费者去传达可持续的理念。

(5) 强调零售端的可持续责任。在零售方面，品牌商应关注碳足迹和可追溯的相关内容。品牌商在市场上进行零售的时候是否采取了一些减少碳足迹、碳中和的理念和措施，可以在产品或者产品的包装上加上标签和二维码，消费者通过扫码会了解这件衣服在生产过程中所产出的碳排放和数据；在店铺设计和能源使用时考虑到环保和节能减排的效果；销售人员具备较好的可持续素养，能够给消费者提供专业的知识普及和产品推荐。

(6) 塑造正向的品牌形象。公众对品牌形象评价的好坏直接影响其对可持续时尚理念传播的有效性。公益活动是塑造品牌形象的有效方式，尤其在自媒体高度发达的时代，消费者更容易通过企业公益活动的报道建立对品牌形象和价值观的认同，从而产生相应的消费偏好。如河南水灾中，鸿星尔克、贵人鸟、汇源果汁等品牌通过公益捐助，广泛引起了大众的狂热消费，这其中不乏其他因素的影响，但公益活动的宣传作用不容小觑。同时，品牌也需要更好地讲故事、讲述品牌的价值，才能够让消费者更好地接收到品牌的价值观，更清楚直接地了解到品牌为了可持续发展做了哪些事情。

(7) 打造可持续产品的特殊价值。品牌要加强可持续产品特殊价值的打造，转变消费者的理念，让他们在购买时思考自己的选择是低价劣质的产品，还是高性价比的可持续产品。兰精目前正在与品牌和中纺联等行业协会合作减少碳排放量的项目，项目中针对每一件产品、每一件衣服去分析其生命周期的足迹，通过明显的标牌教育消费者什么样的产品是可持续的，让消费者清楚只有选择可持续的产品才能帮助我们的地球。

(8) 与消费者加强沟通。可持续产品在中国发展缓慢的主要原因是“柠檬效应”，即不对称的产品信息阻碍消费者做出决策。品牌要加强与消费者在可持续产品行动和理念上的沟通，有助于降低信息差异所导致的障碍，品牌除了与消费者进行基于理念的感性沟通以外，实质性和理性沟通也同样不可缺少。

五、时尚可持续消费的发展趋势

2020 年中国全面建成小康社会，国内的经济发展形势一片大好，人们的生活越来越富裕。可持续消费的未来发展趋势有如下几个特点：

(1) 伴随着公众消费水平的不断升级，消费需求也逐渐由物质需求转向精神需求，消费行为变得更加理性，愿意为可持续消费承担更高的经济责任，为时尚可持续发展提供了机会，也使可持续产品较之以往或具有更强的市场竞争力。

(2) 数字技术的发展让人们的生活变得更智能、更便捷，也降低了人们参与可持续消费行动的门槛。越来越多的企业通过数字技术的应用推进可持续消费的开展。科技创新推动了可持续产品和服务的发展，从而让每一位消费者更容易，并通过更丰富的形式参与到可持续消费的行动中。

(3) 碎片化的可持续内容难以真正触达和打动消费者，真正吸引消费者关注的可持续理念背后是有系统性的知识背景和解决方案。所以企业要成功实现可持续转型和盈利，就需要为消费者提供系统性的可持续知识宣传和真实有效且透明的可持续解决方案。

（4）消费者认为可持续产品是上升更高阶的品质实现，不能成为炒概念的营销手段。时尚产品的可持续属性会引导消费者作出更为理性、成熟的判断和选择，而非短期决策下的冲动购买。

（5）从了解—认可—共同践行可持续的链路中，消费者期待能够更多地参与到品牌方的可持续时间中。真实的宣传与坦诚的沟通是品牌方与消费者良性的互动方式。

（6）当消费者对外分享可持续时尚消费时，会格外注重传递背后真正的可持续理念和消费态度。

（7）可持续发展需要形成产业优势和社会效应，才能形成消费导向。时尚可持续消费的普及需要产业联合的力量。

（8）当个人信用成为社会新常态时，促进与激励个人进行绿色环保行为也被尝试应用于信用体系中，例如个人碳减排积分和蚂蚁森林都是很好的案例实践。时尚可持续消费未来也可考虑相应的信用措施。

本章小结

本章介绍了服装行业内可持续消费现状及其探索性工作。本章具体围绕消费者与时尚的关系、公众可持续消费现状、可持续消费行为转变的阻碍和驱动因素分析、消费者可持续时尚感知、时尚可持续消费的引导者、可持续时尚商业价值与意义等几部分进行阐述。希望能够唤醒更多消费者和行业内人士可持续消费的责任意识，将可持续消费理念融入服装消费的各环节，实现服装行业消费终端的可持续发展。

思考题

1. 可持续和时尚蕴含的消费主义矛盾吗？
2. 消费者如何更好地接受可持续时尚产品的无形价值，并为之买单？

第三章　可持续设计方法与可持续服装设计

作为时代发展的回应，可持续理念逐渐融入各大行业的发展策略中，并成为全球使命。可持续设计战略是将可持续理念融入产品设计和开发中，这是一项综合创新战略，考虑到消费者需求、环境利益、社会效益和企业发展等各方面因素。

当下，可持续服装设计的起点通常认为是负责任的原材料选择和有效减少资源浪费的高效供应链管理，但设计作为服装生命周期的重要组成部分，在可持续服装设计中将起到至关重要的作用。

第一节　可持续设计

一、设计理论

（一）设计的起源与本质

人类的生存离不开各种各样的物品和器具，如食器、房屋、衣服等。对于这些物品，人们不仅要求有用的功能性，还要求视觉的美观性，即人们在创造这些物品的意识中既有够用、好用的理性心理需求，还有好看漂亮的感性心理需求。由此可知，“用”和“美”是人们的自然愿望，这种愿望也就产生了设计的意识。在实际生活中，这种意识的形成促成了设计的实践，这种意识行为产物即设计的产品。

设计 design 一词来自拉丁语 designare、意大利语 disegno、法语 dessin 的融合，最早源于拉丁语 designare 的 de 与 signare 的组词。signare 是记号的语义，从这一词义开始，又有了印迹、计划、记号等意义，如今 design 一词已融入现代生活的“计划后的记号再现”设计意义之中。

今天的“设计”一词，广泛应用于各个领域，包含意匠、图案、设计图、构思方案、计划、设计、企划等众多含义。因此设计的根本语义是“通过行为而达到某种状态，形成某种计划”，是一种思维过程和创造过程。

（二）设计的意义与目的

设计是为了满足用的机能性和美的感性需要而展开的劳动行为，是融合“用”和“美”的意识为一体的产物，是为达成某种目的、表达某种效果进行的计划设想、构思、设计实施的创造性立体思维及实际行为的过程。

设计的意义是多层面的，对于制造商而言，设计是提升企业品牌形象、提高产品附加值、促进销售的一种策略手段；对设计师而言，设计是表达内化为自身感受的公众需求；而对于消费者而言，设计是蕴涵于产品之中服务于其需求的内在价值。因此，设计是一种使自身有实用意义的艺术行为。

（三）设计的类别

按设计的目的进行设计的类别划分：为了传达的设计——视觉传达设计；为了使用的设

计——产品设计；为了居住的设计——环境设计。这种划分原理是以世界的三大构成要素——“自然—人—社会”作为设计类型划分的坐标点，由它们的对应关系形成相应的三大基本设计类型，如图 3-1 所示。

1. 视觉传达设计　视觉传达设计即利用视觉符号并通过视觉媒介进行信息表达的设计，又称为平面设计。

图 3-1　设计类型的划分

视觉传达设计涉及多个领域，如报纸、杂志上的各种平面广告、道路两侧的广告牌、灯箱等都属于视觉传达设计的领域。视觉传达设计的主要内容包括：标志设计、产品包装设计、界面设计、字体设计、图像设计、书籍装帧设计、信息设计、广告设计、展示设计、企业形象设计、视觉形象识别系统设计等，图 3-2 为 1972 年经过保罗·兰德之手的经典设计，IBM 公司的标识一直沿用至今。

图 3-2　IBM 公司的标识

（图源：IBM 官网）

2. 产品设计　产品设计是从制订出新产品设计任务书起到设计出产品样品为止的一系列技术工作。其工作内容是制订产品设计任务书及实施设计任务书中的项目要求（包括产品的性能、结构、规格、类型、材质、内在和外观质量、寿命、可靠性、使用条件、应达到的技术经济指标等）。

产品设计需要综合地考虑社会发展、经济效益、使用要求、制作工艺要求等多方面因素。

（1）设计的产品应是先进的、高质量的，能满足用户的使用需求。

（2）产品的制造者和使用者都能取得较好的经济效益。

（3）从实际出发，充分注意资源条件及生产、生活水平，做最适宜的设计。

（4）注意提高产品的系列化、通用化、标准化水平等多方面要求，而不仅是单纯的具有实用性、功能性或美观性。

3. 环境设计 环境设计又称环境艺术设计，是指环境艺术工程的空间规划和艺术构想方案的综合计划，包括环境与设施计划、空间与装饰计划、造型与构造计划、使用功能与审美功能的计划等。

环境设计的主要内容是指进行室内外人居的环境设计研究与环境营造实践，包含建筑设计、景观设计、室内设计、空间设计、公共艺术设计、园林规划设计、园林工程施工等。环境设计以建筑学为基础，是“艺术”与“技术”的有机结合体，与建筑学相比，环境设计更注重建筑的室内外环境艺术气氛的营造；与城市规划设计相比，环境设计更注重规划细节的落实与完善；与园林设计相比，环境设计更注重局部与整体的关系，图 3-3 为始建于 1204 年的法国罗浮宫。

图 3-3　始建于 1204 年的法国罗浮宫

二、可持续设计

（一）可持续设计概述

可持续设计是对当今环境问题的一种积极响应，已然成为一种流行的设计方式。可持续设计考虑了在整个产品生命周期内实施的环境、经济和社会影响。这三者被称为可持续性的三大支柱或三重底线。

因此在可持续视角下，设计师都要思考在产品概念形成—原材料与工艺的无污染、无毒害选择—生产制造—集装输送—包装销售—使用存储—废弃、回收—直至再次利用及处理处置的产品全生命周期中，如何去体现物质价值与创造价值。

1. 可持续设计理念诞生的背景 设计作为生活与生产的桥梁作用，起到了协调人与自然、人与工业的关系。为解决资源消耗、环境污染等问题，设计的理念也在不断地改变，从此走进了可持续设计时代。

以服装产业为例，从纤维生产到服装加工，再到销售直至废旧回收处置，无不涉及能源消耗和环境污染问题。因此，可持续发展问题是当下所面临的一个重要课题，可持续性设计理念的诞生也是社会进步与发展的必然产物。

2. 可持续设计的本质　“可持续设计”（design for sustainability，DFS）源于“可持续发展”的理念，这不是一种单向的从生长到消亡的线性发展模式，而是一种“从摇篮到摇篮”的循环发展模式。可持续设计是以可持续发展为目的的设计方法，可持续设计的关键就是让环境意识贯穿或渗透到产品或者服务之中的设计，既要“降低或减小商品和服务在整个寿命周期中的环境负荷和资源集约度，又要提供满足人们需求并能提高生活质量的商品和服务”。

梁町和 Manzini 在《持续之道：中国可持续生活模式的设计与探究》对可持续设计概念诠释为：是一种构建及开发可持续解决方案的策略设计活动。

综上，可持续设计的本质是能融入“环境—社会—经济—人类”这个系统中的设计活动，它并非单纯地强调保护生态环境，而是提倡兼顾使用者需求、环境效益、社会效益与企业发展的一种系统的创新策略。

（二）可持续理念对设计理论发展的影响

1. “可持续”的起源　1933 年，奥·莱奥波尔德发表了一篇名为《大地伦理学》的著名论文，提出以大地共同体（或生物共同体）的整体性健康为伦理取向，把人类的经济行为和其他一切行为纳入维护自然整体利益的道德规范中。这样就像中国的落叶归根的原理一样，树叶的生长吸收二氧化碳排放氧气，生命结束后成为生长的养料，体现了早期的可持续发展思想。

可持续发展（sustainable development）的具体概念是自然保护国际联盟（IUCN）于 1980 年首次提出的。后在《我们共同的未来》[1] 的报告中，将可持续发展描述成“满足当代人需要又不损害后代人需要的发展”。

2. 在“可持续理念”影响下设计的发展与演变　到现代设计时期，受 20 世纪 60 年代的环境保护运动影响，设计领域开始了对设计与人类发展关系的反思。1968 年，巴克敏斯特·富勒用“太空船地球”的概念阐述了人类发展对环境的影响。其后美国设计理论家维克多·帕帕纳克，他将矛头直指现代消费主义设计，提出“设计目的”的反思，指出设计是为了达成有意义的秩序而进行的有意识而又富于直觉的努力，并提出了设计伦理的概念：在鼓励对社会、第三世界、底层人民的关注的同时，将环境 、自然资源的保护纳入设计师应当考虑的范畴当中，其论述奠定了生态设计的基础。一直以来对于设计的反思从未停止，包括之后的“为环境设计”“环境导向的设计”“社会责任设计”和“设计伦理”等都是其具体的体现。

从历史的角度看，设计长期充当着“手段”的角色，始终是企业赢利的工具。从“有计划报废”（planned obsolescence）到今天市场上争奇斗艳的产品“形式创新”，设计一直是刺激人们潜在欲望且塑造不可持续的幸福观、消费观和生活方式的直接操纵者。设计也因此被指责为助长消费主义，加剧资源消耗的罪魁祸首。这种指责也促使设计界对其担当的社会角色进行不断反思。因此，“可持续设计”才是未来设计发展的必由之路。

LeNS 国际可持续设计学习网络项目的负责人 Vezzoli 与 Ceschin 将可持续设计理念的演进和发

---

[1] 《我们共同的未来》又称布伦特兰报告，1987 年由世界环境与发展委员会（WCED）发布的出版物介绍了可持续发展的概念并描述其如何实现。

展简要分为三个阶段：绿色设计、生态设计、可持续设计，如图 3-4 所示。

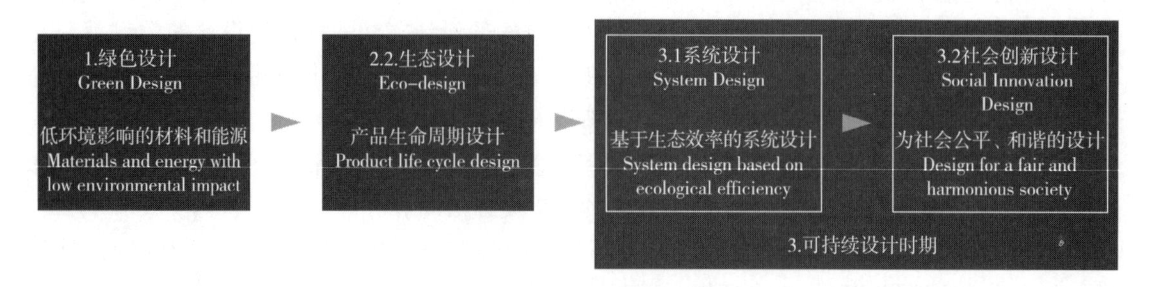

图 3-4　可持续设计理念的演变

（1）绿色设计时期。

①绿色设计概念。可持续设计的第一阶段始于 20 世纪 80～90 年代，可称为早期的绿色设计（green design）阶段。绿色设计又称为面向环境的设计（design for environment），是指在生态哲学的指导下，运用生态思维将物的设计纳入“人—机—环境”系统，既考虑满足人的需求，又注重生态环境的保护与可持续发展的原则。绿色设计提出了除风格创新之外的设计理念与策略的变革，尤其是对社会责任的深刻反思。

②绿色设计策略。绿色设计以无害化设计（design for disposal）、可拆解设计（design for disassembly）和耐久性设计（design for durability）为其主要设计策略。

a. 无害化设计。是指设计的产品对环境和人无害化。其主要内容包括：选用绿色材料，包括对易光降解或生物降解材料和天然材料的开发应用；尽量减少使用材料的种类，选用合成材料替代原生材料，做好材料的无害化处理和废弃及边角料的回收利用；采用绿色工艺流程的设计，通过流程简化、原料及生产制造过程辅料和副产品的综合利用与回收再生，实现低排放甚至零排放；制定绿色用能方案，尽量采用可再生能源、清洁能源，提高能源利用率，加强能源的循环利用及余热回收；做好环境与社会成本评估，包括环境污染治理成本、环境恢复成本、废弃物社会处理成本、造成人体健康损害的医疗成本等以及材料性能数据库、材料环境负荷数据库、能源生产及利用环境负荷数据库、国内外法律法规及标准、量化评估指标体系、计算机辅助绿色设计工具等手段的应用。

b. 可拆解设计。即对产品可调换部件的组装结构进行革新设计，使其零部件的装卸便利，从而提高产品的有效使用寿命。其主要内容包括：拆卸设计方法的研究，拆卸评价指标体系的建立，拆卸结构模块的划分及其结构的设计，回收系统的工艺、方法与制度的研究；零部件及材料分类编码及识别系统的建立等。

c. 耐久性设计。是指的是设计不追求快速，强调经典，产品生命周期长的产品。这些产品采用质量更好的原料，生产周期较长，工艺精湛且价格较高。其特点是不追求时髦，但强调个性的表达和身份的认同。

服装的耐久性设计，人们可以长期穿着，以降低消费者淘汰衣服和不断消费的频率，进而减少对自然资源的消耗，达到可持续发展的目的。

③意义及价值体现。维克多·巴巴纳克所著（Victor Papanek）《为真实的世界而设计——人

类生态学和社会变化》（*Design for Real World*：*Human Ecology and Social Change*）中提到：“从可持续角度出发，设计的目的是合理利用地球资源，使设计的产品和人们的消费行为不对生态环境产生影响，达到对社会资源和环境的保护的目的。”

从效果上看，绿色设计首次将环境问题纳入设计思考的基本要素之中，极大地提升了设计的社会价值，促进了人与自然的共同繁荣。但早期绿色设计是在意识到“问题和危害”后而采取的缓和补救措施，在一定程度上减小了危害的强度，延长了危害爆发的周期，是一种“治标”行为，属于“过程后的干预”阶段。

（2）生态设计时期。

①生态设计概念。第二阶段属于“生态设计”（eco-design）或称“产品生命周期”（Product Life Cycle）设计。20 世纪 90 年代，在生命周期评价方法的支撑下，早期的绿色设计“质变”成“生态设计（eco-design）”，以整个产品生命周期资源消耗和环境影响为考量对象，通过对功能、材料、结构等的设计优化，降低对环境的影响，不仅关注最终结果，而且全面思考产品设计的各个阶段、各个方面中的环境问题，称为“过程中的干预”。产品“生命周期评估”（life cycle assessment，LCA）是目前推行“生态设计”的重要手段，它使用系统的方法、量化的指标，来指导和规范设计过程。

生态设计的主要内容包括：减少产品生产过程中的能源和材料消耗；避免对水源、空气和土壤的污染排放；减少噪声、振动、放射和电磁场等领域产生的污染；减少废弃物质的产生和处理。

②生态设计原则。

a. 首选绿色环保材料。在生态设计中，材料的特性直接反映产品的最终属性及后续回收的工序，设计在初期就能决定其产品在生态环节的角色，所以选材尤为重要。应注意以下几点：选择无毒无害、污染较低、可降解的绿色材料；避免使用稀缺材料资源，充分考虑地球资源的有限性；选用契合可持续发展要求的可再生材料，减少对稀缺资源的过度消耗；选用快速再生材料，该材料重复性高，能快速再生供企业所用。

b. 降低使用能耗。在设计之初尽量降低使用能耗和使用时的环境负荷。在其生产、运输、使用和处理过程中，选择更为轻量化的材料，使碳排放量降到最低，使每一个环节都对环境有着积极的保护作用。

c. 延长产品生命周期。延长产品生命周期是一种较为实际的绿色技术。例如，回收塑料可乐瓶可做成衣服、地毯等，使这些材料再次被加工时的成本消耗与常规加工制造基本相持或更低，这也从另一个维度上延长了产品的生命周期，从侧面减少了对环境的迫害。

③生态设计策略。生态设计要求产品在开发时，首先要平衡生态要求和经济要求，即综合考虑产品的环境价值以及成本、性能、技术等商业价值，评估整个产品周期对环境以及人体健康的作用，使其负面影响降到最低。目前生态设计的主要包括改良性和革新性设计策略。

a. 改良性设计。即“为预防污染而进行的设计”，是指在生产技术和产品本身基本保持不变的条件下，从预防环境污染的角度出发，并通过辅料的性能进行调整和改善，使之符合时代的发展主题和发展水平。

b. 革新性设计。即“为阻止污染而进行的设计”，是指在产品设计的整体要求不变的情况下，对产品的一些组成部分做革新性的开发或替代性处理。在材料选择上，减少原料和辅料的种类和数量，增加无污染材料的使用；在生产周期上，减少服装生产过程中的能耗与污染等；在款式设计上，做多功能设计与可拆卸设计；在造型设计上，增加再循环的可能性等。

④意义及价值体现。在 20 世纪 80 年代生态设计成为联合国倡导可持续发展议题的核心，并迅速成为全球主要的设计方法。其意义在于设计从一开始便融入环境意识，以资源高效利用为主要目标，综合考虑产品设计、制造、使用和回收等整个生命周期的环境特性和资源效率问题，有助于预防和减少问题的发生。但在聚焦于降低环境影响和环境绩效的同时，忽略了可持续性的社会层面，资源分配和产品的社会影响等系统性问题。

（3）可持续设计时期。

①可持续设计概念。可持续设计建立在可持续发展的基础上，从 20 世纪上半叶直到今天，可持续设计的雏形来源于包豪斯设计学院的三大基本理念之一：设计活动应遵循自然规律和法则。可持续设计的影响因素及含义见表 3-1。

表 3-1　可持续设计的影响因素及含义

需要考量的因素	可持续设计的含义
1. economy to economy 以经济的角度完全考量经济因素	1. Are we making profit? 我们能获得足够的利润吗？
2. economy to equity 以经济角度完全考量道德因素	2. Are people earning a living wage? 工作的人们是否获得了足够的工资？
3. equity to economy 以道德角度完全考量经济因素	3. Are men and women paid the same for the same work? 男性与女性是否同工同酬？
4. equity to equity 以道德角度完全考量道德因素	4. Are People being treated withrespect? Racism、sexism? 不同种族和性别是否受到同样尊重？
5. equity to enviornment 以道德角度完全考量环境因素	5. Are people being exposed to toxins in the workplace and in use of products? 人们在工作场所或使用产品时是否会接触到毒性物质？
6. enviornment to equity 以环境角度完全考量道德因素	6. Are we destroying the atmosphere and the rivers to the detriment of future generations? 我们是不是在破坏大气、河流而祸及子孙？
7. enviornment to enviornment 以环境角度完全考量环境因素	7. Are we following the Lows of nature? 我们遵守大自然的法则了吗？
8. enviornment to economy 以环境角度考量经济因素	8. Are we providing ecological benefit while our doing business? 在营运时能否提供生态效益资讯给大众？
9. economy to enviornment 以经济角度考量环境因素	9. Are we cost-efficient in operation and minimizing ecological burden? 在制造生产时能否具成本效益并将生态负担最小化？

由上述所见，可持续设计受道德、环境和经济三方面元素的共同影响，并以人和未来发展为基点以自然环境为主要探讨方向，是从设计开发到最后废弃物处理过程中所进行的设计方式与方法。

②可持续设计原则。可持续性设计的原则主要包括：循环性、绿色能源、生态效率、安全性以及人文性原则。

a. 循环性原则。循环性是通过物质的循环利用来诠释可持续设计思想。

循环性原则要求在设计的构思中，应避免浪费资源，选用易降解、可再生、易回收的材料，设计出易于拆卸、便于分离的产品，有利于产品可回收部分的拆卸，促进循环再利用的实现。

b. 绿色能源原则。绿色能源，即清洁能源，指能够直接用于生产、生活的过程中且不排放污染物的能源，具有环保、低排放、低污染等特点，是一种对环境友好的能源，包括：风能、氢能、太阳能、潮汐能等。

绿色能源原则要求在设计过程中，选用绿色环保、可循环、可再生的能源，以降低对环境的影响。

c. 生态效率原则。生态效率实质上是通过提高生产的效率来实现资源的可持续性。这就意味着产品在加工制造的过程中要以更高效率的生产方式来减少生产环节中所使用的物质能量资源，以满足消费者的需求、延长产品的使用生命周期、降低资源的虚耗量，达到资源的更可持续性。

生态效率原则除了要求所设计的产品便于回收、易于拆卸、利于重组再造之外，还要求其具有普适性，扩大其适用范围，开拓更多的实用性功能。

d. 安全性原则。安全性原则是指设计在服务于人的同时要兼顾自然环境，使得人与自然和谐相处，主要强调对环境的安全性。

安全性原则要求在设计时应选择对环境无污染、无毒害的能源，使产品在加工、使用、丢弃、回收循环利用等过程中对外界排放的物质是无毒害的，以降低对环境的伤害。

e. 人文性原则。人文性原则是从“以人为本”的角度出发，通过设计手段缩小不同地域、种族、文化之间的差异，促进不同人群之间的信息、文化交流，增加情感交流的机会。

人文性原则要求设计要符合人体工学，以适合人的身心活动，还要考虑产品与人的关系，以人为主体，物为客体，人主导产品，产品为人服务。

③可持续设计策略。

a. 产品服务系统设计。1994 年意大利著名设计师、托姆斯设计学院副院长 E. 曼茨（E. Manzini）在《日经设计》杂志上提出“服务设计”这一观念。在由物质产品设计向非物质与服务设计过渡的工业设计背景下，非物质的核心内容就是服务。

“产品服务系统设计”（product service system design）以生态效率为核心理念，即超越只对“物化产品”的关注，进入“系统设计”的领域，是“产品和服务”层面的干预，是从设计产品转变为设计“解决方案”。这种解决方案可能是物质化的产品，也可以是非物质化的服务。“产品服务系统设计”是将处于大的商业环境中与设计相关的诸多因素进行整合，并创造出新型“商业模式”的整体解决方法。

目前产品服务系统设计包含三方面：为产品提供附加价值的服务，为用户提供最终结果的服务，为用户提供作业平台的服务。

b. 社会创新设计。社会创新设计即为社会公平与和谐而设计，是当今可持续设计研究的最前沿，关注社会公平与和谐以及人们的消费观和价值观，是“可持续设计”在系统上的进一步拓展和完善，涉及本土文化的可持续发展；对文化以及物种多样性的尊重；对弱势群体的关注；提倡可持续消费模式等。

在全球化的时代背景下，社会和谐以及大众精神层面和情感世界的拓展是“可持续设计”系统观念的进一步深化和完善的体现。因此，对可持续“消费模式”和“生活方式”的关注是该阶段的核心内容。例如：乐活（lifestyles of health and sustainability，LOHAS）生活方式以健康、自给自足的生活形态，是全球新兴起的一种健康可持续生活方式。

④意义及价值体现。

a. 助力经济发展。着重经济的发展，建立满足大众需求的经济系统，即能提供充足工作机会、长久保持活力与效益的经济体系。避免了以牺牲资源和环境为代价的经济发展，注重“既不降低环境质量，也不破坏世界自然资源基础的经济发展”，在保证自然资源质量和服务的前提下，将经济发展的净利润发展到最大值。

b. 加强环境保护。着重生态环境的保护，减少资源消耗、减少生态污染和减缓环境退化（图 3-5），加强环境系统的生产和更新能力。以生物圈概念为出发点定义可持续性，寻找一种最佳的生态系统以支持生态的完整性和人类愿望的实现，使人类的生存环境得以持续。

图 3-5　三方面的环境保护价值

c. 维护社会和谐。着重改善人类生活质量，提高人类健康水平，创造一个保持平等、自由的美好生活环境。

d. 保护文化传承。着重对本土文化的可持续发展和物种多样性的尊重。

（三）可持续视野下设计理论的新方向与未来趋势

1. DFX 设计　DFX 设计考虑产品开发过程中的生命周期问题，X 可以表示产品的生命周期或一个环节。在当下，环境、成本和可维护性这三个要素引起了设计师和企业的重视，与之相对应的是 DFC、DFE 和 DFS 等概念设计策略。

（1）成本设计（DFC）。

①概念。一种修改设计工作以降低生命周期成本，提升产品质量的设计方法。

降低成本是企业持续关注的问题，在满足消费者需求的前提下，通过从制造、销售、使用、维护和回收等角度分析和评估产品的生命周期成本。材料和劳动力是成本控制的关键因素，但成本降低的程度有限。DFC 通过加强能源效率和供应链重组等领域的技术创新来降低成本。DFC 强调以创新实现最大商业性和可持续发展的“双赢”局面。

②可持续设计理念的体现。通过有限的控制成本，提升产品质量而延长产品寿命。

（2）环境设计（DFE）。

①概念。一种实现材料开发、产品设计和供应链组织之间的平衡，而降低对环境的污染的设计策略。

在整个生命周期内，产品对环境的影响很大程度上取决于设计。因此，在产品开发阶段，DFE 策略综合考虑环境问题，设计出符合人们需求的环保产品，在其整个生命周期内不产生或很少产生不利的环境影响。

环境设计应遵循四项基本原则，包括与环境、成本、功能和美学相关的标准。环境标准主要涉及减少材料消耗、能源消耗以及废物产生。成本标准不仅考虑了制造成本，还考虑了生态成本和使用成本。功能标准充分考虑消费者的需求及其功能要求。审美标准主要考虑消费者的审美价值及环境对审美的影响。

②可持续设计理念的体现。系统地考虑环境影响并集成到产品初始设计过程中的技术和方法，其目标是设计具有生态效益并满足产品质量和功能的绿色产品。

（3）可服务性设计（DFS）。

①概念。提升产品可用性的设计。

产品服务系统设计的核心思想是让用户体验到产品的相同功能或结果，而无须拥有或购买它们。在这方面，设计师从设计和销售“物化产品”转变为提供“综合产品和服务系统”，从系统论的角度解决环境问题。

服务性设计可分为三类：首先是基于产品本身的服务设计。例如，著名品牌路易·威登在中国为消费者提供了三个售后保障：终身清洁、一年更换和终身抛光。这表明消费后服务是现代企业最重要的方面之一。其次是面向结果的服务设计，旨在满足消费者需求，并努力提高产品的性能和质量。最后面向消费者的服务设计是基于消费者共享的平台，使他们能够满足自己的需求和愿望，而无须购买材料产品。

②可持续设计理念的体现。产品非常易用和维护，实现产品的最佳用户体验和最低服务成本。

2. 参与式设计　随着社会的发展，将消费者自己的创造力、偏好甚至个人记忆转化为产品的方法是现代设计师迫切需要解决的问题。

参与式设计又称为开放式设计，是一种基于角色转换概念的设计策略，旨在让所有利益相关者参与设计过程，包括员工、合作伙伴和客户，强调每个人都是设计师的理念以及利益相关者与设计师之间的互动。参与式设计能使消费者获得成就感，加深对产品的依恋并推迟产品的更换；可以增加设计的丰富性和创造性，使产品能更好地满足消费者，提高消费者满意度。

（1）个性化定制。

①概念。个性化定制是消费者通过线上方式进行产品定制和购买，增强产品的独特性和与消费者的匹配度。消费者可以将其本身的创造力和偏好融入产品设计中，也可以将独特的个人记忆转化为产品。例如，成立于2008年的网络平台PROPERCLOTH推出的线上服装定制服务，允许消费者自主选择衬衫的面料、各部位的风格以及详细的尺寸，从而使每一位消费者都拥有一件合体且独特的服装。

②可持续设计理念的体现。更贴近于个体的独特需求，达到消费者的最佳匹配度和满意度，从而增加感情的投入及使用频率，延长产品的有效使用寿命。

（2）协作设计。

①概念。协作设计是使用户参与部分或整个产品的生产过程，根据用户的特定需求进行设计。这可以加强消费者对产品的满足感，形成对服装的情感依赖，减少了不符合市场趋势的批量生产。

②可持续设计理念的体现。既满足消费者需求，又满足设计的创新，让消费者更具成就感，增加对产品的情感，从情感联系和准确判断市场动向两方面达到可持续的目的。

3. 生态设计 生态设计考虑物种和生态环境的平衡，不仅是对现有设计的改造，还是对材料和产品的设计；项目和系统的设计，为整合经济和生态需要的设计奠定了基础。

生态设计强调在产品开发的所有阶段都应考虑环境因素，使用生态系统模型分析产品或工业系统，以减少整个产品生命周期内对环境的影响，最终形成可持续的生产和消费体系。

（1）慢设计。

①概念。慢设计包括情感设计和文化设计，强调人、社会与自然的平衡以及人们对产品更本质的、非物质的需求。它要求设计师不仅要着眼于耐久性和有效性等使用价值，还要注重服装的性能和技术的运用。

作为对快时尚时代的回应，慢设计理论应运而生。慢时尚通常被认为是指耐用品、传统生产技术或经久不衰的经典设计。然而，慢时尚既不是对速度的描述，也不是对快时尚的优化，而是一种不同的世界观，代表了基于不同价值观和目标的时尚产业的可持续发展愿景。它的目标是确保一种健康和持久的发展状态，即考虑到人和自然。

②可持续设计理念的体现。慢设计提升了耐用性和实效性，并不局限于单纯的使用价值为目的，还增强了与消费者之间的情感和文化交流，通过这样的意识形态改变，让设计充满人文关怀、温柔和爱意。

（2）自然启发设计。

①概念。自然启发设计是将自然系统视为一个动态模型，提倡将废物作为一种资源，在生产和消费中形成一个闭环。

②可持续设计理念的体现。从自然中获取灵感、提取材料，实现人与自然和谐统一的可持续发展。

（3）仿生设计。

①概念。仿生设计是将自然与设计融为一体，主要包括色彩仿生、形态仿生等。在设计中有选择地应用这些特征性，以提供新思想、新原则和新方法，从而实现人、社会和自然之间的高度统一。这种设计方法注重形式与功能的内在联系，不跟随当下流行的时尚风格或经典的设计风格，创造更新颖的设计成果。

②可持续设计理念的体现。仿生设计运用艺术与科学的结合来研究自然界万物的形、色、声、功能和结构，以实现人、社会、自然系统地统一和可持续。

第二节 可持续服装设计

一、服装设计

（一）服装设计的本质

服装设计是一种对人整体着装状态的设计，是运用美的规律将设计构想以绘画形式表现出来，并选择适当的材料，通过相应的制作工艺将其物化的创造性行为，是一种视觉的、非语言信息传达的设计艺术。服装设计的对象是人，设计的产品是服装及服饰品。服装设计属于产品设计的范畴，从空间角度看，它属于三维立体设计，包含多方面内容：既有关于设计对象——人的内容，也有关于设计产品——服装的内容，还有关于设计传达——设计信息的内容。

（二）服装设计的意义与目的

服装设计的意义与目的：从消费者的角度看，服装设计能够满足人们塑造自身形象的需要；从服装设计师的角度看，服装设计能够实现设计师的个人价值、成就职业梦想；从服装企业的角度看，服装设计能够为企业创造更好的利润与效益；从社会整体看，服装设计为社会创造了美。

1. 为着装者塑造形象 根据马斯洛需求层次理论，随着物质生活水准的大幅提高，人们对精神生活的追求也会越来越高。与此同时，现代的大城市生活的各种社交场景和场合较多，人们需要服装来塑造自身形象。除此之外，人们还希望自己在不同的场合有不同的穿着，展现出不同的精神面貌。这种需求的变化为服装设计师提出了新的设计方向。

因此在现代社会中，服装设计的意义对于消费者来说，在于满足人们装扮自己、提升信心、融入社会、塑造形象的需求。

2. 为设计师实现个人价值 服装设计师在实际的工作中，需要冒着酷暑严寒奔波在面料市场中，为寻找一块合适的面料，一颗恰当的纽扣，一条合心意的蕾丝花边而反复地挑选。

既然如此辛苦，为什么还有那么多的年轻人义无反顾地投身其中呢？这是因为当服装设计师看着自己的设计构思被实物化并由模特展示在秀场上时，以及在专卖店里受到人们的喜爱时，这种梦想实现的成就感足以抵消之前的种种辛苦，并让他们充满激情地投入后续的创作之中。

3. 为企业创造经济效益 服装设计师利用夸张的色彩图案、大胆新颖的材料、纷繁变化的款式进行极具个性的服装设计，在满足人们的多种需求的同时，为企业带来了更多的利润，创造出了更好的经济效益。他们日益提高的生活质量，不断地扩大着生活交际空间，使他们对服装的诉求不断升级，这对服装企业恰是极好的商机。

4. 为社会带来流行与美　服装与流行有着密不可分的关系，常被作为流行的载体，包含丰富、深刻的文化内涵。流行的影响包括：社会的政治变革、经济水平、文化思潮乃至自然灾害、战争摧残等事件。同时，服装也是人类表达情感、传播流行信息的最佳载体。因此，服装的设计离不开流行的渗入，服装设计师的创作也离不开对流行的把握。反之，服装设计也为社会创造了更多的流行与美。

图 3-6　上下装的逆向——Chanel 春夏 RTW 时装发布秀
（图源：VOGUE 时尚网）

（三）服装设计的方法与分类

1. 逆向法　逆向法又称反对法，即把原有的事物放在反面或对立的位置上，寻求异化和突变结果的设计方法。逆向法可以从服装的多个角度进行设计，包括服装的种类、材料、造型、用途、工艺等方面。

（1）服装种类的角度。在服装设计中，可以从服装种类的角度逆向：如上下装的逆向，如图 3-6 所示；内衣与外衣的逆向；男装与女装的逆向。

（2）服装材料的角度。从服装材料的角度：里料与面料的逆向，如图 3-7 所示；厚重面料与轻薄面料的逆向。

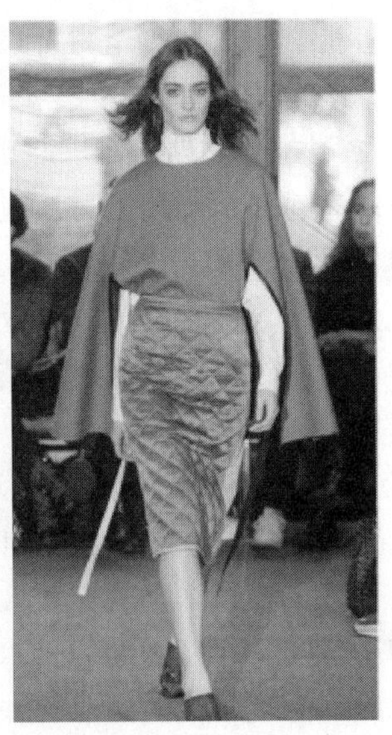

图 3-7　里料与面料的逆向——羽绒服的内胆作为面料的设计，增加质感与造型感
（图源：VOGUE 时尚网）

（3）服装造型的角度。可以从服装造型的角度，如前后的逆向；宽松与紧身的逆向，如图 3-8 所示，本是修身的毛衣而做了夸张的变大，从而强调服装造型的形式感。

（4）服装用途的角度。可以从服装用途的角度逆向，如礼服与日常服的逆向、内衣与外套的逆向。

图 3-8　宽松与紧身的逆向——Raf Simons 2021 秋冬 RTW 时装发布秀（图源：VOGUE 时尚网）

（5）服装工艺的角度。从服装工艺的角度逆向，如简作与精作的逆向，将隐藏的针法故意外露，把里子的处理工艺逆向运作到外观上，西服工艺本身需要严格地藏住线迹，但这种故意露出线迹的手法使西服有了休闲感。

2. 变换法　变换法是指改变当前形态中的一项或多项构成内容，形成一种新的结果的设计方法。变换法在服装设计中的应用时可以考虑从设计、材料、工艺这三方面入手。

（1）变换设计。变换设计是指变换服装的造型和色彩以及饰物等。如当某个款式处于热销阶段时，可考虑适当改变其原有的设计。适当的变动既保留了原先人们欢迎和喜爱的整体感觉，又由于局部变动避免了审美疲劳带来的负面效应，从而继续保持畅销，可称为设计的延续性。

（2）变换材料。变换材料是指变换服装的面料和辅料。

（3）变换工艺。变换工艺是指变换服装的结构和制作工艺。结构设计是服装设计中最重要的方面之一，变动分割线的部位或者采用不同的制作工艺会使服装具有不同的风格。

3. 追踪法　追踪法是以某一事物为基础，追踪寻找所有相关事物进行筛选整理，并从中确定一个最佳方案的设计方法。

4. 联想法　联想法是指以某一个意念为出发点，展开连续想象，截取想象过程中的某一结果为设计所用的设计方法。

被誉为“布料艺术雕塑家”的意大利设计师罗伯特·卡布奇（Roberto Capucci）来中国举办作品发布会时，他谈到自己的设计过程：“我在非洲时见过一种鸟，当它的尾翼打开时色彩绚烂，而收起时又恢复成简单的一种颜色，见到中国的折扇时，我仿佛知道了如何去表现……”如图 3-9 所示。

5. 结合法　结合法是把两种不同形态和功能的物体结合起来，从而产生新的复合功能，是一种从功能角度展开的设计方法。服装设计中的结合包括：全部与全部的结合；全部与部分的结合（如图 3-10 所示，西装上衣与裤子结合在一起，齐庄亦谐，颇具奇趣）；部分与部分的结合。

图 3-9　罗伯特·卡布奇（Roberto Capucci）以大自然的启发设计而著名
（图源：VOGUE 时尚网）

图 3-10　全部与全部的结合——Versace 春夏 RTW 时装发时装发布秀
（图源：VOGUE 时尚网）

除此之外，结合法还可以运用于材料的结合，如图 3-11 所示为真皮、丝绒与精纺羊毛面料的分割组合设计服装。

6. 限定法　限定法是指事物的某些要素在被限定的情况下进行设计的方法。从服装设计构成要素的角度看，限定条件主要针对六个方面：造型限定、色彩限定、面料限定、辅料限定、结构限定、工艺限定。

7. 整体法　整体法是由整体展开逐步推进到各个局部的设计方法。在服装设计中，先根据风格确定服装的整体轮廓，包括服装的款式、色彩、面料等，然后在此基础上确定服装的内部结构。

8. 局部法　局部法是从局部入手继而扩展到全局的设计方法。如图 3-12 所示，设计师在白裙上以腰胯部位的 V 形线条为设计焦点，用白色的羽毛流苏加以强调，形成清晰明快的节奏。

图 3-11　材料的结合 ——BCBG Max Azria 秋冬 RTW 时装发布秀
（图源：VOGUE 时尚网）

9. 极限法　极限法是把事物的状态和特性放大或缩小，在趋向极端位置的过程中截取可利用的可能性的设计方法。如图 3-13 所示，将造型极限放大，可表现出荒诞怪异的设计效果，或将服装某部分结构得到极大的强调。

图 3-12　局部法——Proenza Schouler 秋冬 RTW 时装发布秀（图源：VOGUE 时尚网）

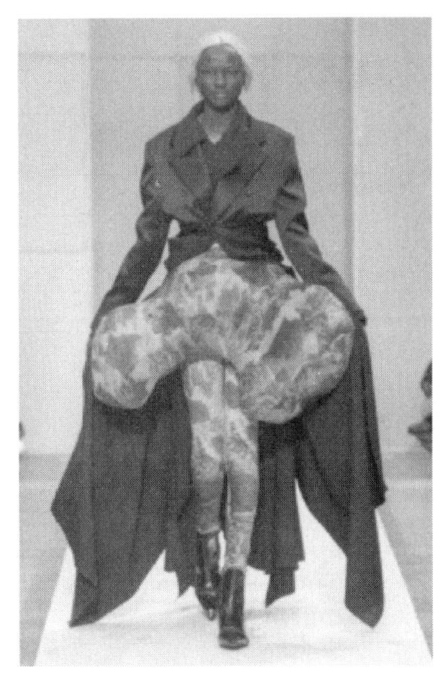

图 3-13　极限法——Comme des Garcons 秋冬 RTW 时装发布秀（图源：VOGUE 时尚网）

10. 加减法　加减法是增加或删减必要或不必要的部分，使其复杂化或单纯化的设计方法。加减法主要用于内部结构的调整。加减的部位、内容和程度依设计师对时尚的理解和个性而定。

二、可持续服装设计

根据《中国能源统计年鉴 2016》，自 2000 年起，中国纺织服装业的能源消耗总量快速增长，2000 年能源消费总量为 357 万吨标准煤，2015 年已增长至 920 万吨标准煤。服装设计作为服装供应链的前期阶段，对产品的经济成本、性能、社会影响以及环境影响起着决定性作用。因此，可持续理念在服装设计中的有效运用，能够逐步推进时尚行业的可持续性转型。

在目前的可持续设计研究中，以包装设计、建筑设计和产品概念设计中的可持续理念较为成熟。因此，本节将其他领域的可持续思维引入服装设计中探讨可持续性服装设计的本质和原则，并结合相关案例对可持续服装设计策略进行具体分析。

（一）可持续服装设计概述

1. 可持续服装设计的本质　常规的服装设计思维是基于材料、结构、款式及色彩，集中于对“衣物”的设计表达。而可持续服装设计是为解决人与自然、社会与文化之间传承延续的方法。它从系统论的观点出发，对各种因素进行优化组合，使服装在生产或使用过程中解决所涉及的环境与社会发展问题。

因此，可持续服装设计要求具有简约时尚、自然质朴的美感，还注重节能环保以及服装与人的情感联系等，将具体的物质展示扩展到抽象的意识传达上。这种设计方法不仅能充分发挥材料的性能，还能兼顾服装的实用性能，满足消费者与生态环境的需求。因此，融入可持续设计理念的服装设计是时代发展的必然，是生态时代不可阻挡的一股设计思潮。

2. 可持续服装设计的理念与基本原则 可持续服装设计理念主要包括三个层面：技术层面、审美层面、伦理层面。

（1）可持续服装设计的理念。

①技术层面。在技术层面上，“可持续服装设计”要求减少不可再生原材料和资源的使用；减少或不产生对自然环境的污染；考虑服装的结构可拆卸性、原材料可回收性、部件可重复再利用性等；同时保证服装应有的功能与使用寿命，如图 3-14 所示。

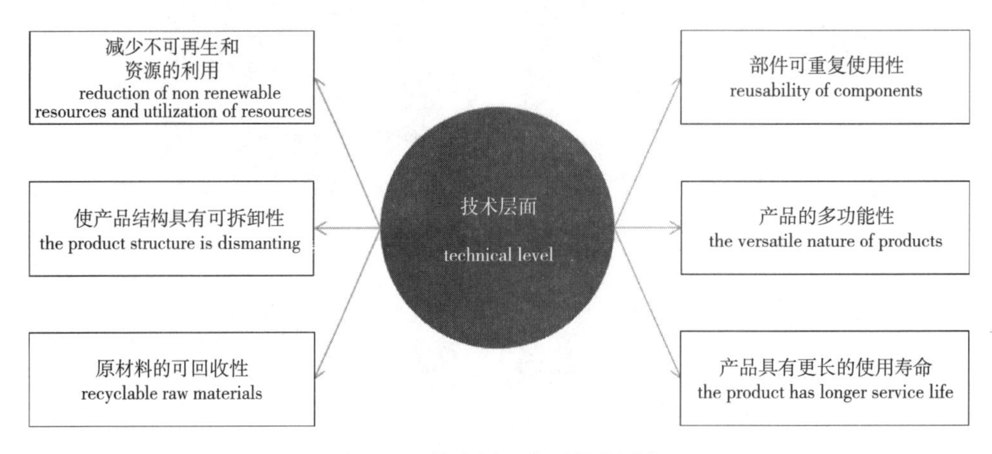

图 3-14　技术层面主要考虑因素

②审美层面。在审美层面上，“可持续服装设计”的外观设计以原有的设计思想和设计美学为基础，提出新的要求。未来的服装设计审美在功能、材料、工艺创新的基础上，以减少环境污染和浪费为原则，谋求传统文化、地域文化的传承和发展。

③伦理层面。在伦理层面上，如图 3-15 所示，“可持续服装设计”从时间的维度考虑整个服装生命周期，从而实现设计对环境保护、经济效率、社会公正及文化传承等多方面需求的满足。在保证人类的生存安全和精神安全的基础上，可持续服装设计需要充分考虑设计与其他环境网络（如自然环境、社会环境、经济环境、工艺环境等）之间的关系，从而建立“可持续发展”的生产系统，以保证未来子孙的生存需要和环境、经济、社会的和谐发展。

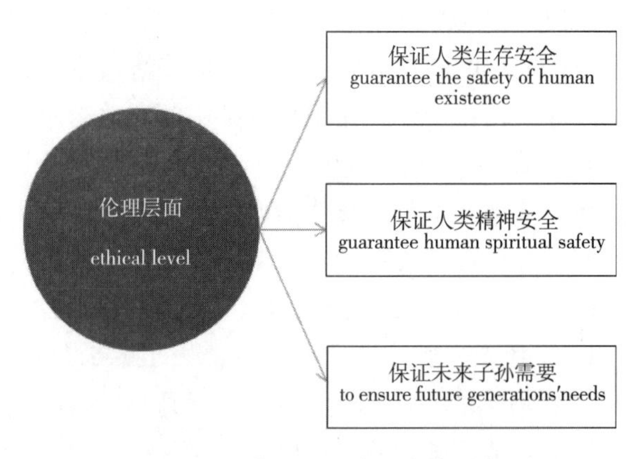

图 3-15　伦理层面主要考虑因素

（2）可持续服装设计的基本原则。其基本原则与现行的“8R”原则相符（详见第一章第二节第四点）。

（二）可持续服装设计策略

可持续服装设计要求设计师对服装设计的生态性进行深刻思考，不仅要体现绿色设计理念，还要涵盖服装产品与人、环境、社会以及经济等方面的协调。

服装设计与其他产品设计一样，在引入可持续设计理念时，需要将现有的技术、材料和能源条件考量在内，结合服装的生命周期因素，进行合理的可持续设计。可持续设计策略从目的上划分，可以分为基于物质基础的可持续设计、基于传达特定理念的可持续设计和基于生命周期考量的可持续设计。以下结合具体案例对可持续设计策略进行详细介绍。

1. 基于物质基础的可持续服装设计策略

（1）概念。基于物质基础的可持续服装设计是以物质材料为主要探讨对象，以减少材料使用的“量”与优化材料使用的“质”为目标，直观地体现出绿色环保的生态观，如图 3-16 所示是从目的上划分持续性服装设计策略。

图 3-16 从目的上划分持续性服装设计策略

（2）分类。

①减量化设计。减量化设计是对物质使用“量”的控制手段，指的是减少服装生产制作中对材料和能源的消耗，其中简约设计是减量化设计的直观表现。

a. 简约设计（极简设计）。在简约主义设计策略中，材料的使用被仔细控制，目的是减少服装生产中材料和能源的消耗。这一策略摒弃了所有额外的细节，以其简约的美学、简洁的线条、中性的颜色和经久不衰的经典风格而闻名，是可持续理念在服装设计中最受追捧的设计方式之一。

在简约风格设计中，被誉为 Queen of Clean 的吉尔·桑德（Jil Sander）最具代表性。吉尔·桑德的服装以节俭的美学和简洁的线条而闻名，其设计采用斜向裁剪来突出线条，颜色多为中性，极少使用拉链与纽扣，设计中摒弃一切的多余细节，图 3-17 为 Jil Sander 推出的探索女性 2021 早秋系列。

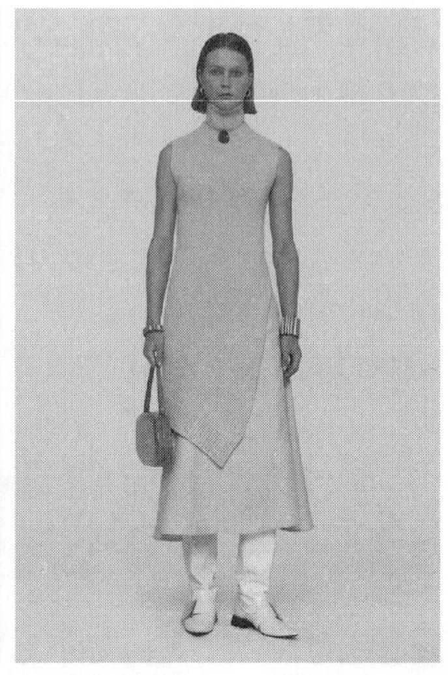

图 3-17 Jil Sander 探索女性 2021 早秋系列

（图源：VOGUE 时尚网）

b. 一衣多穿设计。一衣多穿设计即在设计阶段就考虑到服装的多种穿着方式。消费者可以根据自己的喜好或不同场合选择合适的穿着方式，增加实用性和趣味性。一衣多穿设计的主要内容包括：可拆卸式设计、转换设计、组合设计、扭曲设计、扣合设计等。

如图 3-18 所示，斯蒂安·埃拉苏里斯设计的百变拉链裙镶有 120 条独立的拉链，人们可以通过拉链的开合增加或者卸除布料，随心所欲地变化出不同的款式。

图 3-18 斯蒂安·埃拉苏里斯设计的百变拉链裙

②“零浪费”设计。零浪费设计是指在服装的制作过程中，通过特殊打板工艺或设计，减少对服装制作过程中造成的原料浪费，实现对服装原料利用的最大化。其主要包括：“一片布”设计、减法裁剪设计、几何裁剪设计、拼图式裁剪设计、拼图片式裁剪设计、DPOL技术、边角料设计等。

a. “一片布”设计。一片式设计即在保证布料完整性的同时，对面料进行整体裁剪，只有立领、衣襟部分的衣片才由其他布片拼接而成。

褙子作为中国古代“一片式设计”的代表，其主要的设计方式是采取直线裁剪的方式，在正片破缝的同时，空余出四肢和头颈部的活动空间，减少对布料的损耗。

三宅一生以无结构的设计模式创作出“一片布”式服装。在他的“准备裁剪”系列中，通过巧妙的结构设计完整地使用整幅面料，实现了服装的“零废料”设计。

b. 减法裁剪设计。如图 3-19 所示，英国设计师 Julian Roberts 创造了“减法裁剪”，消除了平面和立体，设计和制板之间的界限。减法裁剪设计的服装，它的形状取决于剪去的面料，剪去的面料产生的形状创造了身体通过的空间。

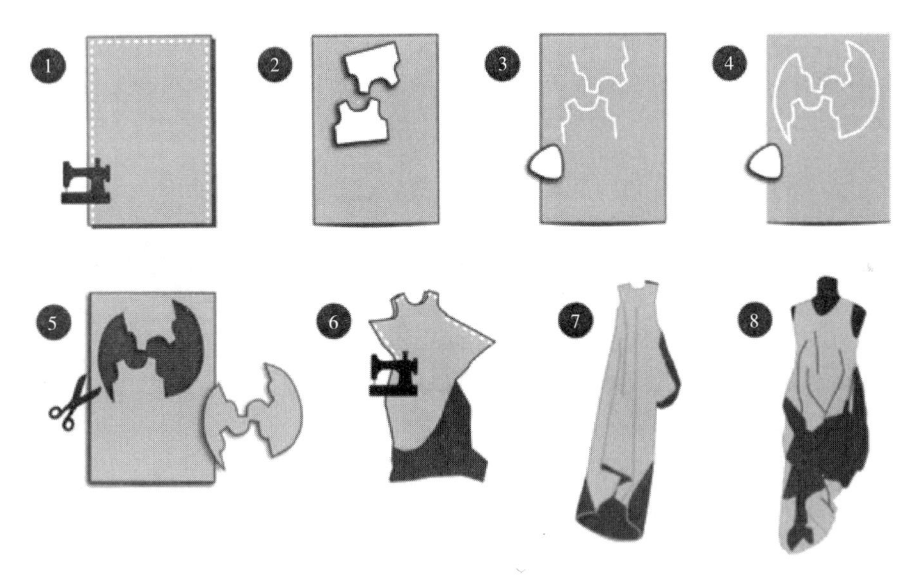

图 3-19 减法裁剪步骤图

（图源：英国设计师 Julian Roberts 手稿）

c. 几何裁剪设计。以矩形裁剪为例，是指在保留一块布料的矩形外观的基础上，稍作裁剪或不裁剪。矩形裁剪是最原始的设计方式之一，如北非的 kaftan、俄罗斯的 Sarafan 和日本的和服，都是矩形结构服装。如图 3-20 所示，1920 年，玛德琳·维奥内特设计了一款“手帕裙”，由四片相同的矩形层叠而成，裁剪舒朗简单，布料形态也保持高度完整。除此之外还包括三角形裁剪等。

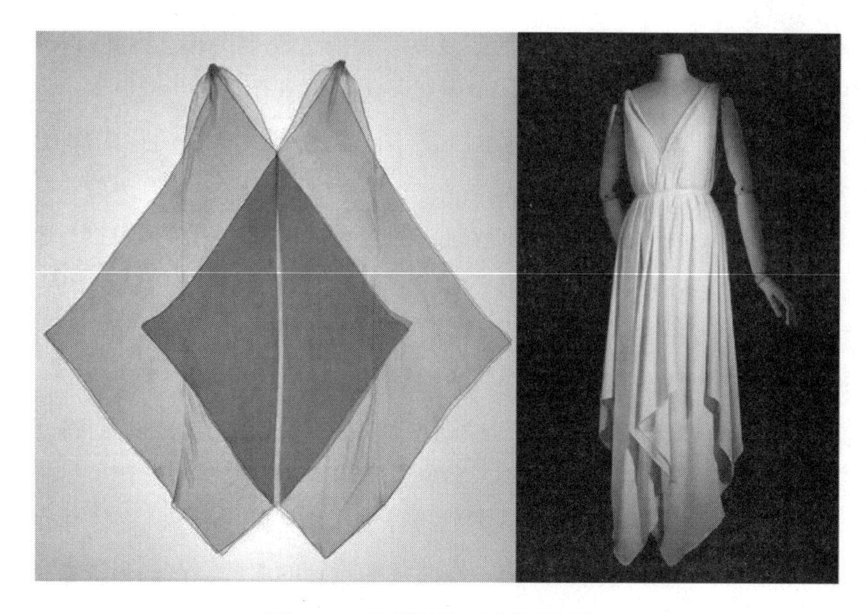

图 3-20　矩形层叠而成的手帕裙
（图源：玛德琳·维奥内特设计作品）

• 拼图式裁剪设计。在当今服装生产过程中，对于布料的裁剪大多是弧线和斜线，会不可避免地造成余料的浪费。而拼布整理法，就是对排版的再设计，通过对余料的转移、拼接、重构板型等方式，将布料进行最大限度的利用。

如图 3-21 所示，在设计师蒂莫·瑞桑恩的设计中，通过绘制草图勾勒出大致轮廓，再通过纸样切割、垂折布料的方法，使其利用率达到了 100%。

如图 3-22 所示，大卫·特尔弗（David Telfer）利用拼图式裁剪设计的零浪费羽绒服，该款羽绒服的样板设计相比市面上普通羽绒服增加了 23. 2%的收益。

d. DPOL 技术。印度设计师 Siddhartha Upadhyaya 发明的 DPOL 技术是将织布机和计算机相连，在计算机上首先设计好服装各个部分的裁片与图案，然后用织布机直接织成可以用于缝纫的服装裁片的技术，如图 3-23 所示。DPOL 技术生产的裁片具有完整的缝份与省道，免除了面料在裁剪过程中的浪费，做到了真正的零浪费，具有极大的市场潜力。

e. 边角料利用化设计。利用面料的零碎边角料来进行服装与配饰设计的方法，增加了废料的附加值，极大地减少了资源浪费。例如，可以将碎片进行拼接形成不同图案与风格的新面料来制作箱包、装饰品、小型挂件等，这样不但提高了废料的利用率，还增加了产品的艺术价值。除此之外，还可以将碎料拼贴在不同的服装上，根据服装不同风格选取不同材质及颜

图 3-21　蒂莫·瑞桑恩设计的零浪费纸样
（图源：蒂莫·瑞桑恩设计作品）

色的碎片进行产品优化。

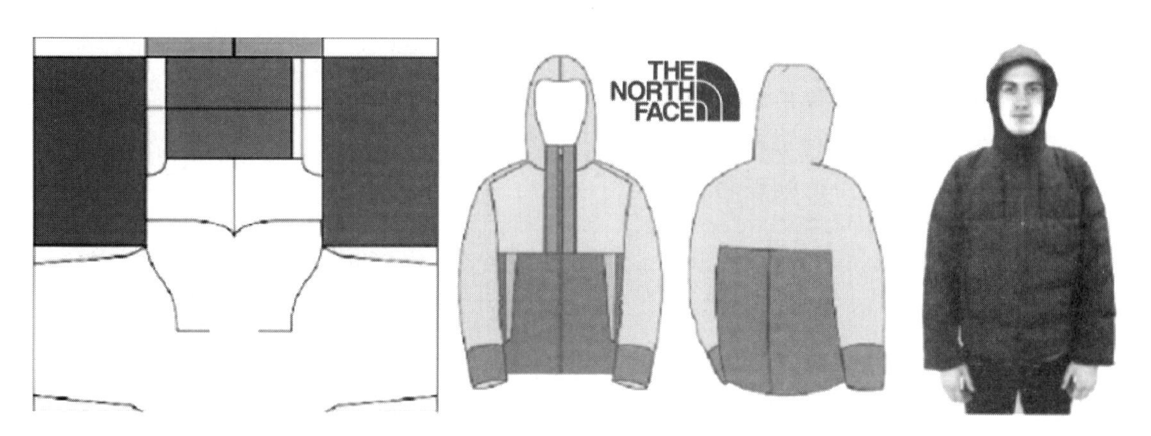

图 3-22　大卫·特尔弗（David Telfer）利用拼图式裁剪设计的零浪费羽绒服
（图源：David Telfer 设计作品）

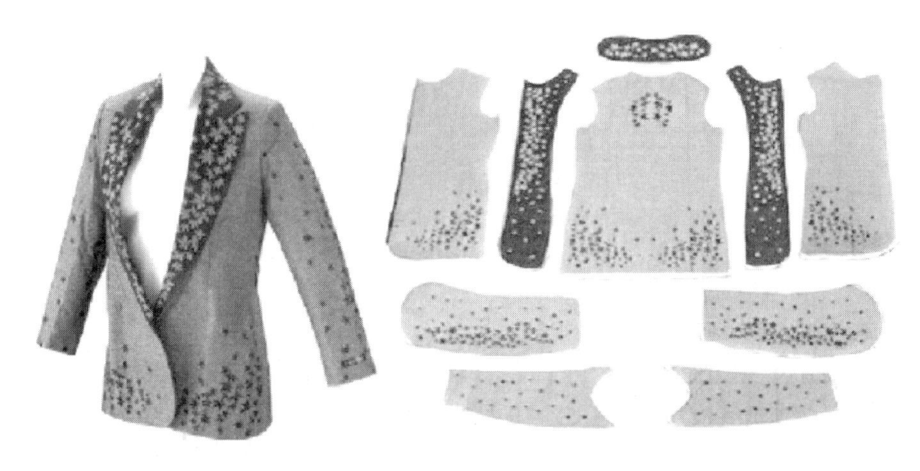

图 3-23　DPOL 技术生成的服装效果及裁片
（图源：哈萨·乌派德亚雅发明的 DPOL 技术）

爱马仕的 Petith 工作坊将边角料进行了再利用，通过拼接手法进行手工制作而成，有效地将废旧材料价值化，减少了资源浪费，又增加了废旧材料的附加值及装饰艺术价值，如图 3-24 所示。

③模块化服装设计。模块化服装设计是将服装的组件以一定的标准划分成子模块，将各子模块与子功能进行对应，从而进一步区分出固定模块和可选模块，最后选择特定的连接方式进行模块组合和拆卸，即通过将服装“碎片化”的方式，达到结构可再生和可替换的目的。

设计师毕然在 2019 年“Components of Element”项目中将一件外套的袖子作为可选模块，无袖的外套为背心款式，加上袖子后即为完整的外套。

④材料的质量优化设计。总体来说，材料“质”的优化在当前的设计环境下大致可分为两大类：天然环保材料和可回收再生材料。天然环保材料包括符合环可持续原则的天然动植

物纤维，可回收再生材料包括一切可回收利用、循环再生的天然或化学服用材料。有关可持续服装材料的内容将在第四章中详细介绍。

2. 基于传达特定理念的可持续设计

（1）概念。基于传达特定理念的可持续设计运用情感化的设计方法将可持续理念感性地传达给消费者。

服装设计师不仅要挖掘服装的价值和功能，而且其设计一定要表达自己的设计理念，通过服装传达节约资源、低碳生活以及保护生物多样性等可持续理念。

（2）分类。基于传达特定理念的可持续服装设计按照传达方式可以分为直接传达与间接传达。

①直接传达。直接传达是指通过服装的图案、廓形等设计要素直观具象地进行理念传达。

设计师在其传达野生动物保护理念的系列服装设计中，减少服装对人的过度装饰，在肩部、胸部等主体位置运用承载野生动物形貌特征的图案和廓形直观地向人们传达保护自然、保护野生动物、维护生物多样性的可持续发展理念，如图 3-25 所示。

图 3-24　Petith 工作坊利用边角料进行设计的作品

（图源：VOGUE 时尚网）

图 3-25　传达野生动物保护理念的服装设计

（图源：VOGUE 时尚网）

②间接传达。间接传达是指设计师与消费者通过面对面或设计说明等方式进行理念传达。亨德森（Henderson）围巾的设计师致力于在购买者与设计者间建立一种连接，他们与购买者交流产品理念，促进产品与消费者之间的情感，如图 3-26 所示。亨德森围巾在设计中融合了经济性和环境性，通过设计师与消费者之间的交流间接传达了“保留与分享”的可持续理念，促进了服装与消费者之间情感的生成。

图 3-26　Henderson 围巾

（图源：Henderson 官网）

3. 基于生命周期考量的可持续设计

（1）概念。基于生命周期考量的可持续设计以延长服装使用率和使用寿命为目标，是一种功能性与生态性并重的可持续设计方法。

在服装生命周期中，服装的耗用过程是对环境影响最大的阶段，也是服装生命周期中使用时间最长的阶段。因此在基于生命周期考量的可持续服装设计中，设计师将延长服装生命周期的设计点落在服装的使用阶段。目前，基于生命周期考量的服装可持续设计可分为五类：提高服装的使用率的设计、长效设计、用户体验式设计、循环设计、“从摇篮到摇篮”的设计。

（2）分类。

①提高服装使用率的设计。提高服装使用率的设计是变相地延长服装生命周期的设计方法。设计师需要考虑服装的百搭性、可拆卸性和可装配性，同时还需要考虑材料或零部件的可用性，通过创新结构或材料来优化产品，使资源得到最有效的利用。

如图 3-27 为一种可再利用的婴幼儿背心。该设计将服装预先分割为不同的块面，当服装不被穿着时，消费者可以根据服装上的缝合线将婴幼儿背心的各个衣片裁开，得到口水巾、尿布以及汗巾等新的实用性婴幼儿产品，使服装得以从“坟墓”再次走向“摇篮”，完成服装生命周期的延长。

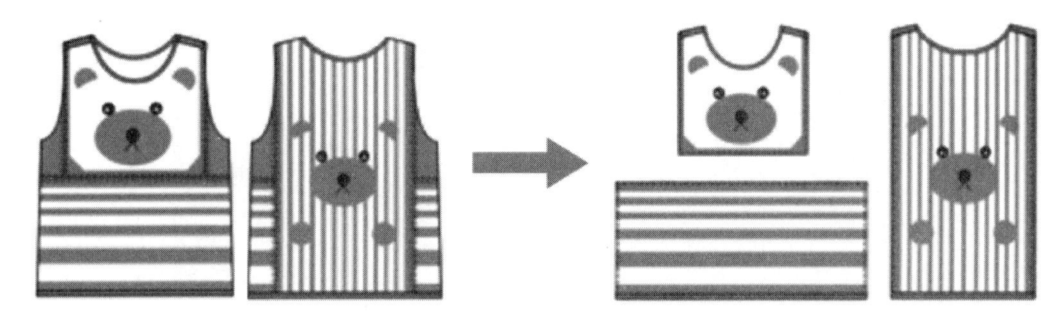

图 3-27　可再利用的婴幼儿背心设计

The DKNY Cozy 2013 春夏女装，设计师 Donna Karan 设计了具有多种穿法的羊毛开衫，消费者可以通过变化门襟衣片进行创意地穿着。该系列服装在官网上展示的穿法就有 12 种，这不仅增加了服装趣味性和变化性，还促进了设计师与消费者的交流，使服装的使用率大幅提升。

②长效设计。长效设计理念的源头开始于一场在意大利的“慢食运动”，也是源于对工业化带来的快节奏生活的思考。长效设计理念主张注重服装设计和服装行业的可持续性，应该合理地降低生产速度和延长人们的消费周期。通过更加高质量、合适产量的产品来获得市场和消费者们的长期认同，使使用者对服装产生责任感，自愿去保护和维护服装，减少在服装方面造成的超标浪费，进而达成保护环境和资源的目标。

a. 耐久性设计。耐久性设计指的是设计不追求快速时尚，注重经典，强调个性的表达和身份的认同，且生命周期长的服装。耐久性服装大多采用质量更好的原料制作而成，其生产周期较长，工艺精湛且价格较高。耐久性服装可以长期穿着，因此降低了消费者淘汰衣服、不断消费的频率，进而减少对自然资源的消耗。

b. 情感持久设计。情感化服装设计是一种面向个人的设计，与消费者进行互动的设计，从情感关系的角度来加深消费者和服装产品的情感联系，这是一种顺应可持续发展理念的设计方法。

在情感化服装设计中，设计师会从消费者与服装的关系出发，会更注重消费者的喜好，根据消费者的喜好倾向、面料、个性要求、颜色等需要进行更贴合个人情感的设计，实现消费者对服装的情感投资，来取得服装长久的价值。

如图 3-28 所示，设计师采集了消费者喜爱的图像，通过艺术加工与图案印刷将其组合在服装上，并选用消费者个人喜欢的面料、款式、图案和颜色进行了设计，得到了贴切消费者情感的服装。

图 3-28　失孤的象群

（图源：2021 年第九届全国高校数字艺术设计大赛江苏省赛区一等奖作品）

c. 慢速设计。快时尚已成为当今时尚产业的代表性经济体系和商业模式。但快速经济带来的财富是不可持续的，作为对时代的回应，这些问题引发了人们对“慢”的思考，从此慢设计理论应运而生。

慢时尚不是对速度的描述，也不是对快时尚的优化，而是一种完全不同的世界观。它代表了基于不同价值观和目标的时尚产业可持续发展愿景。慢设计强调情感和文化交流，它要求设计师不仅要着眼于耐久性和有效性等使用价值，还要注重服装的性能和技术的运用，使产品充满人文关怀和情感。

d. 多功能设计。多功能服装设计是指将多种服装功能组合在一起，满足消费者多方面需要的服装设计。它可以最大限度地利用服装面料，除了具备防风保暖的基本功能外，还具有发光和发热等特殊功能，从而提高了服装的性能和耐用性。其主要内容包括：百搭设计、可装配性设计、增加材料或零部件的可用性设计以及发散性思维的创新结构或材料设计。

图 3-29 是可以变成背包的户外运动外套 RuckJack，将夹克经过翻转、抽绳和扣合可变成一个大容量背包。

图 3-29　RuckJack 夹克外套背包

（图源：RuckJack 官网）

③用户体验式设计。用户体验设计是一种以用户为中心的设计方法，设计过程以用户体验的概念贯穿于整个过程。这要求设计师与消费者互动，使消费者能够参与设计和制造过程，旨在满足他们的需求和愿望。

a. 个性化设计。对于年轻一代来说，服装的个性化显得尤为重要，图 3-30 为三宅一生的个性化服装，他们往往会被能够反映他们品位和个性的高品质服装所吸引。因此他们倾向于选择更有趣、更有意义、更有吸引力的服装。所以满足消费者个性化和多样化需求的设计已成为服装业面临的新挑战。

b. 透明化设计。产品的信息透明化是与消费者沟通的最有效方式。设计师或企业告知消费者每件服装的详细信息，包括服装材料到工厂的名称和地址以及服装的成本，包括面料、

图 3-30　三宅一生的个性化服装
（图源：isseymiyake 官网）

配件、裁剪和物流等信息。这不仅提高了客户对自己品牌的忠诚度，还进一步突出了优质低价的概念，促进了消费者与服装之间情感的产生，从而达到可持续设计的目的。

c. 参与式设计。用户参与式设计是指集思广益，将设计师、消费者和其他相关人员聚集在一起进行讨论，参与者自由表达自己的设计观点，并将最终的讨论结果应用于实践的设计。

d. 在线定制。在线定制是最典型的设计方式之一，设计师为消费者量身定制，将他们的需求和喜好直观地融入服装中。这迎合了人们对质量和个性的追求，强调了归属感和个性化。

④循环设计。循环设计是指对废弃服装进行收集和再次设计，重新构成新的服装衣片和衣服的过程。这样既节约了环境资源，又顺应了可持续发展理念，符合新的市场潮流趋势。

a. 升级再造。升级再造是利用工业废弃物或者生物废弃物，通过回收、清洗、再整理，将之重制为服装面料或服饰品，从而达到赋予废弃物新生命，减轻环境压力，实现可持续循环的目的。

• 工业废物改造。工业废弃物再造指的是以工业塑料的废弃物、织物废料、海洋垃圾、锦纶生产的衍生物等废弃物为原料，通过清洗、分块、提纯等步骤处理而制成的全新材质。意大利人造纤维公司 Aquafil 生产出一种可回收材料锦纶 6（聚己内酰胺）。以锦纶 6 为原材料而制成的商品在完成使命后，都能通过清洗、粉碎、提纯的纺织制作成全新的锦纶。

• 生物废物再造。生物废弃物再造是指以动物废弃物、排泄物、植物落物等为原料，在化学层面上通过提纯而制作出相应的纤维等材质。设计师 Billie van Katwijk 以屠宰场里的牛肚为原料，将牛的内脏器官，如毛肚、百叶之类通过清洗、植鞣、染色的方式处理成拥有独特天然纹理材质，并将其裁剪、缝纫、改造成为纯天然的包袋，如图 3-31 所示。

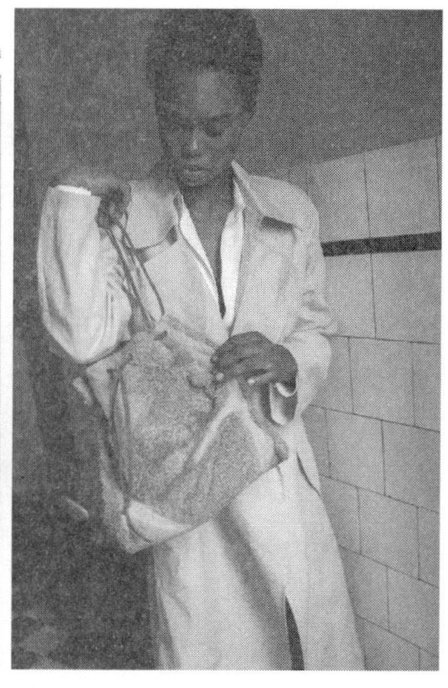

图 3-31　利用毛肚、百叶设计的包包
（图源：荷兰埃因霍芬设计学院毕业生 Billie van Katwijk 作品）

• 旧衣改造。在旧衣改造设计策略中更加注重将废旧衣物的升级换新，且比原始状态更好。通过解构、重组、绗缝、编织和拼接等方式对滞销或废弃的服装进行二次改造，以延长服装使用寿命的方式来达到可持续的目的。

中国新锐设计师张娜创立了 Reclothing Bank，致力打造"新"的"旧"服装。在 Reclothing Bank 的系列设计中尊重衣物的原生形态，以旧衣之"旧"的特性，变成了它的优势，而非掉价的劣势，如图 3-32 所示。

图 3-32　设计师张娜创立的 Reclothing Bank
（图源：再造衣银行官网）

韩国服装品牌 RECODE 专门从事废旧服装的改造设计，通过解构、重组和拼接等方式使滞销的、废置的服装焕然一新。

b. 服装降级处理。服装的降级处理是指在旧服回收之后或利用服装生产余料，通过再生处理，进而加工成布条、地拖布、大棚保温毡等初级制品的过程。图 3-33 就是利用旧衣服和服装生产余料，进行再生处理成再生棉后，再通过开花、针刺、绗缝生产出来的大棚保温毡。

图 3-33　利用旧衣服和服装生产余料降级处理成的大棚保温毡

c. 服装同级处理。服装的同级处理是指旧衣服在回收之后，将衣物进行重新整理流转于二手市场从而再次进入使用环节。

d. 服装共享平台。搭建服饰共享平台进行服装交换，延长服装生命周期。如美国的 LETOTE；日本的 AirCloset 和国内的女神派、YEECHOO 等，实现服装的共享，避免用户的过度消费行为。

• 二手市场出售。在二手市场出售或交换具有年代感但已经不生产的一些经典服装及服饰，也受到了越来越多年轻消费者的喜爱，这种独特的二手服装也可以巧妙地延长服装的使用寿命。

• 旧物回收系统。在废旧服装的回收利用上，Gap 第一步先加入牛仔回收计划项目，对捐赠牛仔服装的消费者回馈以购买副线品牌——Gapkids 或 babygap 七折的优惠券。而这些废弃的牛仔服装通过企业系统回收再加工转化成超天然棉纤维绝缘材料，并以公益的方式捐赠给有需求的社区。这样一方面提升了 Gap 的品牌形象和美誉度，另一方面也促进了 Gap 新款服装的销售。

有些品牌在全球开展“旧衣回收计划”，将回收的服装用于循环使用和生产能源。消费者可以登录旧衣回收入口，通过“闲鱼”完成对旧衣的回收，如图 3-34 所示。

⑤“从摇篮到摇篮”的设计。这种方法是以“消费者再利用”的预先设计手段完成服装“从摇篮到摇篮”的设计目标。这与之前所阐述的再生材料或废旧材料的循环再利用不同。

可持续设计思想在服装设计中的实践不仅是人与自然、社会和谐发展的体现，更是着眼

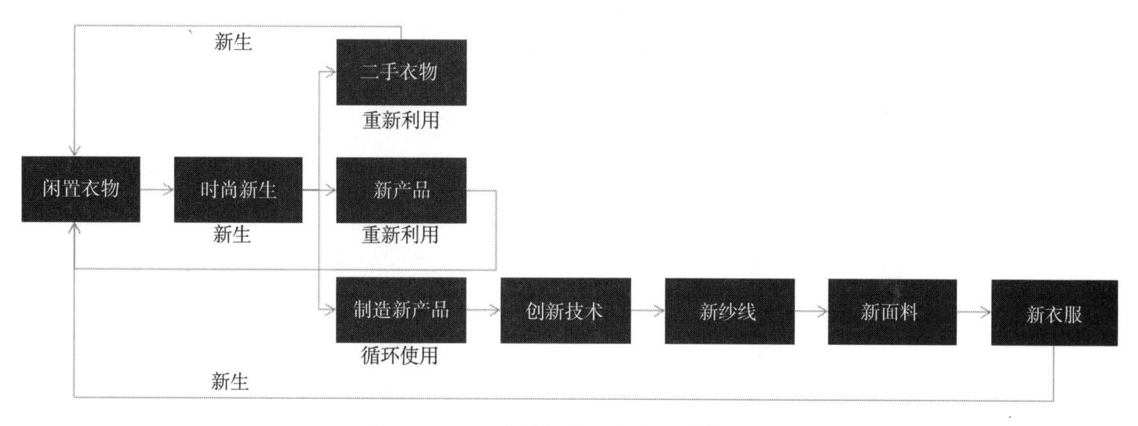

图 3-34　二手服装的回收过程及其用途

于长远利益的考量，是对可持续发展战略的一种阐释。基于物质基础的可持续服装设计策略中，简约化设计已经成为应用最广的可持续设计方法；新材料和新技术的应用具有巨大的潜力。基于特定理念传达的可持续服装设计策略运用服装的廓形、图案以及设计理念与消费者形成情感共鸣，是一种感性的设计方法。基于生命周期考量的可持续服装设计则在节约资源、减少污染的前提下，以延长服装生命周期为目标，以百搭设计、功能性设计、可拆卸设计等为主要方法与手段，体现了实用性与可持续性的完美结合。

（三）服装设计的演变

1. 早期工业化时期的服装设计　早期服装设计制作体系是由英国人查尔斯·弗莱德里克·沃斯（Charles FrederickWorth）从法国巴黎发展起来的。当时他在巴黎开设了一家以个人名字命名的时装屋，并将为以前客户定制的一系列服装的复制品展示在店内。这样的时装屋成为现代服装设计的雏形。随后可可·香奈儿（Coco Chanel）、马德琳维奥（Madeleine Vionnet）和杰·柏图（Jean Pat ou）等设计师在第一次世界大战与第二次世界大战期间应运而生。

随着标准化生产的发展，成衣开始通过一种新的零售方式进行销售，这个新的销售模式被称为百货公司。随着工业革命和百货业的发展，成衣服装通过相对质优价廉的特点激发了越来越多的消费欲望。那个时期的时装企业家们的目标还仅局限于实用、有利可图和高效率，设计师和企业主既没有考虑到在不断产出的同时还需保护自然界系统的正常运转，也没有考虑到过度消费可能会带来的问题。

2. 服装生命周期的设计　受能源危机的影响，服装界的环保意识于 20 世纪 70 年代开始萌芽，当时的少数民族式、乡村式、旧衣层叠式的服装也被形象地称为“回归热”。进入 80 年代后，PaPanek 提出了设计兼顾环境保护的理念，用天然材料制作时装被认为是环保的象征。90 年代以来，人们开始意识到棉花等服装原材料的种植过程中对水源和土壤都造成了难以逆转的伤害，来自动物的毛料和皮革也造成了草场的过度放牧而加速了土地沙化。21 世纪以来，以快速反应和低廉价位为特点的“快时尚”，其极快的产品更新速度使消费者购买服装的频率越来越快，服装生产过程的资源浪费和过度消费的消费观成为可持续时尚面临的两大挑战。

近年来，可持续服装设计的概念和影响力随着人们环保意识的增强得到飞速发展。英国设计师协会的新法规章程指出“设计师有责任使他们的工作尽可能少地对生态环境发生直接或间接的危害”。一些奢侈品牌纷纷弃用动物皮草。

3. 服装产业链的可持续系统设计 回顾服装产业的发展历史，反观这个大众文化、大众消费和规模生产泛滥的时代，设计师有必要开始思考服装设计的本质，并为人类未来的福祉建立一种全新的设计模式。这一模式应该从服装具有“社会整体利益与价值”的特征中来认识和思考服装产业链，从而要求服装产品的生命周期成为一种接近于自然生态周期的循环结构。例如服装使用结束后不再变为废弃物，而是可以返回到工业循环成为制造新产品的高质量的原材料。

欧美目前已经成立了相关的“可持续服装设计”模式研究机构与组织，如英国可持续时装设计中心和美国加州艺术学院的新材料资源中心等。在中国尽管也已经有时装品牌、设计师开始关注“可持续服装设计”，探索利于自然生态环境“可持续发展”的设计方法，但各高校有关“可持续服装设计”的研究与教学还未形成系统。

(四) 可持续服装设计的发展

目前，我国服装产业围绕“科技、时尚、绿色”新定位，坚持科技、品牌、可持续和人才四位一体的创新发展之路，基本实现了服装制造强国的既定目标，全行业也进入高质量发展的新轨道，服装的智能研发将是其未来发展的必经之路。

1. 可持续服装智能研发的概述 可持续服装智能研发是指：将智能技术应用于服装研发过程中，精准把握市场趋势和客户需求、有效提升研发的质量、缩短研发周期、降低研发成本，实现与上游供应商（面辅料）之间的协同，并与市场和生产环节实现信息集成，有效提升整体供应链的效率，提升企业综合市场竞争力。

目前，智能研发在服装行业中主要应用在以下方面：精准研发，研发设计工具的智能化升级，全生命周期管理，基础数据库之上的模块化设计，虚拟展示，数字服装及虚拟应用。

2. 可持续服装设计的智能研发方向

(1) AI技术的融合。人工智能（artificial intelligence，AI）在服装市场研究中的技术应用主要是借助计算机视觉与图像处理技术分析海量图片（来自时装秀、社交媒体等），可以得到不同群体的穿衣偏好，归纳出当季的流行趋势，如流行色、图案、款式等。对于人工智能在流行趋势预测中的技术架构，有研究提出可以基于人工神经网络、机器学习的服装分析技术来构建完整的预测分析框架。随着深度学习算法的精进，也有研究提出以无监督的方式从时尚数据预测未来的视觉风格趋势。

如图3-42所示，万事利集团有限公司通过AI技术，研发了定制化专属丝巾平台——“西湖一号”，通过与消费者一对一的线上交流和对话引导，系统将自动解读每位消费者的内心世界，再结合对最新流行趋势的洞察，最终为每位消费者定制出各不相同的丝巾设计方案，得到专属丝巾设计方案后，消费者可以选择继续加入自己喜爱的配色或设计元素以优化设计方案，或直接下单购买满意的丝巾，在后续柔性生产的支持下，这款独一无二的专属定制丝巾将在消费者下单48小时内完成制作，送货到家，实现了千人千面的个性化需求。

(2) 服装的3D数字化。3D服装造型技术属于物理的造型方法，能够精确地描述出织物，并表现出真实的织物，因此得到了广泛的应用。通过3D虚拟技术在计算机上虚拟缝制出效果逼真的成衣，将 2D 板型转化成 3D 成衣，使用逼真的服装模拟，彻底改变服装设计开发流程。

通过服装三维 CAD 系统，可以使服装企业实现从 3D 设计、推款审款、3D 改板到直连生产和在线展销的全链路数字化服务，从而有效提升了设计环节中各部门的沟通效率，缩短了研发周期，降低样衣的制作次数，如图 3-35 所示。

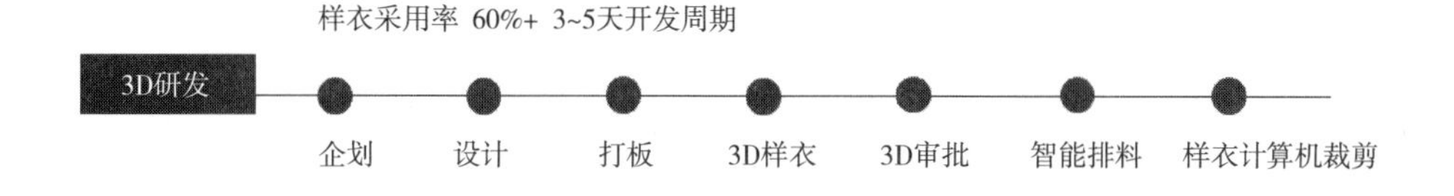

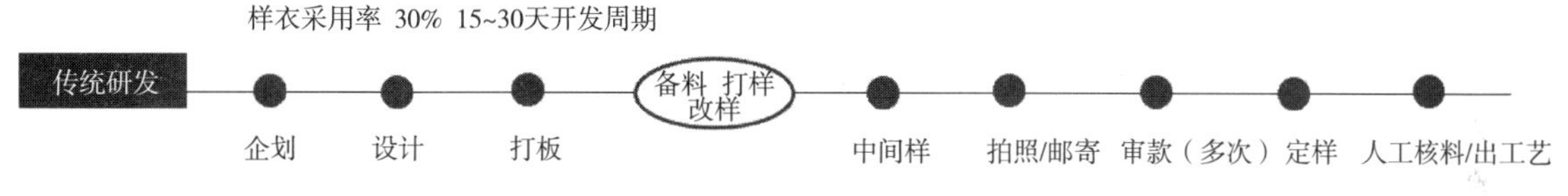

图 3-35　3D 研发缩短服装的研发周期

（来源：上海百琪迈）

3D 虚拟环境下基于知识建模的服装样板智能化设计是服装虚拟设计的新方向。把样板设计知识进行量化建模，建立消费者体型数据与合体服装数据之间的量化关系、服装样板修改规则模型，利用服装三维 CAD 系统为消费者提供基于特定款式的实时的个性化样板设计服务，并且系统能够智能识别样板设计方案的不合理之处，智能优化迭代，从而形成新的设计，为样板设计师提供样板设计与决策支持，如图 3-36 所示。

各 3D 数字化解决提供商加大了对核心算法的优化，实现高效率的渲染，通过专用算法助力服装研发细节的完善。例如在面料印花上，可实现包括颜色、花形、大小、位置等快速调整，甚至于印花、绣花等纹理效果处理，使最终效果呈现得更加逼真；同时将搭配算法有效地融入设计环节，提升服装搭配开发和交叉组合能力，有效地拓展了服装企业的业务空间。

（3）全生命周期管理。服装设计研发平台的有效运行需要依赖相关的技术支持，而产品生命周期管理（PLM）能够有效地管理和利用企业的各种资源，为服装设计研发平台的实现提供了必要的基础。服装 PLM 系统通常由产品设计、产品数据管理和信息协作三个层级组成，如图 3-37 所示。

①产品设计层。包括用于概念开发、样板开发、唛架、样衣设计软件。在产品设计的过程中，产品线规划需要收集并整理从产品概念到产品生产的开发项目信息，以及所开发产品详细的可视款式和规格信息，如参数和样品等。

②产品数据管理层。收集并整理设计层信息供其他部门应用。能够对面料规格、成本和信息要求、图像管理、工作流程等方面进行控制，并在公司范围内数据共享；同时维护所有数据库数据，包括技术规格、颜色、物料清单和成本计算等。另外，还对各类产品及其资料图纸、数据和各类报表进行管理。

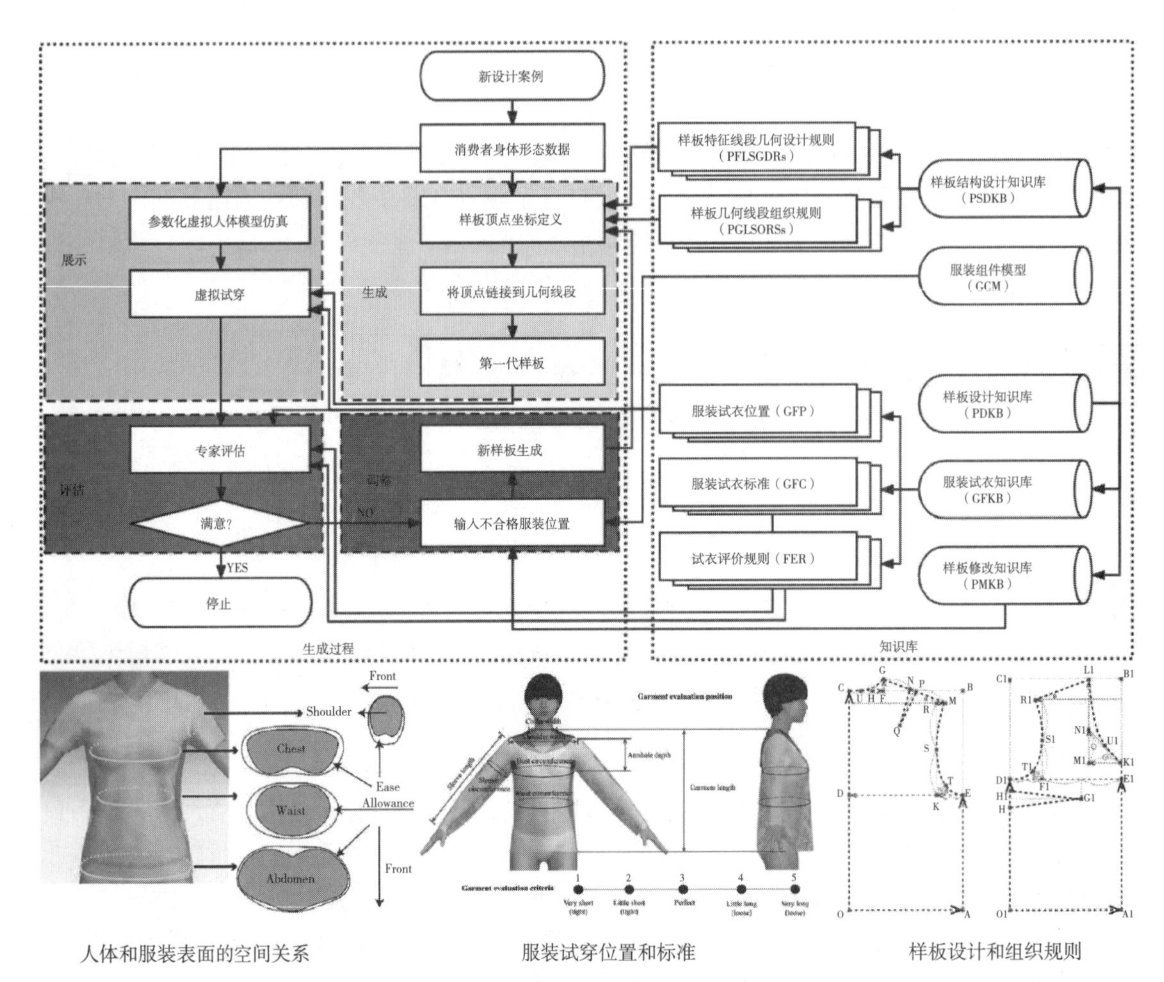

图 3-36　个性化服装样板开发互动系统工作流程图

（来源：苏州大学洪岩团队）

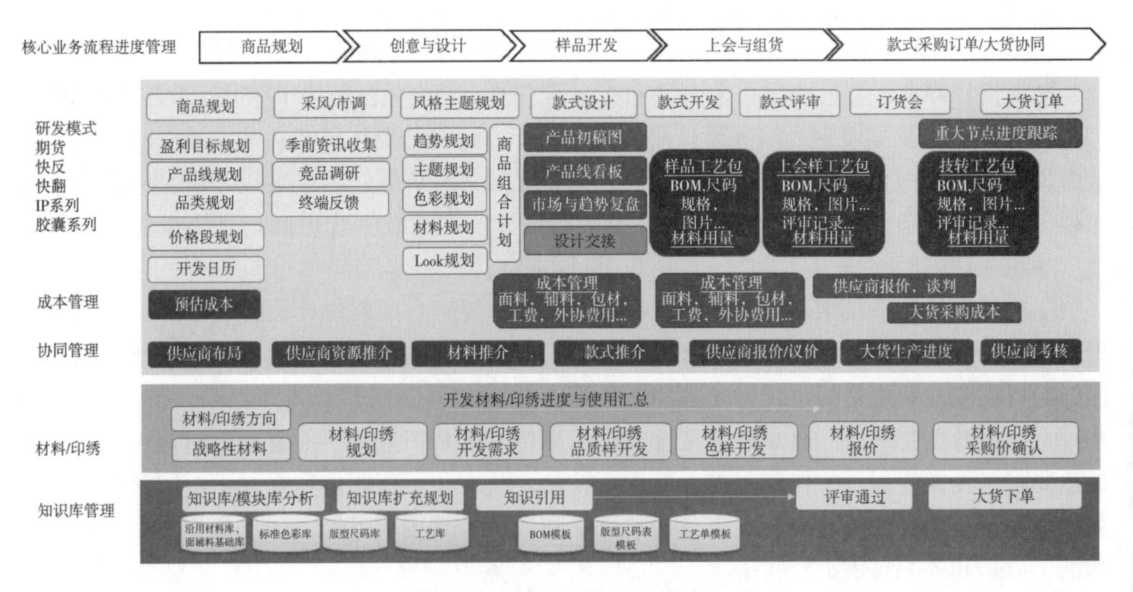

图 3-37　服装行业 PLM 构架

③信息协作层。有效控制和管理产品供应链上的信息。主要包括工作流程、样品追踪、合作伙伴许可认证以及向零售商、品牌开发商、供应商、工厂发布必要信息时所用的工具优化组合。

（4）数字服装。数字服装，又称虚拟服装，是利用计算机技术（尤其是3D技术、仿真技术、增强现实技术等）对布料进行仿真制作的数字服装。对服装样板、面料特性、人体特征和动作以及着装时的整体形态及其变化等综合考虑，并通过计算机进行仿真模拟而得到。通过沉浸式多感官体验、人体动作捕捉、虚拟手工艺等多个领域的研究，以跨领域的创作展现前沿数字技术之下，突破物理空间的束缚，通过数字化的形式，为不同身材、性别及背景的人群定制虚拟的3D时装，满足其对合身、得体以及环保低碳的着装需求，塑造未来服装时尚的全新面貌。

如图3-38所示，2019年总部位于阿姆斯特丹的数字时尚品牌The Fabricant设计并以高达9500美元售出的一条名为“彩虹色”（Iridescence Dress）的连衣裙，成为世界上第一款在区块链上交易的纯数字连衣裙，这件独特的服装是一件可追溯、可交易和可收藏的数字艺术品。

图3-38　第一款在区块链上交易的数字服装

（来源：电子时装公司The Fabricant和区块链游戏公司Dapper Labs联手完成的虚拟时装Iridescence）

如图3-39所示，2021年9月，在伦敦2022春夏时装周上，总部设在伦敦的数字时尚品牌Auroboros与英国伦敦数字时尚研究所（Institute of Digital Fashion，IoDF）合作展出了其首个纯数字（digital-only）成衣系列，是第一个登上全球性大型时装周的数字时尚品牌。

Gucci将与虚拟形象科技公司Genies进一步加深合作关系。Genies更新了其3D虚拟形象软件开发工具包，允许个人用户创建自己的个性化虚拟形象，并且用户可以访问Gucci wheel，包含Gucci品牌的各种服装和配饰，用户可以为自己的虚拟形象购买并穿上喜欢的衣服。

图 3-39　仿生学系列数字时装

（来源：Auroboros 推出的 Biomimicry 系列数字时装）

数字服装不只是使用技术来展示实体服装，而是将其作为一种达到自身目的的手段，为元宇宙，又称虚拟世界（metaverse）和物理世界创造无限的新可能性。基于专业的 3D 设计工具，可以在虚拟空间中生产无限数字服装，一方面可以完全遵循物理定律，通过实时仿真技术进行支撑，使用真实世界的布料和款式进行展示；另一方面，可以使用真实世界不存在的材质，展现形态更为丰富、色彩斑斓的服饰，如图 3-40 所示。

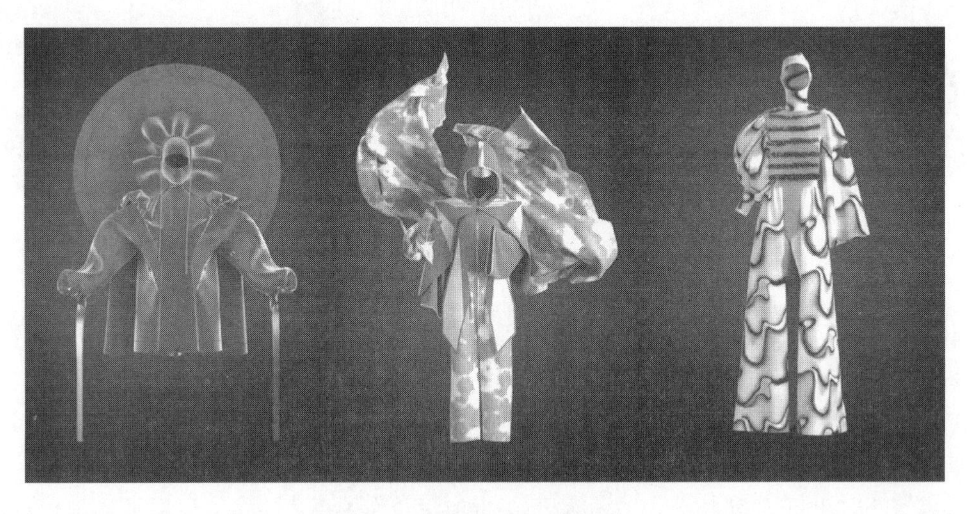

图 3-40　数字服装无限时尚

（来源：荷兰数字时尚公司 The Fabricant 发布的虚拟服装系列 Season 0）

（5）服装的虚拟展示。借助 3D、VR、AR、MR（虚拟现实/增强现实/混合现实）及360°影像等技术，客户可以实现 360°的浸入式体验和互动式效果，可应用于协同设计、款式陈列、虚拟店铺、虚拟走秀、在线秀场等环节；更加凸显设计创意的视觉效果和设计细节；更可有效解决线上购物无法试穿的问题，只需通过手机摄像头就可以轻松运用 AR 技术感受试穿效果。

刚果品牌 Hanifa 在 Instagram Live 上举办了一场虚拟走秀，运用 3D 渲染技术展示了其最新的时装系列。这场只看得见虚拟衣服走动的秀，服装效果十分逼真细腻。

当 3D、虚拟技术及服装全生命周期的管理可以达到高度协同运作，那么服装产品设计的流程将得到全面的革新。如图 3-41 所示，设计师、品牌和工厂建立一个虚拟会议室进行远程协同，在这个虚拟会议室里，设计师可以在 1∶1 的特征虚拟人体上进行创作，服装的款式、面料的风格、功能舒适性的仿真结果和真实的穿着效果可以即时呈现，同时多方可同步设计和修改以此来提高沟通效率，从而降低材料及能源的消耗，实现服装的可持续设计。

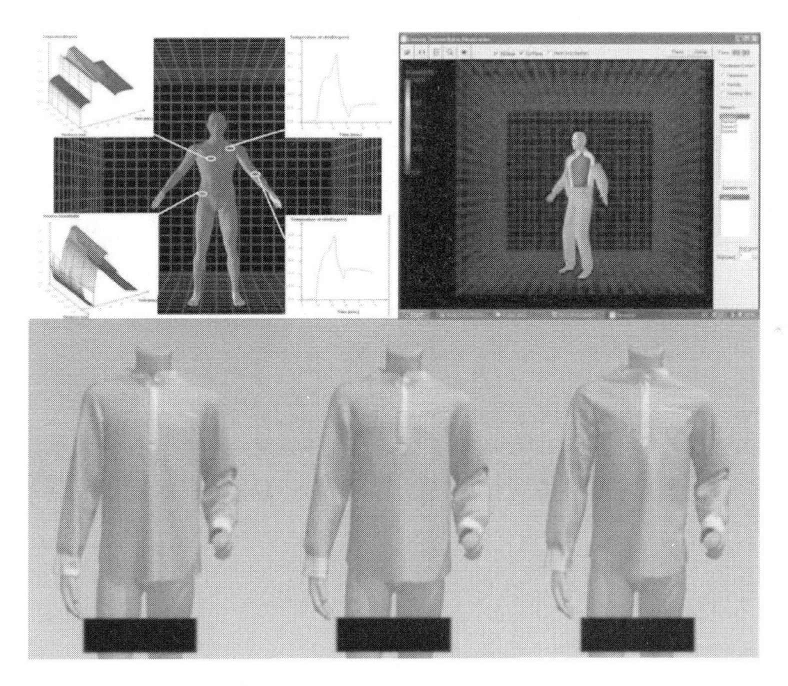

图 3-41　虚拟协同设计

（来源：苏州大学曾宪奕教授、洪岩博士团队）

（五）可持续服装设计的价值体现

可持续服装设计遵循“以人为本”的原则，充分考虑人的需求与个性发展。这种设计理念对消费者本身来说极为重要，对社会来说本就是一种进步。

针对当下服装行业存在的不可持续现象，可持续服装设计可以从根源上解决问题，减少资源浪费的同时有效减轻环境负担。除此之外，可持续性设计充分考虑面料的选择与染色、结构的设计与功能、生产方式及销售、后期的废旧衣物回收再处理等方面。从产生废弃物与污染的源头出发，将服装的设计到成品的各个环节可考虑在内，通过选用环保且优质的材料、废旧物再造等方式，延长产品的生命周期，通过结合当下流行的时尚设计元素，满足人们审美需求的同时使生态系统趋于平衡。将可持续设计理念注入服装行业，在一定程度上可以增加有限资源的有效利用率，减少资源的虚耗与环境污染，使人类与环境能够和谐共存。

总而言之，服装行业在发展的同时，暴露出的一系列违背可持续发展的问题，服装行业必须要改变现有的生产经营的方式与模式，服装设计要紧跟可持续设计理念的脚步，与大环境下的可持续发展逐步趋同。

本章小结

本章分别依次介绍了设计与可持续设计的概念，并在此基础上提出了将可持续设计理念融入服装设计领域的策略，并根据可持续服装设计的概述、可持续服装设计的策略、服装设计的演变、可持续服装设计的发展及可持续服装设计的价值体现五个方面进行具体展开。可持续设计理念促进了服装设计思维的创造性转变，这将有助于未来社会的可持续发展。

时至今日，“可持续设计”作为一个时代的设计命题，它所涉及的不仅是设计形式、设计方法，更重要的是设计观念的根本变革，反映的是更为深刻的时代背景与社会背景。然而对于设计者而言，推进可持续发展的能力是有限的，需要众多专家、政府机构、企业、社会组织以及一代接一代的大众共同关注和不懈努力。正如在 LeNS 课题会议的开篇词中讲到 We Have a Dream，to Change a Bit the World——改变这个世界，哪怕只是一点点。

思考题

1. 除了以上的可持续服装设计策略，还有其他方向的可持续服装设计策略吗？

2. 你认为在未来要如何更好地践行可持续服装设计理论策略，让这些策略具有更好的落地性？

第四章　可持续服装材料设计

服装材料作为服装三要素之一，对服装的款式和色彩起着决定性作用；且服装本身作为一种物质，服装材料贯穿于服装整个生命周期的每一阶段，服装的循环使用，意味着材料的循环利用。如何实现服装的可持续管理，从源头就选用利于可持续的服装材料以及与服装材料有关的绿色加工方式，这一点尤为重要。本章将对常用服装材料进行可持续评价，讲述了材料加工过程中的应如何实现可持续，并列举了市面上较成功的可持续面料加工的案例，希望能对更好实现服装材料的可持续具有启发性意义。

第一节　可持续服装材料概述

服装材料是指构成服装所用的所有材料。服装材料、款式及色彩共同构成了服装的三要素。其中，服装材料是构成服装的最基本要素之一，服装的款式和色彩需要通过服装材质这一载体来体现与保证，在三要素中，起着决定性作用。

一、服装材料的分类

服装材料的种类繁多，分类方法多种多样，这里介绍三种常见的分类方法。

（一）按服装材料来源分类

1. 纤维制品　纤维制品是指以纤维为原料，通过各类加工而形成的纤维集合体。一般可分为纺织制品和集合制品两类。

纺织制品是指通过纺织加工而成的纤维集合体，包括布类和线带绳类。布类包含机织物、针织物和花边、网眼织物等编织物；线带绳类包含纱线、织带、编织带、捻合绳带、缝纫线等。集合制品是纤维通过摩擦、抱合、黏合或这些方法的组合而相互结合制成的片状物、纤网或絮垫（纺织制品除外），包括纤维毛毡、絮棉、非织造布、纸等。常见的服用纤维原料如图 4-1 所示。

2. 皮革制品　天然皮革制品是指经鞣制等制革过程处理的动物皮肤，主要有皮革和毛皮两种。

天然皮革是经脱毛和鞣制等物理、化学加工所得到的已经变性不易腐烂的动物皮；天然毛皮由动物皮毛经过后加工而制成，又称裘皮，由皮板和毛被组成。皮革制品主要有猪皮革、牛皮革、羊皮革、马皮革、驴皮革和袋鼠皮革等，另有少量的鱼皮革、爬行类动物皮革、两栖类动物皮革、鸵鸟皮革等。但是天然皮革涉及养殖过多占用土地资源、破坏生物多样性及其加工过程的化学污染等问题，为了保护生态，同时降低皮革制品的成本和扩大原料皮的来源，近年来，人造皮革与毛皮作为一种可持续性服装材料，在市场上也深受消费者的喜爱。皮革制品的具体分类如图 4-2 所示。

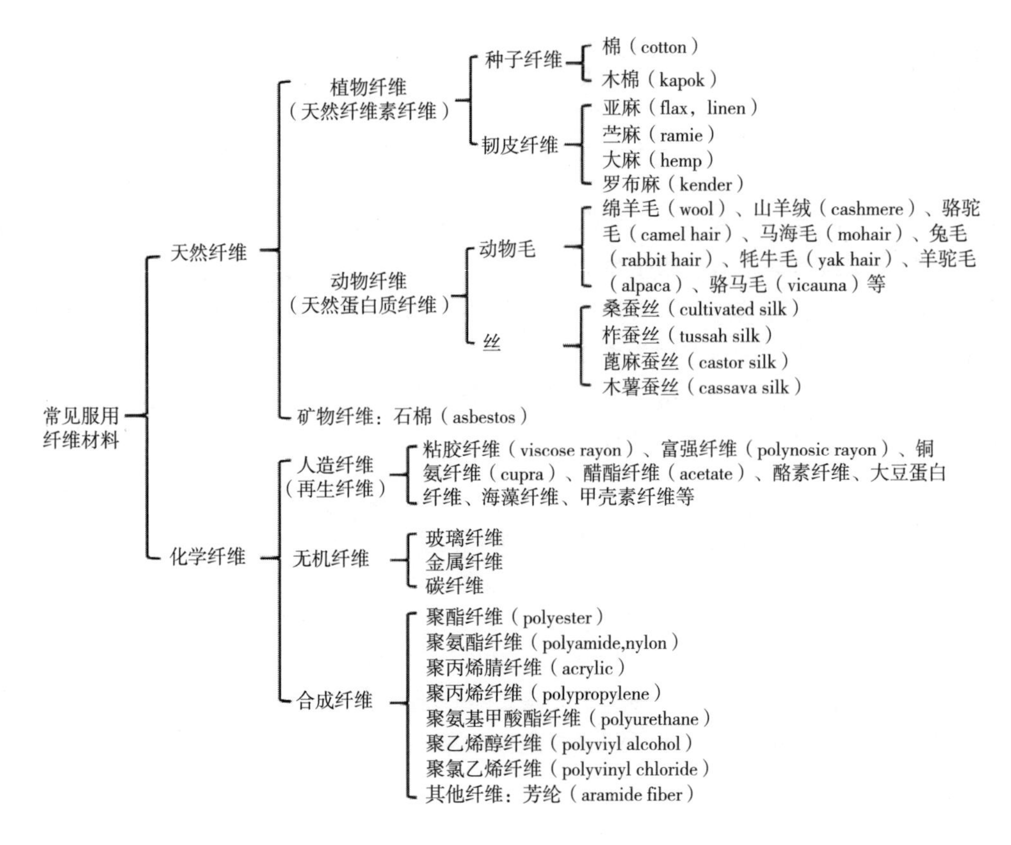

图 4-1　常见服用纤维分类

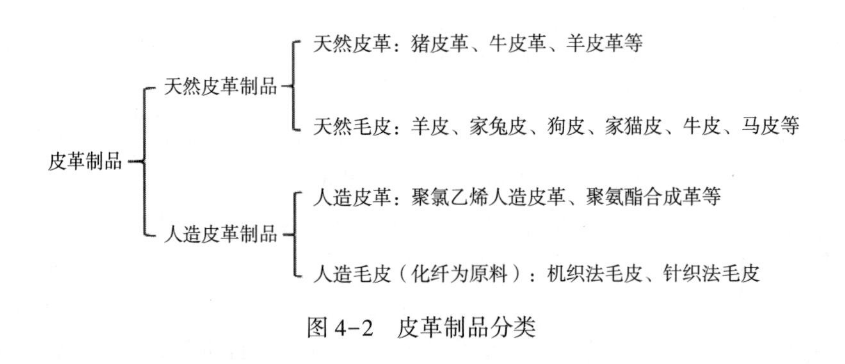

图 4-2　皮革制品分类

3. 其他制品　其他制品包括皮膜制品（如塑料薄膜、动物皮膜等），泡沫制品（泡沫薄片、泡沫衬垫等），金属制品（如钢、铁、铝、镍、钛等制成的纽扣、拉链和装饰连接件等）以及木质、石材、贝壳、橡胶等一些服装辅料制品。

（二）按服装中的用途分类

按服装中的用途分类，服装材料可分为面料和辅料两类。

1. 面料　面料指的是服装表面的主体材料。面料显露在外，不仅可以诠释服装的风格和特性，而且直接左右着服装的色彩、造型的表现效果，是体现服装设计意图的重要部分。常用的服装面料有纺织服装面料（机织物、针织物、非织造布、编织物）和非纺织服装面料

(毛皮和皮革)。

市场上的服装面料绝大部分是机织和针织面料。机织面料是由相互正交的一组经纱和纬纱在织机上按一定规律经纬起伏交叠制成的面料，其产量最大且机械化生产最早，经纬纱密集交织，尺寸相对稳定，穿着不易变形走样，保型性好。

针织面料由一组或多组纱线在针织机上按一定规律彼此相互串套成圈连接而成，分为经编针织物和纬编针织物两种。使用针织方法生产的工艺流程较短且能适应小批量生产，灵活性较高；服用的针织面料大多质地柔软，具有一定的延伸性、弹性和透气性，所以市面上流行的女士修身打底裤、内衣内裤、泳装等多是针织面料。

2. 辅料 服装辅料是除面料以外构成整件服装所需的其他辅助用料，包括衬料、里料、絮填料、线料、扣紧材料及装饰材料等。其中，衬料是介于服装面料和里料之间起支撑作用的材料。里料是服装的里层材料，俗称夹里布。絮填料是介于面料与里料之间起隔热作用的服装材料。线料是服装的主要辅料，缝纫线一般是由两根或两根以上的纱线，经过并线、加捻、煮练和漂染而成，主要用于服装、内衣和其他产品的缝纫加工。扣紧材料对服装起着连接开闭以及装饰作用，包括纽扣、拉链、绳带等。装饰材料主要包括花边、商标及标识等。

（三）按是否为纤维材料分类

总体来说，所有材料可按是否为纤维材料简单划分为两类，一类是纤维制品服装材料，另一类是非纤维制品服装材料（图 4-3）。纤维制品服装材料包含所有以纤维为原料的纺织品，纤维材料可以为天然纤维或化学纤维；非纤维制品服装材料包括皮革制品以及非纤维的辅料制品，如羽毛、金属、泡沫等。

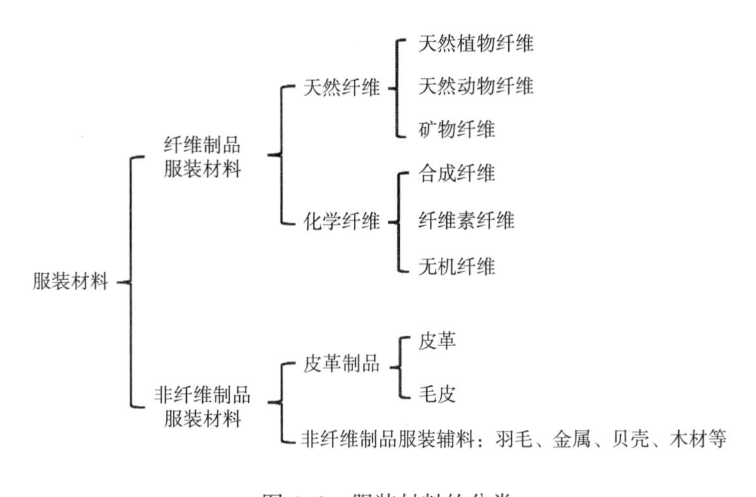

图 4-3 服装材料的分类

二、服装材料可持续的意义和原则

（一）服装材料可持续的意义

材料是构成服装的物质基础，服装材料对服装的风格定位、款式造型、服用性能、生产加工、染整保养、用途和成本都起着至关重要的作用，选材的好坏直接影响服装的艺术性、技术性、实用性和流行性等。对于服装设计师和制造商而言，要设计和制造出适销对路的服装，最重要的一环就是服装材料的合理选择，服装的服用功能是依赖于服装材料的功能才得以实现的。为了实现服装产业的可持续发展，设计与开发可持续性服装材料至关重要。

（二）服装材料可持续的原则

服装材料的生命周期一般包含材料生产加工、材料成品消费和废料处置等阶段，不同阶段的可持续发展，形成了服装材料可持续发展的基本思路。遵循可持续发展的要求，根据服装材料生命周期的不同阶段，服装材料需要遵循的可持续发展基本原则如下：

1. 从材料生产加工角度

（1）注重选用材料的绿色环保性。服装生产中所涉及的材料主要有天然材料和人造材料。

服装设计中可以使用的天然材料种类繁多，有棉、麻、丝、毛等天然纤维织造而成的面料、植物素材为主的天然染料以及木头、贝壳等制作而成的纽扣和装饰性辅料。天然原料来源自然界，如果生产时不使用或保留任何令人担忧的物质，最终可以安全地生物降解。但相较于可持续发展的基本原则，虽然天然材料的原料是可持续的，但是在生产过程中存在诸多不可持续的因素。以棉花生产为例，其生产过程存在两个问题：其一，生产过程对环境有一定的影响。在棉花生长培育过程中，需要使用大量化学药剂，占用土地资源并消耗水资源；其二，棉花生产中有大量的人工参与过程，而使用有毒有害的化学物质以及不公平的贸易体系都会使棉农的权益得不到保障。

以聚酯（涤纶）、尼龙为主的化学加工材料占服用材料的一半以上，由于其是人工合成材料，与天然材料相比不需要农田，所以在生产和加工过程中用水很少；但其原料为化石燃料，属于不可再生资源且生产是能源密集型的，能耗较大；另外，化纤材料洗涤时会脱落塑料微纤维，因其材料的不可降解性，会导致海洋污染。基于生物基或二氧化碳基的可降解化纤就能很好地解决目前化工材料的困境，比如日本东丽公司推出的可降解植物聚酯纤维产品 Ecodear®，是由源于植物的乙二醇和源于石油的对苯二酸通过聚合、熔融纺纱而成。该产品含 28.7%的生物基，为来自甘蔗制糖时的副产品——废糖蜜。该植物基聚酯纤维将为减少二氧化碳排放做出贡献。

近年来，在响应碳中和目标所催发的市场红利之下，纺织服装产业内也涌现出越来越多的可用于纺织品及服装面料开发的可持续性原料，一些有趣而又小规模的替代品正在通过使用废物产品而出现，比如创新的橙子纤维，它利用生产橙汁所剩的橙子废物来制造纤维素纤维，类似的还有香蕉纤维、菠萝纤维以及荷花纤维等。然而，其还需要进一步探索，以了解此类纤维是否比目前主导体系的纤维更具优势以及如何将其扩展到工业水平。

（2）注重织造过程中的节能减排性。纤维加工过程在整个服用纤维生产过程中，是物料、能源和劳动都较密集的部分。在加工阶段，人们必须控制所产生的各种资源浪费。

一般来说，原料的可持续加工要求降低制作过程的“投入物”（如水、能源和化学品等），并且要尽量减少生产过程中的“废弃物”（如废水、废气和纺织废料等）。节能减排在改善环境的同时，也能在一定程度上为企业带来经济效益，因此许多纺织企业都在为加工过程的节能减排做出努力。例如印度黏胶长丝最大制造商 Century Rayon 公司将使用的钢强化纺纱罐换成碳强化纺纱罐，纺纱罐重量减轻了 0.8kg，更换纺纱罐之后，每台纺纱机每天的能耗降低 32kW·h，每年可为每台机器节能 9.6MW·h。

（3）保证染整过程中的生态清洁性。每年全球纺织业向河流和小溪排放的染料达数万吨，且染整过程通常涉及一系列有毒化学物质，如二噁英及有毒重金属（如铬、铜和锌等），它们都是已知的致癌物。虽然这种废水可以在排放前经过处理以去除染料、盐和其他有毒化学物质，但这种处理过程较昂贵，而且总是依赖末端治理，效果有限，因此，在染整的各阶段都要充分考虑其对生态的影响并进行有效控制。清洁染整是符合当下可持续议题的新方案，清洁生产技术与传统技术相比，资源和能源得到了合理利用且产生污染物的量最小，既节约了生产成本又减轻了末端治理的负担，是一种双赢，甚至多赢的策略。

西班牙 Jeanologia 公司一直在致力于纺织工业的零排放，其推出的 G2 臭氧技术是新兴的环保臭氧纺织技术，可从大气中吸收空气并将其转化为臭氧，通过与纤维染料反应来处理服装，使其具有成品衣物的外观。所有这一切都是在零排放工艺中完成的，不仅节省了大量的水和化学物质，而且在清除了残留的靛蓝染料沉积物的同时，维持了织物的良好形态。

（4）注重加工过程中的社会可持续性。社会可持续性所涉及的范围较为广泛，总体来说，它关注的是人及人类福祉，强调保障人们的基本权益，其中包括许多问题，如公平劳动实践、性别歧视、教育、机会平等、社区发展、工作与生活平衡、健康和安全、防护措施、人权和健康。目前，不同国家的政府部门也在强制保障这一点，大多数大型企业都设有企业社会责任部。

无论是何种服用材料的生产过程中均应考虑劳工保护问题。由于不安全的工艺、设备和生产中使用的危险物质，许多工人面临危险的工作环境，而服装供应链的各个环节往往承受着很高的成本和时间压力，这可能导致工人工作条件恶劣，工作时间长，工资低等问题；有证据表明，在某些情况下，还有现代奴隶制（非洲劳工）和童工现象存在。

实际上，在可持续中，人是最难衡量的因素。例如在衡量效率和人类价值方面，三维针织机编织毛衣的效率比人高，它在一定程度上减少了浪费，并可能在数字可持续性衡量尺度上表现更好，但这样的方式无法体现制作过程中所蕴含的人类价值以及手工艺能给人类社会带来的积极影响。

2. 从材料成品消费角度　材料成品的消费主要包括企业与企业间（business-to-business，B2B）的交易活动和直接面向消费者（business-to-customer，B2C）销售产品的商业零售模式。在 B2B 的阶段中，主要涉及设计者对面料的利用率以及利用效果的问题，据估计，服装制作过程中的材料浪费占所用材料的 10%~20%；而设计师在用材上的不恰当则会导致服装滞销。在 B2C 的环节中，有数据显示，世界范围内，与 15 年前相比，服装使用率（一件衣服在不再使用之前被穿的次数）下降了 36%。在我国，平均穿戴次数已经从 200 多次下降到现在的 62 次，低于欧洲。

Reverse Resources 公司针对 B2B 阶段产生的下脚料问题，开发通过在生产过程中直接重复使用来减少副产品的方法，该公司开发了 114 个软件，允许制造商进行分析，达到减少他们的边角成本的目的。而在 B2C 阶段，应充分考虑消费者的购买心理，从服装材料设计的角度考量，可让顾客参与设计，尽可能地利用服装材料本身的物理耐用性和材料情感属性来延长服装的使用周期；也可通过租赁、转售、公共采购等方式来延长服装的使用寿命，从而减少服装本身的材料浪费。

WRAP 是一家2000年成立的非营利性公司，其与六大洲的政府、企业和公民合作，旨在创造一个资源可持续获取和使用的世界。该公司推出的《可持续服装指南》（*The Sustainable Clothing Guide*）就是帮助品牌和零售商提高其生产服装的耐用性和质量的实用指南，提供了提高休闲服、童装、牛仔、针织品、休闲服装、运动服、内衣及剪裁过程的物理耐久性的实用技巧。除了物理耐久性之外，设计还需要考虑产品对消费者保持相关性和吸引力的能力。例如，箱包公司 Freitag 在他们的网站上提供了 design a bag（设计一个包）的功能，如图4-4所示，允许客户选择自己的材料和设计布局，从而在用户和产品之间建立了牢固的联系。

图4-4　Freitag 推出的 design a bag（设计一个包）的功能

3. 从废料处置角度　服装废料的来源包括消费前废料（边角料、次品等）和消费后的废料（破损的或废旧的服装）。2017年，数字创业公司 Reverse Resources 实地研究分析了7家制衣厂的废料得出的结论是，平均有25%的材料在生产过程中被浪费，在某些情况下，这个数字可能达到40%或更多。而英国的数据显示，有26%的衣服因为主人不再喜欢而被丢弃。

对于此两类废料，企业都在努力开展回收工作。例如，Nurmi Cloth、Reform、Ahlma 和 Looptworks 等公司使用工厂的剩料来制作衣服，且这些面料质量很高，没有纽扣或接缝等复杂的装饰需要去掉。又如芬兰时装连锁店 Lindex 使用前几季未售出的牛仔服装生产新系列，重新设计并重新制作成新服装；这包括一些小的调整，如增加新的细节，将面料完全拆开并缝合在一起以创造新产品。

然而，据艾伦·麦克阿瑟基金会（Ellen MacArthur Foundation）估计，每年只有25%的旧衣服被收集起来重复使用或回收，而所有衣服中只有不到1%的衣服被回收再制作成服装。因此在全球范围内，开展广泛的废旧纺织品回收，依旧任重而道远。

但可以肯定的是，如果在设计之初就使用可回收利用或可降解的材料，且支持小范围的材料趋同使用，可促使纤维材料由线性的垃圾回收模式更快转向循环经济模式，使纤维材料得到更广泛的循环再利用。

三、服装材料可持续性的量化评价——希格材料可持续指数

（一）希格材料可持续指数的现实意义

时尚产业是仅次于石油化工产业的全球第二大环境污染制造者，因时尚而导致的浪费和环境污染十分惊人，据2017年艾伦·麦克阿瑟基金会（Ellen MacArthur Foundation）的报告数据显示，纺织行业每年排放约12亿吨温室气体，超过了所有国际航班和海运排放的总和，服装行业每年向海洋排放50万吨微纤维，相当于500亿个塑料瓶，倡导可持续时尚迫在眉睫。

目前，许多时尚企业和设计师都在为服装产业的可持续发展做出努力，虽然可持续发展有许多创造性的解决方案和途径，但有研究表明，设计师和开发者可控制产品80%以上的环境影响。对于大多数设计师来说，实现可持续发展最便捷的第一步就是将他们的材料换成更可持续的替代品。服装材料从提取加工之初到使用，再到废弃处理，始终影响着服装整个生命周期的可持续性评价。从设计之初就选用更可持续的材料，无疑对服装产品之后的可持续性都产生了有利的影响。

然而，评价每种服装材料的可持续性并非主观臆断，一种服装材料可持续性的高低取决于其独有的供应链，衡量“更好”和“更差”的准确方法是对每种材料进行生命周期评价。可持续角度的创始人兼总监尼娜·马伦齐（Nina Marenzi）曾说：“从本质上讲，没有可持续的材料，因为每样东西都需要一种资源。问题在于这种资源能在周期中停留多长时间，并在提取和加工过程中将影响降至最低，而后尽可能容易地结束产品生命——返回土壤或再次利用。但如果有一个更垂直且集成的供应链，意味着企业可以完全控制自己的材料；供应链越垂直，就越能减轻产品设计师设计的服装对海洋、气候和生物多样性的负面影响。”

希格材料可持续性指数（Higg MSI）是服装行业内使用较多的衡量和评分材料环境影响的工具，使用生命周期影响评估（LCIA）数据和方法来衡量材料的影响，服装、鞋类和纺织行业的设计师和产品开发人员可以使用希格材料可持续性指数来评估和比较不同材料（如棉、聚酯和皮革）的“摇篮到大门”的影响，以生产更可持续的产品。

（二）希格材料可持续性指数的发展

希格材料可持续性指数是可持续服装联盟（Sustainable Apperal Coalition，SAC）[1] 创建的

---

[1] 可持续服装联盟（SAC）是一个代表全球服装、鞋类和家用纺织品市场约40%的组织。它由超过175个品牌、零售商、制造商、学术专家、政府和非政府组织组成，致力于引领行业走向更可持续的未来。

希格材料可持续性指数（Higg Index）中的一个核心工具。希格指数最早可追溯到2009年，沃尔玛（Walmart）和巴塔哥尼亚（Patagonia）邀请全球领先公司的首席执行官开发的一个衡量其产品对环境影响的指数；隔年，来自服装行业的公司聚集在一起，开始合作研究衡量可持续发展的标准化方法，称为希格指数。2014年，可持续服装联盟在荷兰首都——阿姆斯特丹（Amsterdam）开设了一间办公室，由此可持续服装联盟迅速壮大，2016年，服装和鞋类的年收入合计超过5000亿美元。同年还发布了最新的希格材料可持续发展指数（Higg MSI）和希格设计与开发模块（Higg design and development module，DDM），前者使用生命周期评估数据衡量材料生产对环境的影响，后者使设计师和产品开发人员能够在设计过程中做出明智的可持续选择。目前，服装可持续联盟正致力于提升希格指数的透明度。截至2020年，全球有21485名客户在使用希格指数。

（三）希格材料可持续性指数的功能

用户通过使用希格材料可持续性指数工具能够相互比较材料，并且可以测试如何通过改变工艺（例如染色方法、加工方法等）来改进材料。希格材料可持续指数工具对品牌的价值在于：

（1）它提供了一种可扩展的方式来了解材料和材料供应商的环境性能。使用Higg MSI评分系统，品牌可以围绕材料和产品开发做出更明智的决策。

（2）使公司能够将自己的材料与其他材料进行比较，可用于授权产品开发团队在材料选择过程中做出更可持续的选择。

（四）希格材料可持续性指数的衡量标准

希格材料可持续性指数通过制造、整理和组装准备，量化原材料提取或生产对环境的影响。用户可以通过调整材料输入和生产过程分析对环境的影响因素。希格材料可持续性指数可以衡量全球变暖、富营养化、缺水、非生物资源枯竭（化石燃料）、化学五个领域的环境影响。此外，希格材料可持续性指数还报告了生物碳含量和耗水量两个库存指标。

（五）希格材料可持续性指数实施案例——棉花为例

1. 希格材料可持续性指数的三个关键要素

（1）分类。一种收集和组织材料生产数据的方法。

（2）材料数据。从“摇篮到大门[1]”的材料生产或生命周期影响评估（LCIA）[2] 数据。Higg MSI数据库拥有原材料、各种材料生产过程和其他材料规格的验证数据。

（3）评分方法。一种解读数据的方法。除了报告影响中点[3]之外，Higg MSI还包括一个评分框架，将该数据转换为某种材料的单项环境评分。

2. 希格材料可持续指数使用过程（图4-5） 材料数据在每一生产阶段经过收集、决策与处理后，运用LCIA方法在Higg MSI评估框架中对数据进行建模，计算影响中点（中点是按申报的1kg材料为单位进行计算的），再对每个流程的中点进行归一化处理，按影响类别划分

---

❶ 从摇篮到门：从摇篮到大门的生命周期跨越了从原材料到成品纺织品或准备运送到产品制造工厂零部件的整个过程。

❷ 生命周期影响评估（LCIA）：生命周期评估阶段，旨在了解和评估产品系统在整个生命周期中潜在环境影响的大小和重要性。

❸ 中点：将影响转化为环境主题的影响类别，如气候变化、富营养化、生态毒性等。

的每个单独归一化分数使用相等的权重相加在一起，以产生可用于快速比较和决策的单个MSI分数。

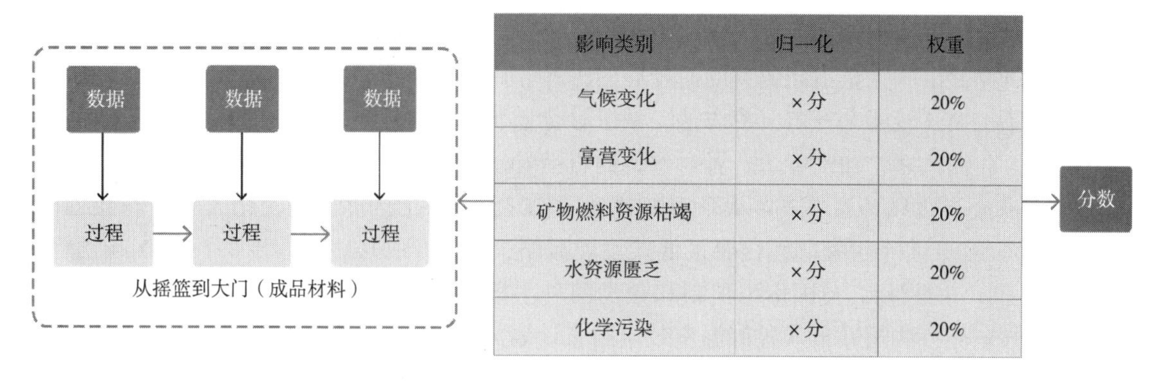

图4-5　希格材料可持续指数使用过程

此外，希格材料可持续指数的用户不必一次就对所有领域的环境影响进行考虑。例如，用户可以只关注材料全球变暖的潜力，而不必包括其他四个影响领域。

值得注意的是，这里提供的Higg MSI分数或百分比计算说明的是Higg MSI范围内棉花的单个生产阶段（如纤维或原材料阶段）的可持续指数，而不是与物质生产相关的影响的整体视图。从表中可知，此阶段没有使用化学物质，因而没有进行化学的单项得分计算。此阶段棉花的可持续指数总分为60.6。在希格材料可持续指数中，评估得分越低，材料的可持续性越好。

（六）希格材料可持续指数的负面影响

希格材料可持续指数近年来虽备受关注，但其中关于丝绸面料的环境影响信息却有失公允，世界丝绸网公开发声，称其评估中存在的片面性和不准确性给国际丝绸行业的生产和消费带来误导，对全球乡村地区、生产企业等数百万利益相关者产生了连锁反应。

国际丝绸联盟（ISU）、联合国际蚕业委员会（ISC）、意大利丝绸协会（UIS）、法国丝绸协会、巴西丝绸协会（ABRASEDA）等多家单位联合发起以下倡议：

1. 质疑Higg MSI对丝绸面料的评分方法　Higg MSI将丝绸面料的环境影响值评为1086，是合成面料的30多倍，其评分的不合理主要表现为：

（1）Higg MSI对丝绸的生命周期评价仅停留在从蚕桑到面料（即从“摇篮到大门”）的阶段。参照国际标准ISO 14020：2000 Environmental labels and declarations—General principles和ISO 14040：2006 Environmental management—Life cycle assessment—Principles and framework，对丝绸产品的生命周期评价宜为从“摇篮到坟墓”的研究类型，即涵盖丝绸成衣、丝绸服饰、丝绸家纺产品的生产、使用和废弃处理阶段。丝绸作为“纤维皇后”，其制成品使用周期更长、洗涤次数更少、天然可降解，从“摇篮到坟墓”的研究更具说服力、完整性和科学性。

（2）Higg MSI的评价指标仅包括全球变暖潜值、富营养化、水资源短缺、化石燃料枯竭和化学影响五项指标，应依据欧盟产品环境足迹种类规则（PEFCR），增加评价指标，全面地评估丝绸的资源环境影响。

（3）据相关资料表明，Higg MSI 对丝绸的评分数据来源于 Miguel F. Astudillo 等在《清洁生产》杂志上发表的 *Life cycle assessment of Indian silk* 一文。论文数据收集早于 2013 年，缺乏时效性，且用个别国家和地区的数据来评价丝绸的环境影响，不具有代表性和全面性。据了解，该研究是出于完全不同的目的而开展的，并非用于希格指数。

（4）Higg MSI 没有公开其计算方法，缺乏社会监督，丝绸生产者对其结果更是不得而知，无从溯源。久而久之，加剧了消费者对丝绸的负面看法，同时也让生产者的信心受到重创。

2. 开展全面客观的丝绸产品生命周期评价　2015 年，在巴黎气候变化大会上联合通过了《巴黎协定》。多个国家陆续出台了低碳发展战略，中国于 2020 年提出了“2030 碳达峰、2060 碳中和 ”的目标；英国运用限制和激励两种手段促进温室气体减排，确定低碳电力是低碳发展的核心；法国颁布《控制温室效应国家计划》，明确了减排措施选取和制定原则。

响应全球低碳发展战略，推动丝绸产业健康发展是丝绸学术界、企业界与消费者的共同责任与担当。国际丝绸产业需要一个公开、全面客观的丝绸产品生命周期评价体系，以指导丝绸行业的生产和消费。

（1）依据相关国际标准，确定符合现阶段丝绸生产和消费的评价系统边界，开展从种桑养蚕、生产设计、循环使用到废弃处理的全生命周期环境评价，评价结果应符合 ISO 14040/14044 要求，并公开解释与使用。

（2）评价样本要具有全面性、代表性和准确性，既要包括中国、印度和乌兹别克斯坦等丝绸主要生产国，也应涵盖欧洲、美国的丝绸生产商和消费者，涉及丝绸生产的缫丝、捻线、织造、印染等关键环节，真实反映国际丝绸产业的生产技术和生产条件以及消费者的消费行为和消费习惯。

（3）合理划分产业链，对各阶段进行全面深入的清单分析，逐步完善丝绸产品生命周期评价，让更加公开透明、经得起实践考验的评价体系在丝绸行业中广泛应用，提升丝绸行业的环境责任意识。

（4）积极寻求政策支持，充分发挥行业组织和企业的联动性，确保高质量的、有时效性的产业数据运用在评价体系中，客观地反映丝绸产品的环境表现。推进市场导向的绿色技术创新，规范全球丝绸行业的 LCA 研究，制定丝绸产品种类规则（PCR）、行业标准和可持续指数，引导丝绸企业绿色生产。

（5）积极宣传丝绸的可持续性，培育消费者的绿色价值观与绿色消费习惯，充分发挥媒体平台的宣传功能，让消费者全面认识碳中和、可持续和生态环保，打造绿色丝绸产业发展的需求引擎。

当今服装材料趋于多样化，为了更客观地反映材料的碳中和性和可持续性，希格材料可持续指数作为一种量化评估标准，应不断与时俱进，使其评估更加准确、严谨与完善。我们也应客观公正地判断任何评估工具其评估结果的准确性，服装产业的可持续是一个不断完善的过程，其量化评估工具也是在此过程中逐渐完备的，行业人士应齐心协力，共谋发展，积极推动全面客观的服装材料生命周期评价，让时尚业从材料源头开始，真正实现健康可持续发展。

四、纤维服装材料的可持续性

由纺织品交易所（Textile Exchange）❶ 统计的2020年首选纤维和材料市场报告显示，全球纤维产量在过去20年翻了一番。

2019年度，大约生产了7000万吨合成纤维，这类纤维占全球纤维产量的63%；仅聚酯纤维就占全球纤维总产量的52%左右；就产量而言，棉花是第二重要的纤维，大约有2600万吨，2019年占全球纤维产量的23%。另外，纤维素纤维正在变得越来越重要，2019年，全球产量约为700万吨，约占市场份额的6.4%；聚酰胺纤维（锦纶）是第二大使用最多的合成纤维，2019年约占全球纤维市场的5%，占560万吨；羊毛的市场份额约为1%，全球产量略高于100万吨；其他植物纤维，包括黄麻、亚麻、大麻等，约占市场份额的6%；蚕丝的市场份额不到1%。另外，由图4-12可见，棉花和涤纶产量之和占所有纤维产量的3/4，所有化纤产量之和约占纤维总量的70%。2019年，纤维产量达到1.11亿吨的历史新高，预计到2030年，全球纤维产量可能增长到1.46亿吨。面对如此庞大的纤维产量，每年产生的纺织垃圾也十分惊人。据2019年中国循环经济协会的数据显示，我国每年约有2600万吨旧衣服被扔进垃圾桶，此数据将在2030年后提升至5000万吨。当前大部分的旧衣处理方式是填埋或焚烧，这会造成严重的环境污染，在纺织服装行业布局可持续刻不容缓。

原料准备是纺织产品生命周期的第一步。纺织原料主要有两种来源：天然纤维和人造纤维。从纤维的可持续发展角度出发，专注于零废弃设计的可持续时尚品牌Farrah Floyd的设计师Bojana Drača曾说，“我认为设计师若要打造可持续时装品牌，最重要的是要知道几乎没有东西是完全可持续的。归纳所有现有资讯，并做出一个能降低对人类及环境影响的选择。每个个案都不同，所有纤维都不同，但它们都有或多或少的可持续性，在于你从什么角度去考虑。”

地球上没有百分百可持续的纤维，但也没有完全不可持续的纤维，目前，人们根据可持续发展要求，在纤维领域谋求创新，如ROICA™ V550是常规弹性纱线的可持续替代产品，并由较少水、精练剂、能源和油含量制成。随着对可持续理念的深入理解，人们可以选用更多对环境负面影响较小的纤维。

（一）天然纤维

凡是自然界里原有的或从种植的植物中，饲养的动物和矿岩中直接获取的纤维，统称为天然纤维。矿物纤维主要指各类石棉，因其有害健康，故不建议用作服装材料。天然动物纤维（如羊毛、蚕丝）和天然植物纤维（如棉、麻）是服装中的常用材料，其中，棉花在天然纤维中产量最大。

1. 植物纤维 对于植物纤维来说，重要的是要考虑作物的生长、收获和加工过程是否可持续。尽管植物通常是可再生资源，但它们的生产往往需要大量的水、化学品、能源和长途

---

❶ 纺织品交易所（Textile Exchange）成立于2002年，是一家全球性的非营利性组织，拥有代表纺织业领先品牌、零售商和供应商的375多个会员。该组织致力于通过提供学习机会、工具、洞察力、标准、数据、测量和基准，打造可持续纤维和材料行业的领导者，并建立一个集体能够完成个人或公司无法完成的任务的社区。

运输。农业的工业化还可能对生物多样性产生重大负面影响，因为许多自然栖息地被开垦出来，为耕作腾出空间，不仅破坏了植物，还取代了动物。棉花种植就是一个关于植物纤维可持续探究的典型案例。

（1）棉花。

①棉纤维的可持续性。棉纤维是一种天然可再生的纤维素纤维，且价格低廉，服用可获得性较强；由它制成的织物，柔软亲肤，吸湿透气，在炎热的天气穿着特别舒适；其材料本身完全可生物降解，可以被微生物、光、空气或水自然分解成更简单的物质。此外，棉纤维在肥皂溶液中的高抗张强度使棉质服装易于洗涤，不需要干洗，减少能耗；改性棉花——彩棉的种植与应用减少了染料的总用量（以及相关的污染），因为它无须染色即可使用；棉花的副产品包括棉籽油、棉籽粕（牲畜的蛋白质来源）和棉籽壳，这些产品主要用于喂养牲畜，也可以用于炼油和塑料制造。

②棉纤维的不可持续性。棉纤维作为世界排名第二的常用纤维，在棉花种植生产链中，需要通过播种、生长、采摘收获、轧棉和打包运输等关键工序来提供纺纱用纤维，如图4-6所示。

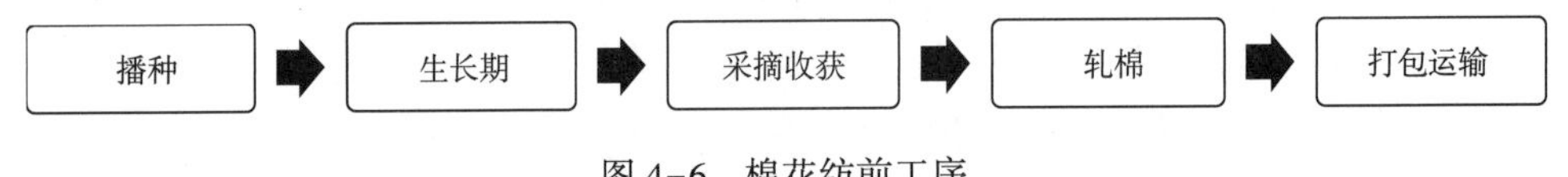

图4-6　棉花纺前工序

在棉花纺前工序中，需要各种物料投入，如水、可再生和不可再生来源的能源、土地、杀虫剂和化肥等。而这些物料都是引起重大环境问题的责任所在。据统计，棉花种植的土地总面积在大约80年里没有明显变化，但在此期间产量增加了两倍。生产力的提高与在棉花上施用了大量化肥和杀虫剂密不可分，由此造成的环境问题也有据可查，包括土壤肥力降低、生物多样性丧失、水污染、与农药有关的问题（包括抗药性）以及与剧毒农药接触有关的严重健康问题。根据环境正义基金会（EJF）的研究，世界2.5%的耕地用于棉花生产，世界上16%的杀虫剂用于作物。据报道，这比其他任何一种主要作物的使用量都要高。世界卫生组织（WHO）将对硫磷、涕灭威和甲胺磷列为对人类健康危害最大的杀虫剂。而这些杀虫剂都是棉花生产中使用最广泛的杀虫剂，可能会污染地下水。大量的合成肥料（通常以氮化合物为基础）也被施用到作物上，可能导致水受到硝酸盐污染，从而加速水生植物和藻类的生长，随后使水脱氧到无法维持动物生命的状态。

棉花种植中的用水量也是其不可持续的原因之一，灌溉棉花作物所消耗的水量因农业实践和气候而异，最高可达每千克棉花3800L。中亚可谓是棉花灌溉效率最低的地区，据估计，由于基础设施差，60%的水在到达油田之前就消失了。此外，这些地区的灌溉技术极其低效，造成了巨大的额外水资源浪费。

此外，棉花种植的其他投入还包括每公斤棉纤维0.3~1kg油（取决于棉花种植的机械化程度），用于运行农业机械和为飞机空中喷洒燃料。如果棉花是机器采摘的，则在收获前定期喷洒落叶剂，以加快这一过程，而且它含有的杂质（种子、泥土和植物残留物）往往比手工采摘的棉花多得多。

③有机棉花。传统棉花种植对环境和人类健康危害致使有机棉得到发展，棉花种植最大的可持续性挑战在于减少农药、肥料和水的使用，并为农民提供更好的信息和条件。有机棉花是在一个不使用合成杀虫剂、化肥、生长调节剂或落叶剂的有机系统中种植，避免使用合成杀虫剂和化肥，而运用自然方法来控制虫害、杂草和疾病。特别注意使用当地适应的品种，通过广泛的作物轮作减少营养损失，以及用机械和手工控制杂草转向有机生产可以大幅降低棉花的毒性（因为使用的化学品很少）。

表 4-1 显示了一种常规种植的棉质 T 恤的生命周期毒性分布。有机生产的结果使棉 T 恤毒性发生了巨大的变化，材料的毒性降为零，产品的总体毒性降低了 93%。

表 4-1 常规种植的棉质 T 恤的生命周期毒性分布

生命周期阶段	总影响占比/%	生命周期阶段	总影响占比/%
原料	93.0	使用	2.5
生产	3.5	处置	0.0
运输	1.0		

许多研究报告称，有机棉花的能耗和二氧化碳排放量低于常规棉花。

能源使用：印度有机棉 12MJ/kg 纤维；美国有机棉 14MJ/kg 纤维；常规棉 55MJ/kg 纤维。

二氧化碳排放量：印度有机棉 3.75kg；美国有机棉 2.35kg；常规棉每吨纺纱纤维二氧化碳排放量 5.89kg。

在增加生物多样性、通过取消密集化肥来减缓气候变化、减少水污染和消耗、保持土壤质量和减少能源需求方面，有机棉均优于常规棉。

同时，有机生产还具有很强的社会因素，包括许多公平贸易和道德生产原则；因此，它不仅可以视为一套农业实践，而且可以视为社会变革的工具。有机运动最初的任务之一是为努力留在土地上的家庭农民创造特色产品，这些农民通过获得产品溢价，可以与大型商业农场竞争。在进一步推动社会变革的同时，有机标准也向业界提出了关于生产的建议。有人认为，仅靠有机种植棉花，然后在传统的污染系统中加工是不够的；有机纺织品标准和认证计划，如全球有机纺织品标准，包括允许的加工化学品清单、染色和染色技术的建议。从生产获得完全认证的有机棉系列的小公司，到像 Levi's 这样在其产品中使用有机棉的全球品牌，不同规模的行业认证都在不断增长。

有机生产虽然有许多优势，但有机生产的生产率通常低于常规生产，最高可达 50%，这引起了业界对有机棉能否真正取代传统种植的棉花的怀疑，因为较低的产量需要更多的土地才能满足需求。

④棉花可持续代替方案。

低化学用量棉纤维。有机栽培方法提供了一种减少棉花生产中化学物质使用的方法，另有其他方法，如病虫害综合治理（IPM）和引进转基因品种（GM）。

低耗水棉纤维。有效的灌溉技术，例如滴灌，据报道与传统灌溉相比可节省高达 30%的用水量。

选用 BCI 棉花、过渡棉花或者再生棉等代替普通种植的棉花。

（2）麻。通常麻纤维包括亚麻、汉麻、黄麻、红麻以及罗布麻等，另外从生产加工工艺的角度来说，竹原纤维也与之类似，此处，以亚麻纤维的可持续评价为例进行此类纤维的分析。

①亚麻纤维的可持续性。亚麻是一种很好的轮作作物，只需要雨水灌溉，生长期用水量小且生长迅速，是一种很好的可再生资源；纯亚麻织物是可生物降解的，可以通过微生物、光线、空气或水在无毒的过程中分解成更简单的物质；亚麻织物具有独特的调温性能，透气凉爽是很好的夏季服用面料。此外，将亚麻加工成纱线在很大程度上是机械化的，对环境的影响最小，因为其过程中不需要任何化学品。

②亚麻纤维的不可持续性。在种植亚麻时使用化学物质确实需要除草剂来控制杂草，而且作为一种纤维素纤维，亚麻还需要一些肥料。合成肥料含有氮盐，会使土壤盐化，从长远来看，会降低土壤的生产力，并可能污染水生生态系统。

纤维通过脱胶提取，化学脱胶过程很快，但废水浓度高，含有丰富的化学物质和生物物质，必须在排放前进行处理；否则可能会损害水生生态系统，并使水体和饮用水水源受损。

染色亚麻纤维的天然颜色是米色，亚麻纱或织物必须用氯漂白，使其足够明亮，氯漂白剂会在废水中形成卤化有机化合物。这些化合物在食物链中生物积累，是已知的致畸物（可导致出生缺陷）和致突变物（可改变遗传物质），疑似人类致癌物（致癌），并造成生殖损害。

麻纤维结晶度、取向度高，大分子链排列整齐、紧密，孔隙小且少，溶胀困难。同时含有一定量的木质素和半纤维素等杂质，染色性能较差，上染率低，色牢度不高，染色始终是麻纤维一个比较麻烦的问题。

由于布料很容易起皱，洗涤后通常需要用力熨烫才能使其变得光滑。按每隔一周花费 15min 熨烫一件衬衫，则每年需要消耗 7. 15 千瓦时的能源，按每千瓦时 11 美分计算，每年大约 79 美分。

③麻纤维的可持续替代方案有露水浸渍亚麻和寻找大麻等替代纤维两种。

2. 动物纤维 对于动物纤维，必须考虑所有植物纤维所述的问题，甚至更多。因为产生纤维的动物以植物为食，所以必须考虑这些食用植物是如何生长的。例如，在评估羊毛的可持续性时，必须考虑畜牧业，因为牧草是绵羊的食物。任何进入动物体内的东西都会被排出体外，因此，任何荷尔蒙、抗生素、塑料和其他药物和化学物质都会随着甲烷的释放回到土壤和水中。

（1）羊毛。

①羊毛纤维的可持续性。羊毛是一种天然可再生且可降解的纤维，且有调节体温的功能，一年四季都可穿着，有些羊毛纤维，比如美利奴羊毛（图 4-14），卷曲程度很高，这样空气就可以填补纤维之间的缝隙，这种空隙在夏天和冬天都充当绝缘层，抵御炎热和寒冷；羊毛可以吸收超过自身重量 35%的水分，不会让人感觉潮湿，如果周围的空气是温暖的，水分干燥的速度会更快。由于蛋白质分子的作用，羊毛可以吸收异味，而且在某种程度上可以自我清洁，因而羊毛服装不需要经常清洗，只需在使用后晾晒即可；羊毛的洗涤通常是在低温下

进行的，这样可以节省能源。

②羊毛纤维的不可持续性。和棉花一样，刚从绵羊身上剃取下来的原毛需经过加工处理才能成为纺纱用纤维，其具体的生产加工流程如图 4-7 所示。

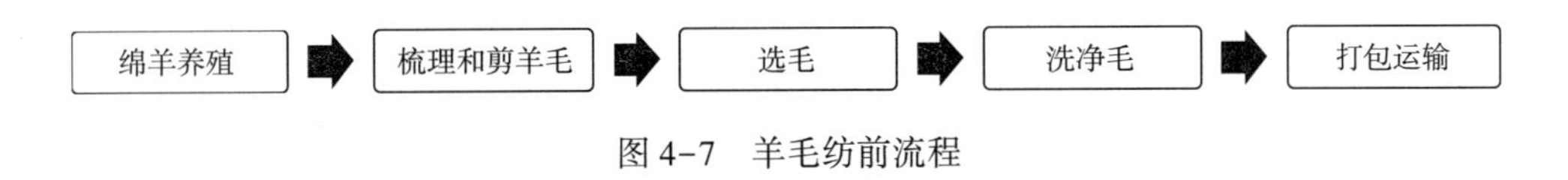

图 4-7 羊毛纺前流程

绵羊养殖中，杀虫剂常被用于毛纤维，尽管每千克毛纤维的施用量比棉花少得多。绵羊需接受注射杀虫剂、浇注制剂或浸泡在杀虫剂浴中以控制寄生虫感染，如果不治疗，可能会对羊群产生严重的影响，但杀虫剂的不当使用及其残留影响，也可能会对农场和后续下游加工中的人类健康和生态系统产生影响。例如，有机磷在英国被广泛用于治疗羊痂，它与人类严重的神经损伤有关。取而代之的是以氯氰菊酯（一种拟除虫菊酯）为基础的浸渍药剂，虽然对农民来说更安全，但也增加了水体污染的发生率，因为它们对水生生物的毒性是有机磷的 1000 倍。

合理放牧有助于生物多样性和土壤改良，羊群过度放牧会破坏牧场生态系统，造成水土流失和河流污染。

牧场经营也会对野生动物产生负面影响，例如，一些牧场有激进的政策来消灭该地区的所有食肉动物，如郊狼和狼，破坏生物多样性。

剪毛是一项人员参与度极高的加工过程，在这一过程中，尤其要关注山羊福利，由于修剪工的培训不合格常会造成羊只本身的割伤或其他伤害，因此，需要提高剪毛工的职业技能。新西兰剪毛工的培训达到了动物福利的最高标准，通常采用戈弗雷・鲍恩（Godfrey Bowen）的剪毛方式，这也是世界上最好的剪毛法之一。这种方式是当剪毛工用手握式电动剃刀进行剪毛时，绵羊处在一个非常放松的位置。再者，在剪羊毛时必须考虑羊只在剪羊毛后的热舒适性，留下足够的羊毛以供保暖或者给山羊披上外套、提供畜舍等。此外，必须确保山羊在剪羊毛后不会晒伤，给山羊留下足够的羊毛来保护皮肤或者确保山羊在重新长毛时始终能够在阴凉处栖息。另外，动物权利组织非常关注的一个问题是割皮防蝇法（mulesing）对绵羊的伤害，在澳大利亚等蝇类猖獗的地区，灭蝇是用来防止苍蝇袭击的，但割皮过程需要切除羔羊臀部的皮肤，且通常不使用止痛药，这会引起羔羊巨大的疼痛。

在许多国家，羊毛被视为羊肉的附带产品，羊毛往往相当粗糙，有许多杂质，既脏又油腻，因此它也是唯一一种需要在生产纱线之前进行湿式清洗的纤维，洗涤会产生悬浮固体含量高、污染指数高的羊毛油脂污泥且洗毛过程需要大量的水和能源投入，羊毛油脂传统上是从洗涤过程中回收用作羊毛脂的，然而，人们发现，即使在经过再加工的油脂中，应用于绵羊的杀虫剂也是持久的。

③有机羊绒。有机羊毛来自用有机饲料饲养的绵羊，这些绵羊在没有经过杀虫剂处理的土地上放牧，也没有浸泡在合成的拟除虫菊酯或有机磷中。只有使用某些注射或浇注制剂来控制绵羊赤霉病，这些制剂将化学品的使用量降至最低，对淡水生态和下游加工的影响降至

最低。

有机羊绒是标准羊绒行业的替代品，为获得有机羊绒的全面认证，产品必须在每个加工步骤进行认证，例如全球有机纺织认证（global organic textile standard，GOTS）。以下是 GOTS 认证过程必须满足的一些标准：

所有有机原材料必须在供应链的所有阶段都清楚地贴上认证的标签，并与其他材料分开保存。

一旦收集到原纤维，就会对加工和制造过程进行监控，以确保所有染料/加工化学品都经过评估，并符合毒性和生物降解性要求。

严禁使用有毒重金属、有毒化学品，如联苯胺、对硫磷、汞、灭双威、任何芳香族溶剂、甲醛、转基因生物及其酶。

针织过程和机油不得含有任何重金属。

在产品生产过程中使用的任何漂白剂都必须是氧基的。严格来说，不使用氯漂白。

严禁任何释放致癌胺化合物的染料。

禁止使用芳香族溶剂的拔染印花方法和使用邻苯二甲酸盐和 PVC 的塑胶印花方法。

所有运营商必须有环境保护章程，包括目标和程序，以最大限度地减少浪费。

包装材料也受到监控，包括纽扣（例如经常使用的椰壳纽扣），包装不能含有 PVC。所有纸板、纸张、标签等必须相应回收或认证。

福尔曼（Fuhrmann）作为阿根廷有机羊毛上衣的顶级制造商和出口商，其农场都是有机的，福尔曼提供的有机羊毛都是经过 GOTS 有机羊毛加工认证的，化学影响低或无化学影响，维护生物多样性且高动物福利标准的羊毛。

④羊毛的可持续代替方案。

选择在具有严格废水处理程序的工厂中精练的羊毛。

如果选择溶剂精练，则确保溶剂的回收和循环。

加强羊毛的回收，使用再生羊毛。

指定有机种植的羊毛。

（2）蚕丝。

①蚕丝的可持续性。丝绸是一种可再生、可降解的天然纤维，可以被微生物、光、空气或水分解成更简单的物质；由于丝是连续的，所以抗拉强度大，丝素纤维截面的三角形结构就像一个折射光线的棱镜，使丝绸具有其高度珍贵的“自然微光”；蚕丝吸水性好，易染色，耗水量小；养蚕（丝）是劳动密集型的，中国的丝绸行业解决大约 100 万人的问题，养蚕为印度 70 万户家庭和泰国 2 万户纺织家庭提供了收入。

②蚕丝的不可持续性。在家蚕养殖场，人们会杀死蚕蛹，防止蚕茧被蛾子弄破一个洞。因为这个孔会把珍贵的长丝变成成千上万的短丝，短丝无法纺纱。

在加工过程中，为软化茧通常将其浸泡在碳酸钠中，为缫丝（从茧中解开长丝）做准备。在织造过程中，丝胶仍在纱线上，充当天然上浆剂。织造后，用碱煮沸织物以除去丝胶，这使收获的丝绸重量减少 20%。通过将丝绸浸透在磷酸锡硅酸盐浴中，重量又有所增加。但这些过程会在水中产生较高的生物负荷，并耗尽水生物种可用的氧气。如果不使用适当的设备，呼吸和皮肤接触锡会对工人的健康产生短期和长期的影响。

在衡量纤维的可持续性效益时，必须考虑到电力和洗涤化学品。由于丝织品十分精致，产品清洁通常采用手洗或干洗；且丝绸容易起皱，这种起皱就需要增加熨烫的频率。另外，轻质丝绸面料（细丝）容易磨损，暴露在阳光和高温下会降解。在洗涤过程中，它们也很容易磨损和扭曲。

③蚕丝的可持续代替方案。代替材料有有机丝绸、Ahimsa[1] 丝绸、公平贸易丝绸和回收丝绸。

（二）化学纤维

凡采用天然的或合成的高聚物，或无机物为原料，经过人工加工制成的纤维状物体，统称为化学纤维。化学纤维又可分为合成纤维、再生纤维和无机纤维三类。无机纤维是以无机物熔融、溶解纺丝或用高聚物纺丝后碳化、烧结成形的纤维，包括岩矿、金属、陶瓷和碳化等纤维，此类纤维多用于产业用或功能性服装，在服装市场上所占比例极小；服用化纤大多为合成纤维和再生纤维，其中聚酯纤维占了服用纤维市场的一半以上。

1. 合成纤维　合成纤维是以有机低分子单体均聚、共聚或聚合物的共混或复合得到的高聚物，经溶液或熔体纺丝而成的纤维。普通的合成纤维主要指六大纶，即涤纶、锦纶、腈纶、丙纶、维纶和氯纶。其中前四位合成纤维在近半个世纪发展为大宗类纤维，以产量排序为涤纶>丙纶>锦纶>腈纶，其中涤纶、锦纶、腈纶主要用作服用纺织原料，丙纶主要用于工业。其他服用纤维还包括氨纶、芳纶等，氨纶细、弹性大，是增加衣着类织物弹性最重要的纤维之一。芳纶强度大，耐热和耐久性好，常用于特殊环境下的工作服和军工用品。

（1）涤纶。涤纶作为全球产量第一的服用纤维，占所有纤维产量的一半以上，如果全球生产的涤纶均实现了闭环可持续发展，那么纤维原料的可持续就成功了大半。涤纶主要是由对苯二甲酸或对苯二甲酸二甲酯与乙二醇缩聚生成聚对苯二甲酸乙二酯制得，故又称聚酯纤维。现今涤纶的种类很多，各种改性涤纶丰富了涤纶的服用性能，在服装市场得到了很好的应用，但其可持续发展也成为业界关注的重点。涤纶加工流程如图 4-8 所示。

图 4-8　涤纶加工流程

①涤纶的可持续性。因为不需要经过天然纤维前期的种植灌溉或者初加工阶段，所以聚酯在耗水量方面比天然纤维有优势。涤纶织物容易获得，坚固，耐大多数化学物质，不容易起皱、发霉、磨损。当涤纶面料用于服装时，经久耐用，优化了服装中蕴含的能量和资源。涤纶对服装的积极作用主要体现在其生命周期的消费者使用阶段，这一阶段占涤纶服装总生态足迹的 50%～80%。涤纶服装通常在冷水中洗涤和滴干，从而最大限度地减少与服装护理相关的水和能源消耗。涤纶可以通过化学回收或物理回收的方式进行二次利用，与从石油中

[1] Ahimsa 丝绸：ahimsa 这个词本身来源梵语，翻译过来就是“无伤害”。Ahimsa 丝绸又称为和平丝、无残忍丝和非暴力丝，是指在不伤害或杀死蚕虫的情况下生产的任何类型的丝。

提取原料并将其转化为纤维相比，化学回收方式所需的能源约减少 80%。

②涤纶的不可持续性。涤纶作为具有代表性的合成纤维，具有合成纤维不可持续的共性。

当今最常用的合成材料都是从原油中提炼出来的。但石油是人们从自然界获取的一种天然的、不可再生的资源，像原油和矿石这样的材料，自然界需要很长时间才能生产出来，需要几百万年甚至数亿年，消耗它们的速度大于其再生产出来的速度；且石油勘探和开采的高昂生态和社会成本以及将石油运输到石油消费大国所需的基础设施等这些都是造成不可持续的原因。又因其材料最终不可生物降解，大量的纺织废品会产生废物管理问题，造成各种环境污染和健康威胁。

此外，合成纤维一般需要经过熔体纺丝或溶液纺丝，其间石油产品不仅被用作原料，其他化石燃料也被转换为燃料提供生产过程中所需的能量。合成纤维在生产阶段需要消耗较多的能源和化学品，聚酯纤维的生产是一个能源密集型过程（每千克纤维消耗能量高达 125MJ），且会产生高水平的温室气体排放并将有毒污染物排放到不同的介质中。来自坦佩雷理工大学（Tampere University of Technology）的 Eija M. Kalliala 和 Pertti Nousiainen，在其 LCA 研究中，列出了聚酯纤维生产的细节。结果表明，1kg 聚酯纤维消耗约 97. 4MJ 能量、17. 2kg 水、2. 31kg 二氧化碳、19. 4g 氮氧化物和 18. 2g 一氧化碳，且有 39. 5g 甲烷和 3. 2g 水排放到空气中。聚酯生产过程中产生的排放物（向空气和水中）包括：重金属钴、锰盐、溴化钠、氧化锑（虽然已知其是一种致癌物，但已获法律许可）和二氧化钛，因而聚酯生产中使用的其他副产品和溶剂需要严格控制，如果排放物处理不当，将会带来严重的环境污染和员工的健康问题。

合成纤维的另一个严重问题是微塑料，这是一种细小的纤维，主要通过洗涤脱落进入水中，然后逐渐进入人们的食物流和空气中，对环境和健康产生影响。为了更好地了解和解决这个问题，已经进行了许多研究，一些暂时的、不完整的解决方案包括 Guppy Friend 洗涤袋，或者开发洗衣机和工业水处理过滤器来捕获超细纤维。

③涤纶的可持续代替方案。

不含钴或锰盐的催化剂制成的面料及那些避免使用锑基催化剂的面料。

指定回收聚酯。

选择纤维替代品，如聚乳酸。

（2）锦纶。锦纶 6 由己内酰胺生产，锦纶 66 由己二酸和己二胺生产。

①锦纶的可持续性。由于其耐用性和耐磨性好，一些锦纶 6 和锦纶 66 产品具有持续使用和穿戴多次的潜力，优化了产品所包含的能源和资源；锦纶 6 和锦纶 66 可机洗，干燥快，形状保持良好，因为它们既不收缩也不拉伸，因此最大限度地减少了与消费者护理和洗涤相关的水和能源的消耗；与聚酯一样，锦纶也可以通过化学分解聚合物的技术进行回收利用。

②锦纶的不可持续性。锦纶（或聚酰胺）不可再生，不可降解，洗涤时会产生微塑料污染。

与聚酯类似，尼龙以石化原料为基础，受到与聚酯相同问题的影响，即与碳化学相关的政治、生态和污染影响。生产过程能耗高，每千克纤维可达到 250 MJ。使用 LCA 软件工具的一些文献甚至报道了更高的能量需求，即 262MJ /kg（相比之下，聚酯每公斤消耗 109MJ，棉花每公斤 50MJ）。

生产尼龙时，会排放一氧化二氮，是一种强有力的温室气体。在尼龙 66 的生命周期结束时，如果燃烧会释放出二噁英、一氧化二氮和氰化氢等有毒气体。

后处理时应用的耐久防水剂（DWR）以实现尼龙 6 和尼龙 66 服装和产品的透气性和防水性。这些防水整理剂和防水膜（附着在织物背面以防止水通过的薄膜或涂层）中通常使用含氟化学品，而全氟辛烷磺酸（PFOS）和全氟辛酸（PFOA）这两种含氟化合物最受关注，因为它们对环境具有持久的生物累积和毒理效应。

③锦纶的可持续代替方案有两种：回收尼龙和选择纤维替代品，如羊毛、聚乳酸。

（3）腈纶。腈纶由 85%以上的丙烯腈和第二、第三单体聚合而成。

①腈纶的可持续性。腈纶由于其保暖性和羊毛般的手感常被选作羊绒羊毛的廉价替代品，并被广泛用于袜子、毛衣、手套和家居等纺织品应用中。由于腈纶纱线和面料的耐用性、优异的日光性和一般的耐磨性，它们具有经久耐用和多次穿戴的潜力，从而优化了服装所包含的能量和资源。腈纶面料是可以机洗的，通常用冷水洗涤并晾干，与羊毛不同，腈纶在洗涤时不会缩水，易护理，能耗小。

②腈纶的不可持续性。尼龙材料不可再生，不可降解，也不容易回收利用（第二、第三单体影响），洗涤时会产生微塑料污染。

据报告显示，生产 1kg 腈纶需要 150～200MJ 的能量，腈纶的生产能耗大约比聚酯高 30%，并且消耗的水要多得多。

腈纶在储存、处理和聚合过程中会释放出对人体健康构成威胁的有毒烟雾，其中包括纤维加工中使用的挥发残留单体、有机溶剂、添加剂和其他有机化合物。以保护人类健康和环境为使命的美国环境保护署（EPA）的研究表明，工人长时间反复吸入少量丙烯腈可能会患上癌症。丙烯腈通过吸入或通过皮肤接触吸收进入人体。

腈纶极易起球，这可能会导致穿着者在短时间内捐赠或处理丙烯酸服装，但大多数人可能不想在旧货店买起球毛衣，又因其不易化学回收，这会增加腈纶的废旧服装数量；为了解决这种自然起球问题，腈纶织物有时会在生产过程中进行化学处理，以降低其起球倾向。如果使用，需要对这些化学物质进行调查，以确保工人和佩戴者的安全。

③腈纶的可持续代替方案有两种：避免用醋酸乙烯酯和溶剂二甲基甲酰胺纺制的腈纶及织物和用羊毛等替代品。

2. 再生纤维　再生纤维是指原来为纤维或能够形成纤维的高聚物经溶解或者熔融后纺丝而成的纤维。根据纤维原料的来源，具体可分为再生纤维素纤维、再生蛋白质纤维、再生甲壳质纤维和再生合成质纤维。值得一提的是，再生合成质纤维是用弃的合成纤维或聚合物经熔融或溶解再纺丝而成的纤维，如再生聚酯、再生聚酰胺等。此类纤维也就是所说的可循环纤维中的可回收纤维，具体内容在可循环纤维中进行阐述。此外，再生纤维素纤维也是服装市场中必不可少的服装材料，再生纤维素纤维（如黏胶）是由化学溶解的天然聚合物形成的，然后挤压成连续的纤维。黏胶纤维素的一个常见来源是快速生长的软木，如山毛榉。当然，其他来源（如竹子）也深受消费者欢迎。制造纤维素纤维的原材料通常被描述为碳中性（植物的生长周期从大气中吸收的二氧化碳与收获时释放的二氧化碳相同）材料。常见的服用再生纤维素纤维有粘胶纤维、天丝、莫代尔等。

（1）黏胶。传统的黏胶人造丝是一种以纤维素为原料，通过化学密集型工艺从纸张、竹子或木浆等来源生产出来的化学纤维。黏胶纤维的加工流程如图 4-9 所示。

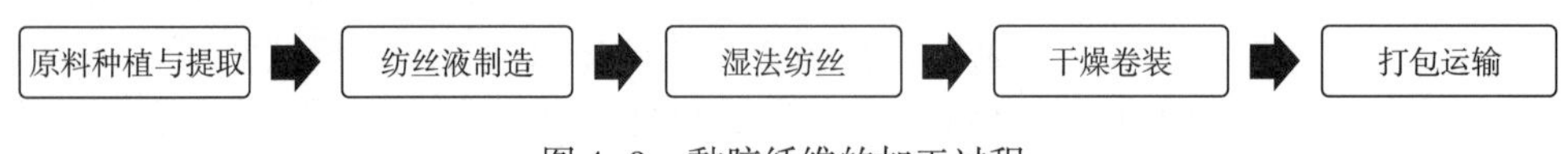

图 4-9　黏胶纤维的加工过程

①黏胶的可持续性。人造丝是最古老的人造纤维。人造丝工艺是在 19 世纪末兴起的，人造丝具有丝绸般的光泽和美感，是丝绸的一种廉价替代品。易于染色，吸水性强，是一种凉爽舒适的纤维。与其他纤维相比，人造丝也相对便宜，经常与其他纤维混纺用来降低成本，或增加光泽、柔软度、吸收性或舒适性。

黏胶纤维素的一个常见来源是快速生长的软木，如云杉、松树、桉树或山毛榉，也有其他来源，如竹子，制造纤维素纤维的原材料通常被描述为碳中性（植物的生长周期从大气中吸收的二氧化碳与收获时释放的二氧化碳相同）。也因其原料为纤维素，从而具有可降解性，但由于其加工过程添加的化学物质，降解会伴随着有毒物质。

②黏胶的不可持续性。黏胶纤维最不可持续的部分在于其高度能源及化学密集的生产过程。因为将树木分解成纸浆需要大量的化学物质和能源。即使这棵树是可持续生长的，它的加工也是不可持续的。与棉花生产相比，黏胶会排放更多的温室气体。黏胶的能源需求高达 100MJ/kg，且生产 1kg 黏胶就需要 640L 水。

此外，在黏胶生产过程中，纤维素首先要经过提纯和漂白，然后浸泡在氢氧化钠中，再用二硫化碳处理后，在硫酸、硫酸钠、硫酸锌和葡萄糖的溶液中纺丝。黏胶的生产废物以硫、氧化亚氮、二硫化碳和硫化氢的形式向外界排放，如果排放到水中会导致水体的高污染；二硫化碳是一种已知的有毒化学物质，会造成人类生殖危害，长期暴露在二硫化碳中会对人类的神经系统造成损害，通过空气和废水排放的二硫化碳会对工厂工人、周围社区和环境造成威胁。而在制造人造丝的过程中，大约一半的二硫化碳溶剂最终进入环境。

黏胶纤维另一不可持续的环节在于其原料的选用，因为黏胶的木材原料可能来自古老和濒危的森林。致力于保护世界森林的组织 Canopy 得出过一些事实：每年有超过 1.5 亿棵树木被砍伐并转化为纤维素纤维，如果将这些树木首尾相连地放置，可绕地球 7 圈。溶解纸浆（黏胶的基础材料）浪费了大约 70%的树木，是一种化学密集型制造工艺。而世界上只有不到 20%的古森林存在在这大片土地上，用以维持生物多样性的完好无损。因此，在纤维素纤维的原料提取中，也要更加注重对森林系统和生物多样性的保护。在竹浆纤维当中，竹子虽然是一种“快速可再生”的资源，但一些种类竹子的生长是具有高度侵入性的，意味着它们抢占了原有自然植被的土地。竹黏胶采用与传统黏胶相同的工艺路线，从竹子中提取的纤维素制成的黏胶的可持续性也受到黏胶本身生产过程和排放污染的影响。另外，有关竹黏胶的抗菌、防紫外线和脱落污垢等方面的性能目前也存在着争议。

③黏胶纤维的可持续代替方案。

a. 选择由可持续管理的森林的木材制成的黏胶。

b. 不含氯漂白剂和硫酸锌的黏胶生产工艺，并且避免使用含有钴或锰的催化剂。

c. 选择具有严格的废水处理程序工厂生产的黏胶。

d. 用莱赛尔（Lyocell）代替黏胶。

（2）天丝。事实上，树木转化为纸浆有更可持续的替代方案，包括无毒溶剂和一些机械分解过程，决定其可持续性的不是纤维的类型，而是制造商。与黏胶工艺类似的纤维都可以用更好的方式生产——没有一种纤维是天生可持续的。

莱赛尔（Lyocell）是一种纤维素纤维，由木浆（通常是桉树）制成，于20世纪80年代发展起来，因为它被称为“一种利用可再生资源作为原料的生态智慧纤维素纤维”。

①莱赛尔（Lyocell）的可持续性。莱赛尔纤维吸湿透气，具有抗皱性和良好的悬垂性、高湿强度和高干强度，使其可作为牛仔应用的优良纤维。

莱赛尔纤维从公认的可持续管理的森林中采购木浆，桉树作为Lyocell纤维的原材料，在没有人工灌溉、基因操作或合成杀虫剂的情况下，在边际土地上快速生长，7年内成熟，且原料具有完全的生物降解性（在通气的堆肥堆中需要6周时间）。

在莱赛尔纤维生产过程中，要将硬木转化为可利用的莱赛尔纤维，纤维素必须与树木中的其他化合物分离，木质材料需要通过密集的化学过程溶解成纸浆，然后挤压形成纤维；莱赛尔纤维用于将纸浆转化为纤维的溶剂是氧化胺（*N*-甲基吗啉-*N*-氧化物/NMMO），被认为是无毒的。

莱赛尔纤维制造过程也是一个闭环系统，其中99.8%的溶剂被回收、过滤和再利用，任何剩余的排放都在生物污水处理厂中进行了无害分解。

莱赛尔纤维的原纤结构使其具有良好的吸色性，可显著减少用水量以及染料和化学品的使用量，同时实现鲜艳的颜色和织物表面的轻微光泽。

莱赛尔纤维吸收并重新引导水分（即汗水），因此可能需要更少的洗涤，从而节省水和能源，并减少重复洗涤时发生的磨损。

②莱赛尔（Lyocell）的不可持续性。目前，TENCEL®莱赛尔唯一不可持续的地方在于所使用的溶剂来自石化产品。然而，这些溶剂正在被回收和重复使用。

（3）莫代尔（Modal）纤维。世界上大多数的莫代尔都来自兰精（Lenzing）。Lenzing Modal®是由Lenzing在奥地利制造的第二代粘胶纤维的注册商标名称，该工厂是一个完全集成的纸浆和纤维生产基地。Lezing Modal®纤维来自PEFC（森林认证认可计划）认证的欧洲森林中的山毛榉。

①莫代尔（Modal）纤维的可持续性。山毛榉是土壤增强剂，自然繁殖，不需要人工灌溉，是奥地利周围地区土生土长的植物。虽然不能完全免疫，但山毛榉对病虫害有天然的抵抗力。

Lezing Modal®的每英亩产量是棉花产量的6倍，其种植所需的水要少得多。

Lezing Modal®纤维生产制造过程无毒，并且在一个95%的产量被回收、过滤和重复利用的系统中运行。

莫代尔纤维的显著特点是其超柔软和高湿强度，莫代尔面料是可以机洗的，可以用冷水洗和晾干，从而最大限度地减少与消费者护理和洗涤相关的水和能源消耗。

Lezing Modal®纤维上色是一种独特的工艺，可解决染色对环境的影响。Lezing Modal®上色是在纤维挤出前直接将彩色颜料添加到纤维中，因此不再需要染色。测试表明，与标准纤维（喷射染色）相比，在加工 Lezing Modal®纤维颜色时，可节省高达 80%的能源和高达 76%的水。

②莫代尔（Modal）纤维的不可持续性。Lezing Modal®纤维上色目前可实现 8 种范围的颜色，更多颜色正在开发中，因而可能需要使用传统的染色方法。

（三）可循环纤维

当前，可持续时尚的流行语是“循环”。这意味着在整个生命周期中不会产生废物；所有材料要么是无限可回收的，要么是可生物降解的。可循环型产品不仅不会产生危害，而且应该在产品的整个生命周期中造福于人和环境。例如，2020 年，作为世界上最大的再生纤维素纤维生产商之一——赛得利（Sateri）推出循环再生纤维品牌 FINEX 纤生代™，并经过“回收声明标准”（Recycled Claimed Standard，RCS）认证，已成功生产出可回收成分比例高达 20%的 FINEX 纤生代™ 纤维，图 4-10 为再生纤维循环过程。

图 4-10　赛得利（Sateri）再生纤维循环过程

1. 可回收纤维　回收是指将产品分解为原材料，以便应用于新产品中的过程。回收材料（如回收聚酯、尼龙、棉花、橡胶等）是指回收标准和认证提倡使用的消费前（也称为后工业）或消费后的废弃材料和产品，如塑料瓶和制造废料。纺织品的回收通常有两类方法，分别为机械回收和化学回收。在荷兰大学的一项研究中发现，以聚酯纤维为例，采购机械或化学回收的聚酯纤维与原始聚酯相比，可减少高达85%的能源消耗，并减少高达76%的全球变暖潜力，2019年，信实工业通过应用DNA科学的特定法医追踪技术，追踪了其R丨Elan织物和GreenGold Recycled回收聚酯。回收纤维为服用纤维来源提供了一种低影响的替代物，可以降低能源、材料和化学物质的消耗，对环境产生积极影响。

（1）机械回收。机械回收是废旧纺织品使用合适的梳理机将任何纤维制成的旧织物撕裂、分解拆成小块，然后通过进一步机械加工扯成可用于再次纺织加工的纤维的过程。机械回收的方法可用于所有纤维。

以这种方式机械扯开织物的效果不仅是拆解了织物结构，还将单根纤维分成更短的长度，当重新纺成新纱线时，会产生蓬松、低质量的纱线和织物。机械回收过程中材料质量有恶化的总体趋势（有时称为下循环），就资源而言，机械回收比原始材料生产节省了大量资金且使用更少的能源，如果将废弃的原材料按颜色分类，然后按特定的颜色分批处理，可以节省染料化学品和水的使用，从而避免了重新染色的需要。天然纤维只能通过机械方式回收，可通过与初生纤维混纺的方式来提高纱线质量。合成纤维既可以通过机械方式回收，也可以通过化学方式进行回收。

（2）化学回收。化学回收是指用化学手段将纺织废品变成有用成分加以利用的回收法，大致上可分为热分解（热解）和解聚成单体两种。化学回收法仅适用于合成纤维。

以聚酯纤维为例，聚酯回收路线是基于聚酯聚合物的化学分解，然后再聚合，生产出比机械方法更纯净、质量更稳定的回收材料，尽管这种方法的能耗更高。回收聚酯纤维（通过两种方法）的重要性正在迅速增长。最近的数据表明，欧洲一半以上的涤纶短纤维是由回收材料制成的。

与聚酯一样，尼龙也可以通过化学分解聚合物的技术进行回收利用。关于回收聚酯和尼龙材料的节能益处的说法十分相似：与从石油中提取原料并将其转化为纤维相比，这两种材料回收方式所需的能源约减少80%。

2. 可降解纤维　可降解纤维指在一定环境条件下，通过物理、化学和生物等方式能实现全部降解的纤维。按降解的外因因素来分，可分为光降解材料、生物降解材料和环境降解材料等，比较而言，生物降解成本低，处理废弃品的量大且效果好。

（1）可生物降解纤维。生物降解材料指能在自然环境下，通过物理、化学和微生物作用等方式最终降解为水、二氧化碳和生物质的材料。生物降解材料根据其合成方式可分为天然高分子材料和合成高分子聚合物材料。天然可降解高分子材料主要包括蛋白质、淀粉、纤维素和多糖类等；合成高分子聚合物是通过化学或生物等技术手段合成的高分子聚合物，可根据具体的需求进行设计合成，是目前研究和应用最广泛的材料之一。服用纤维中，常见的可降解合成高分子材料主要包括聚乳酸（PLA）材料、聚酯类可降解高分子（如PHA、PBS、PCL等）材料。

生物降解作为闭环生产的一部分，在所有领域都变得越来越重要，生物可降解材料的开发似乎对每个工业部门都是可能的，包括纺织业。可生物降解纤维是指在自然界的光、热和微生物的作用下，能自行降解的纤维。天然纤维和大部分纤维素、蛋白质和甲壳质的再生纤维均具有可生物降解的特性，而合成纤维因其是石油化工产品具有不可降解性，引起了业界的广泛关注。目前，可降解脂肪族聚酯纤维具有良好的生物降解性，是当前合成纤维科学研究的热点。

（2）可生物降解合成纤维。2020 年，最受纺织业上下游关注的 Intertextile 中国国际纺织面料及辅料（秋冬）博览会上，多家公司展出了可生物降解涤纶。

Paradise Textile 作为纺织品和服装可生物降解制造领域的领导企业，始终践行环保理念，开发出可降解涤纶 BIOFUZE。BIOFUZE 可降解涤纶是一种使用独特专利工艺生产的涤纶纱，在纺纱中加入活性催化剂促使其降解速度比普通涤纶快 40 倍，该生产流程通过了 Oeko-Tex 认证，符合 GRS 标准，并且可以追溯，以确保 100%的透明度，目前已获得全球专利技术。

基于 Biofuze 生产的服装将在整个生命周期中与普通服装相同，甚至可以像任何其他聚酯服装一样回收利用。此外，BIOFUZE 在使用过程中，绝不会表现出任何程度的生物降解。但当它们接触到在特定环境中的天然微生物，如垃圾填埋场或大片水域，它们就会进行快速的生物降解。唯一留下的副产品是二氧化碳、水和两种清洁能源——甲烷和生物质，如图 4-11 所示为其推出的 BIOFUZE 可降解涤纶服装。

然而中国台湾的南亚塑胶公司提出了不同的涤纶降解方法，推出依靠微生物分解的 100%可降解涤纶——Greenone。据悉，Greenone 为厌氧型生物可降解涤纶丝，掩埋于土壤或在海水中均有良好的分解率。经测试，该纤维废弃后 200 天的分解率为 25%，在海水中浸泡 30 天分解率为 7.6%。

图 4-11　BIOFUZE 可降解涤纶服装

不仅是涤纶，其他合纤，如锦纶、丙纶等材料，也有相关的可降解方面的研究，例如，2016 年，Solvay 集团下属的罗地亚（Rhodia）公司推出了世界首款可生物降解的锦纶 66——Amni Soul Eco，其配方经过改良，使制成的衣服在丢弃后能够在垃圾填埋场被快速分解。只需要大约 3 年就能被土壤所吸收；又如，梁彦等发明了一种纺织品领域的光—生物可降解丙纶，在纤维本体表面均匀涂覆光—生物降解剂微胶囊，在其废弃后，能在阳光和土壤中微生物的作用下降解。

探究合成纤维的可生物降解性是实现合纤循环利用的另一重要途径，未来研发者和企业也将在此领域开拓更多的成果。但这些加催化剂的合成纤维，在行业里仍存在争议，比如，其是不是真的能降解，能不能达到不同国家的标准等问题。

五、非纤维服装材料的可持续性

虽然服装材料中用量最多的是纤维，但非纤维制品服装材料作为服装材料的一部分，在服装整体的可持续发展中也不容忽视。

（一）皮革和毛皮

目前市场上的皮革制品主要有动物皮毛、人造毛皮以及新材料皮革。野生动物皮毛破坏生物多样性、养殖动物皮毛占用过多土地资源，且天然皮革因其在加工过程中必不可少的鞣制阶段而在可持续领域广受诟病；而人造皮革大多采用不可再生资源，加工过程对人体的健康危害更大、资源消耗更多，并且最后的废弃皮革比天然皮革更难降解，因而这两者都不是可持续面料的首选。

针对皮革产业的不环保现状，众多制革企业正致力于探索更可持续的发展方案，将环保理念融入原料开发和生产加工中。例如在材料创新方面，旧金山创新鞋履品牌 Allbirds 与可持续材料科技创业公司（Natural Fiber Welding，NFW）计划合作推出不含塑料的“植物皮革”（the plant leather），使用植物油、天然橡胶和其他天然生物成分制作，减少了 98%的碳排放。它拥有天然着色，也完全可生物降解，用完之后会留下更少的足迹；在加工方面，意大利制革公司 Green Hides 推出的 Ecolife™ 系列，运用了无铬晒黑、无溶剂整理等技术生产环保型无铬皮革，并且做到废水的可回收和净化。

然而，在皮革材料的可追溯性方面，尚未有完备的系统，而且市面上没有成熟的可用于初生皮质认证的可追溯性计划。幸运的是，许多皮革主导品牌和相关组织已经关注到皮革供应链可持续性的重要性，他们在可追溯性方面投入了大量资源，并设定了全面追踪皮革供应链的目标，例如，皮革工作小组作为非营利性组织，自 2005 年成立以来，一直专注于皮革行业的可持续性，旨在提供一套评估皮革制造加工环境性能的总体标准，能更有效地降低皮革行业生产过程中的环境风险。

（二）非纤维制品服装辅料

非纤维制品服装辅料主要包括泡沫、羽毛等填充料，金属等制成的纽扣、拉链和装饰连接件以及皮膜、木质、石材、贝壳、橡胶等一些服装辅料制品。根据服装的可持续设计原则，服装辅料的选用要求主要有以下几点：

（1）辅料本身提取和加工过程环保无污染。

（2）与面料为同一材质或便于分离；

（3）辅料原料本身可回收或可降解。

1. 回收羽绒 传统羽绒的主要问题是对鸟类羽毛进行活摘，这对动物来说是十分残忍和痛苦的，因此我们应选择经过认证的责任羽绒或回收羽绒。

针对羽绒来源的这一不可持续现象，丰岛公司针对 2019 秋冬季推出可持续相关材料中，就有回收羽绒的身影。其推出的再生羽绒“WILL CYCLE DOWN”系列，将新羽毛和回收羽绒作为新的再生羽毛材料，回收率达 10%以上。

国内也一直有做羽绒回收的相关项目，回收率会在羽绒价格高的时候更活跃。其面临的主要难题是从含绒量高的旧羽绒服和羽绒被中更高效地获取羽绒，且回收的羽绒的清洗和消毒也是另一个需要关注的问题。

2. 其他装饰连接件的可持续性 金属、塑料、木材和其他各式各样的材料用来制作许多衣服需要的扣紧材料（拉链、纽扣、扣子等）。这些产品可能本身体积很小，但它们的生产远远不是小规模的，仅限拉链市场每年的销售额为 130 亿美元。因此，促进服装辅料市场的可持续发展也十分重要。

浙江伟星是专业从事纽扣、拉链和金属制品等中高档服饰辅料的研发、制造与销售的股份有限公司，一直坚持可持续发展的核心价值观，在 2015 年通过了全球回收标准（GLOBAL RECYCLED STANDARD，GRS）[1] 认证并在 2018 年推出了环保镀以及环保漆工艺。目前，可持续产品已涵盖纽扣、拉链、金属制品、塑胶制品等四大类产品线。公司部分 ECOLOGY（ECO）产品如下：

（1）回收系列纽扣。通过回收生活废料（塑料瓶、废纸等）、天然废料（秸秆及贝壳等）以及工业废料（边角料）等添加到纽扣中。

（2）回收系列塑胶制品。塑胶制品的边角料同样可以重新造粒回收利用，同时可以添加秸秆木屑以及旧衣物等到塑胶制品中。

（3）可降解类产品。可降解类产品材料的来源主要是植物的淀粉。此类产品在自然条件下，可实现生物降解（根据产品原材料的不同，降解时间会有所不同），如图 4-12 所示。

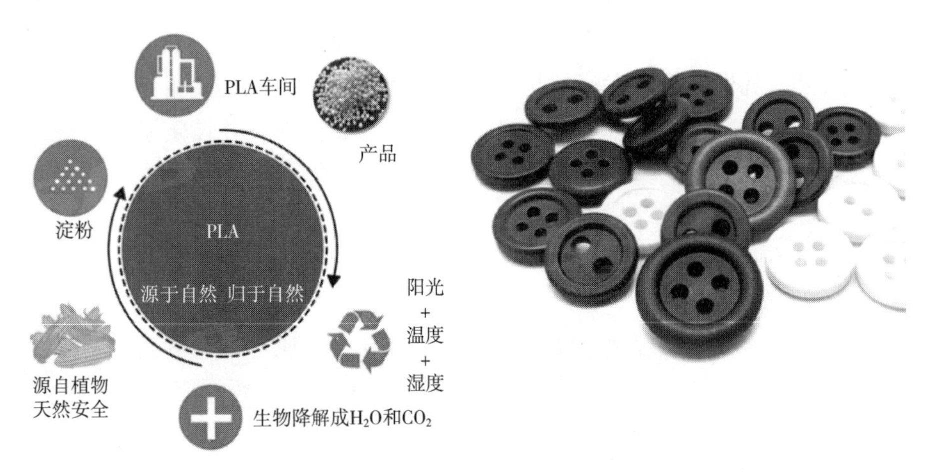

图 4-12 伟星可降解纽扣

（图源：《伟星 2019 年度社会责任报告》）

（三）材料减量化设计

虽然皮革和其他非纺织辅料是常见的服装材料，但其具有可选择性，在服装可持续设计的观点下，可通过材料的减量化设计，减少服装生产制作中对材料的消耗，设计中摒弃一切的多余细节，以 Jil Sander 为例的简约设计已在第三章中给出介绍。

皮革材料因其加工过程的不环保，辅料（若与服装主体面料材质不一致）在后期不利于回收，所以可通过前期的设计阶段尽量避免使用，非纤维制品服装材料不再作为后续内容的讨论主体。

---

[1] 全球回收标准（GLOBAL RECYCLED STANDARD）：是一项自愿的产品标准，用于跟踪和验证最终产品中回收材料的含量。该标准适用于整个供应链，涉及可追溯性、环境原则、社会要求、化学含量和标签。GRS 涵盖所有产品的加工、制造、包装、标签、贸易和分销，这些产品至少使用 20% 的回收材料制成。它还规定了对回收内容、监管链、社会和环境实践以及化学品限制的第三方认证要求。

第二节　纤维加工过程的可持续性

人们通常认为可持续面料是由更可持续的材料制成的，但服装材料并不是直接从外界索取不要加工的原始材料，在成为服用纤维之前，要经历原材料的提取与加工，如棉纤维需要经过棉花种植、采摘、清洁和打包运输才能用于纺制纱线；服用纤维更是要经历纺纱织造或非织造的过程才能成为纤维制品服装面料。因而服装材料的可持续从来不是某一节点的可持续，从原料种植到纱线或织物之间的许多步骤会对人和环境产生重大影响，这个过程称为材料加工。对于大多数时尚材料，纤维被加工并纺成纱线，然后织成布。此间的加工涉及多个阶段，其中许多过程包括水和液体溶液，称为“湿法加工”。所有这些过程都有负面的环境影响，影响的大小取决于加工织物的工厂的效率以及纤维类型，图4-13展示了纤维到织物的加工流程图。

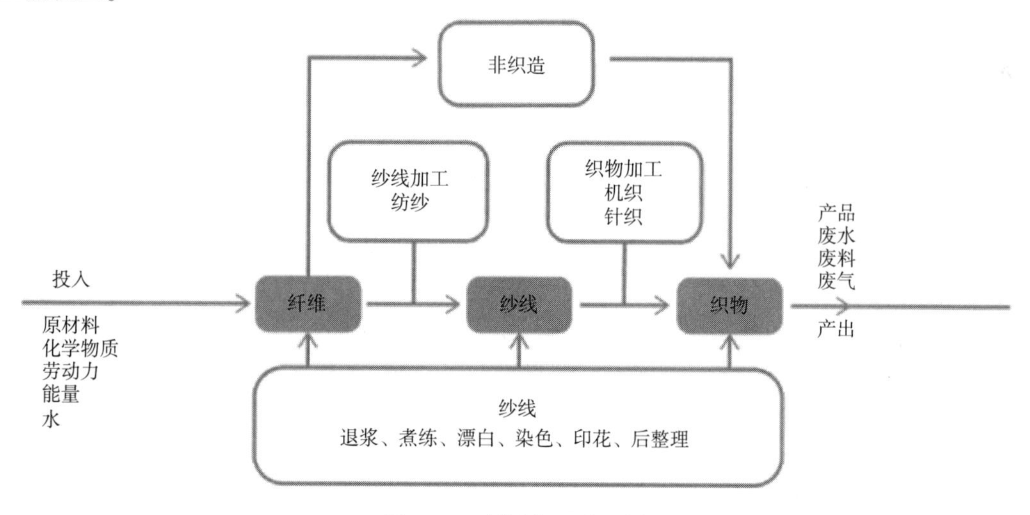

图4-13　纤维加工流程图

一、加工过程的可持续性原则

想要根据纤维类型，选择影响最小的加工方案，可通过强调最小化和最优化原则以及遵循以下简单指南来减少对环境的影响：

（1）选择“清洁”加工化学品（例如，根据将整个生命周期的风险降至最低来选择化学品）。

（2）最大限度地减少加工消耗品（例如，为化学品引入自动配料和分配系统）。

（3）减少能源和水的消耗（例如，合理安排工厂照明亮度）。

（4）选择“清洁”生产技术（例如，回收废料，重复使用）。

（5）尽量减少加工步骤的数量（例如，将退浆、精练和漂白三个加工阶段合并为一个工序）。

（6）减少废物产生，谨慎管理废物流。

同时要想实现加工过程的可持续，不应该只考虑水、能源、空气和废物等因素对环境带来的影响，还需考虑加工过程中人——这一基本要素。我们要注重劳动者素质技能的提升以及相关权益的保障。国际劳工组织（ILO）和联合国《世界人权宣言》确立了国际公认的准则。其劳工权利包括：

（1）自由选择就业。

（2）支付生活工资。

（3）有保障的就业。

（4）安全和健康的工作条件。

（5）工作时间不过长且加班是自愿的。

（6）免受性骚扰、歧视、言语或身体虐待。

（7）通过结社自由、加入贸易组织、集体谈判，工人能够表达自己的意见，捍卫和改善自己的劳动权利。

另外，童工经常被认为是时尚行业中最严重的人权侵犯，但实际情况较为复杂；且如今随着信息快速更迭、机械设备的智能化更新，企业对员工的素质技能教育也应有所考虑。

二、织造过程中的节能减排

（一）纱线加工

用纤维加工而成的单轴向连续细长体称为纱线。因其成形方式不同，通常分为纱、丝、线三大类。其中包含的主要两种纱线加工方法为纺纱和纺丝。

1. 纺纱　纺纱实际上是使纤维由杂乱无章的状态变为按纵向有序排列的加工过程。纺纱用的纤维原料主要有天然纤维和化学纤维两大类，常用的有棉花、绵羊毛、特种动物纤维、蚕丝、苎麻、亚麻、黄麻等天然纤维及棉型、毛型的常规化学纤维。因各纤维种类不同，特性不同，纺纱性能差异大，难以采取统一的加工方法进行纺纱，经长期实践，形成了棉纺、毛纺、绢纺、麻纺等专门的纺纱系统。以棉纤维为例，纺纱的过程是把棉花纺成纱，一般要经过清花、梳棉、并条、粗纱、细纱等主要工序，如图4-14所示。用于高档产品的纱和线还需要增加精梳工序。

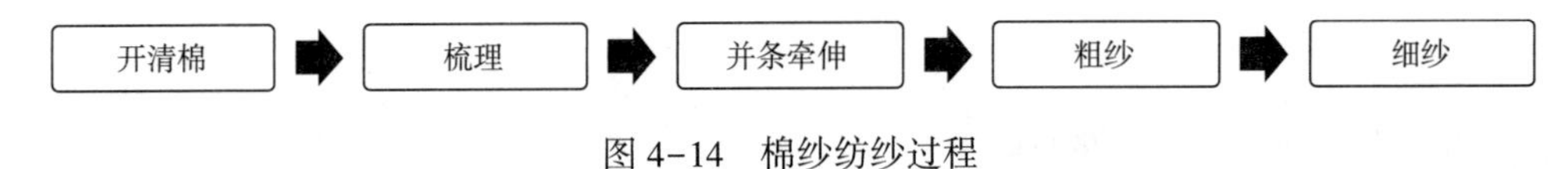

图4-14　棉纱纺纱过程

另外，生产不同要求的棉纱，要采取不同的加工程序，如纺纯棉纱和涤棉混纺纱，由于使用的原料不同，各种原料所具有的物理性能不同，以及产品质量要求不同，在加工时需采用不同的生产流程。纺纱技术发展至今，又可依据对纤维须条有无握持作用分为非自由端纺纱，如转杯（气流）纺、涡流纺、静电纺、摩擦（尘笼）纺等；自由端纺纱，如自捻纺、喷气纺、平行纺、包缠纺、黏合纺等。

（1）纺纱过程中对环境的影响因素。不同的纤维需要特定的纺纱系统，不同的纺纱系统之间的能耗受许多因素影响，其中也包括地理和技术因素。但无论使用哪种系统和技术，都必须考虑到以下细节对环境的影响：

①从农场到初加工工厂再到纺纱厂的运输。

②不同纺纱部门之间内部运输的类型和距离。

③各种过程中的能源使用和来源。

④使用的消耗品清单，如润滑剂、包装材料及其处理。

⑤产生的纤维废物数量及其处置，使用的化学品及其处置。

⑥产生的灰尘、短纤维和噪声。

⑦加湿系统的要求。

⑧生产配件库存，如塑料环管、粗纱管、梳理机和并条机及其处理。

棉纺过程中产生的灰尘、微粒、固体废物和噪声会对环境产生重大影响。羊毛纺纱中产生的挥发性物质、酸性烟雾和废水，如高固体、生化需氧量和化学需氧量，也对环境构成威胁。

（2）不同的纺纱技术之间的能耗对比。纺纱技术和设备不同，能量消耗不同。表 4-2 描述了具有环锭纺纱系统和自由端纺纱系统的典型纺纱设备，以说明各纺纱过程的功率消耗。

表 4-2 各纺纱过程功率消耗

工艺流程	开清棉	梳棉	并条	精梳	粗纱	环锭纺纱	自由端纺纱	络筒
功率消耗/%	11	12	5	1	7	37	20	7

据估算，在一个典型的纺纱厂，78%的能源被机器消耗，3%的能源被照明，3%的能源被压缩机消耗，16%的能源被增湿设备消耗。另外，纺制针织纱和机织纱的能耗是不同的。机织纱线需要更多的加捻，因此生产速度比针织纱线慢。更细的纱线消耗更多的能量，因为涉及额外的工序，所以精梳纱线比粗梳纱线需要更多的能量。

乌库罗娃大学（Çukurova University）的 Erdem Koç 和 Emel Kaplan 曾计算了针织和织造用的不同细度的粗梳纱和精梳纱的能耗。以 37tex 粗梳纱为例，针织能耗为 1.34kW · h/kg，织造能耗为 1.62kW · h/kg。相同细度的精梳纱的针织用电量为 1.38kW · h/kg，织造用电量为 1.63kW · h/kg。

此外，棉纺过程中产生的灰尘、微粒、固体废物和噪声会对环境产生重大影响。羊毛纺纱中产生的挥发性物质、酸性烟雾和废水，也会对环境构成威胁。

2. 纺丝 化学纤维的成型通称为纺丝。化学纤维种类繁多，各种纺丝流程虽有不同，但都可归纳为以下四个过程（图 4-15）。

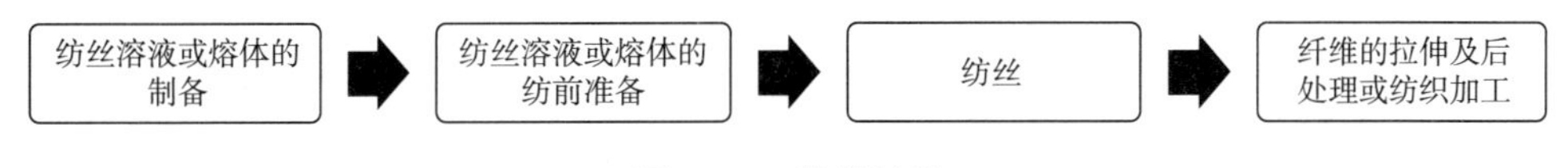

图 4-15 纺丝过程

根据成纤聚合物的性质和所纺制的纤维性能要求，化学纤维的纺丝方法有很多种，其主要分类如下所示。

纺丝过程的步骤较纺纱少，一般认为其纺丝工艺过程的能耗比纺纱低。

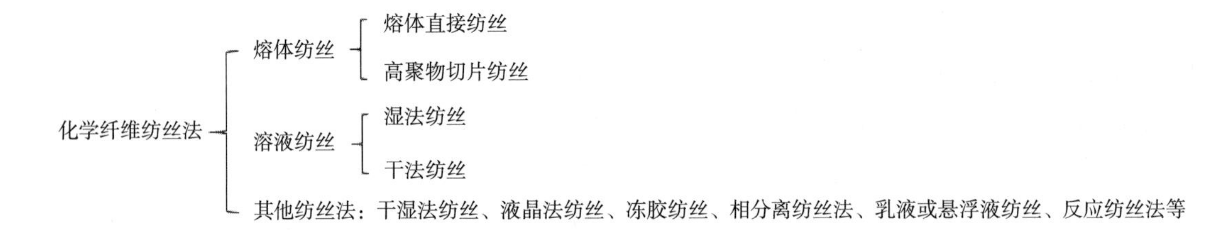

（二）织物加工

所谓织物，是通过编、结、纤维纠缠或黏结形成的片状（二维）纤维集合或复合体。织物加工过程分为织造和非织造两类。

1. 织造 织造是机器带动纱线有规律地弯曲环绕、交叉绕结，形成有稳定结构的片块状物的过程。根据织造机器和成布原理的不同可以分为梭织（又称机织）和针织。机织物是由相互正交的一组经纱和一组纬纱在织机上按其规律经纬起伏交叠织成的织物，形成机织物的主要工艺流程包括络筒、整经、浆纱、穿结经和织造；针织物是由一组或多组纱线在针织机上按一定规律彼此相互串套成圈连接而成的织物，分为经编和纬编，市面上的服用针织物多为纬编针织物。纬编针织物的工艺流程较短，络纱后上架就可以进行编织。

（1）针织过程的能耗及排放。针织是一个相对简单的过程，使用一台机器将纱线转制成坯布（除了经编，整经是一个额外的过程）。噪声和固体废物是针织行业的主要环境问题。数量有限的研究涉及针织T恤生产中的能源消耗和碳排放。2009年报告的一项研究显示，生产一件重0.25kg的T恤需要2.56MJ的能源，并释放0.16kg二氧化碳、0.46g颗粒物、0.96g氮氧化物和0.99g二氧化硫。

（2）机织过程的能耗及能耗排放。由于所涉及的工艺和机器数量的增加，与织造相关的环境问题比针织引起的环境问题更大。在织造过程中，浆料用于润滑经纱，随后在退浆过程中从织物上去除。该工艺中使用的试剂由合成聚合物或多糖制成，导致废水的化学需氧量增加。针织行业一样，机织行业缺乏生命周期评估研究。环境资源管理对聚乳酸（PLA）产品的研究表明，整个织造过程每千克产品消耗12.60kW·h的提取能量（卷绕1.19kW·h/kg，整经3.80kW·h/kg，织造7.6kW·h/kg）。

2. 非织造 非织造材料是指定向或随机排列的纤维通过摩擦、抱合、黏合，或者这些方法的组合而相互结合制成的片状物、纤网或絮垫，不包含纸、机织物、针织物、簇绒织物以及湿法缩绒的毡制品。非织造一般可分为纤维原料选择、成网、纤网加固和后整理四个过程。纤网加固工艺有三类，分别为机械加固、化学黏合和热黏合工艺。

非织造材料的加工过程不同于常规纺织品加工，从纤维阶段直接到织物生产。非织造材料制造工艺主要包括网的形成和冷凝，然后是黏合工艺。挥发性有机化合物、颗粒物和由纤维废料和织物废料组成的固体废物是主要的环境问题。Abena发布的一份尿失禁护理产品生命周期评估报告称，生产1000kg非织造布需要611m^3的水和111.7MJ的能量。研究还发现，生产1000kg非织造布的过程向空气和水排放了一系列废气废水，包括2.9kg二氧化碳、8.2kg甲烷、17.1kg二氧化硫和14.1kg氮氧化物。然而，非织造布行业的环境影响或生命周期评估研究仍处于早期阶段，可供讨论的研究很少。

（三）染整加工

染整加工始终贯穿于纤维加工工艺过程中，根据最终织物需求，进行必要的染色和后整理，染色过程可发生在纤维、纱线、织物甚至成衣阶段，具体的染整过程的可持续发展由本章第四节叙述。

（四）纤维加工过程中的节能减排措施

1. 节水措施

（1）维护和更换水流管道设备，适当使用喷洒方式，避免水资源浪费。

（2）再回收利用水资源，如回收工序冷却水，工艺洗涤水再利用。

（3）安装自动控水设备，如安装触发喷嘴，在储水罐上安装自动液位控制开关等。

（4）少用化学品，减少水洗中和过程。

（5）适当采用干洗或保持干燥状态做清洁，如采用干洗方法清洁化学品污染的地板，干燥状态下清理锅炉灰等。

2. 节能措施

（1）节约电能，改善加工设备和环境，如电动机换为节能电动机或选择节能织造机、优化工厂的照明度等。

（2）提高加工效率，如使用高速梳棉机，提高织机利用率等。

（3）回收利用热能，如利用发电机、燃油加热器废气进行工艺预热。

（4）不可再生能源，如柴油、润滑油的节约使用或采用新能源，如用节能纺锭油会比使用传统的油要节能3%。

3. 减排措施

（1）监控优化化学品消耗量，并适当回收利用化学品。

（2）固体废物的回收利用，如纺织废料的回收再加工。

（3）减少废水、废气排放或实现过滤净化排放。

第三节 染整过程的可持续性

染整指对纺织材料（纤维、纱线和织物）进行以化学处理为主的工艺过程，现代也通称为印染。染整同纺纱、机织或针织生产一起，形成纺织品生产的全过程。染整包括前处理、染色、印花和整理四个过程。多年来，纺织染整加工废弃物和废水污染，经过以末端治理为主的实践有较好的效果，但单一的末端治理不仅成为经济发展的沉重负担，而且越来越不能有效解决环境污染问题。于是发达国家率先提出了一种促进经济与环境协调发展的新方法——清洁生产。

印染行业的“清洁生产”主要指应用无污染或少污染的化学品和应用代替技术的工艺。其具有以下特点：

（1）排出的三废少，特别是废水少，甚至无三废排放；排放的三废毒性低，对环境污染轻或易于净化。

（2）所用原材料无害或低害。

（3）操作条件安全或劳动保护容易、无危险性。

（4）环境资源消费少或易于回收利用。

（5）加工成本低，加工质量和加工效率高。

染整过程作为典型的“湿加工”过程，在纤维加工过程中所投入的化学用剂以及产生的能耗都非常大，总体来说，其对纤维制品的可持续性影响可分为两部分：一是投入化学剂的环保问题；二是染整过程的节能减排问题。

一、前处理

前处理是纺织品整个染整加工的第一道工序。前处理的目的是去除纤维上所含有的天然杂质以及在纺织品加工中所施加的浆料和沾上的油污等，使织物洁白、柔软具有良好的渗透性。以棉的前处理为例，前处理过程包括原布准备、烧毛、退浆、煮练、漂白、开幅、轧水、烘干和丝光工序，以除去纤维中的果胶蜡质、棉籽壳等杂质，提高外观质量。

（一）环保前处理技术

1. 环保型退浆技术 近年来，有研究人员开展有关经纱在超临界二氧化碳流体中上浆和退浆的研究。这个工艺基于二氧化碳在超临界状态下可以代替传统的上浆和退浆加工中所用的水，恢复到常压时，超临界二氧化碳立即汽化，这样用于织物干燥消耗的能量很小，同时浆料和二氧化碳几乎能全部回收再利用，大幅降低了废水的排放量。该工艺主要用于涤棉混纺纱的 PVA 和聚丙烯酸类浆料，不能用于淀粉浆料。

2. 低温练漂 传统的棉织物练漂主要是通过烧碱对棉纤维中的果胶和蜡质进行皂化水解作用，以达到去除这些杂质的目的。低温练漂是利用双氧水在低温下分解有效成分，去除纤维的共生物、色素及浆料等。在低温条件下，双氧水一般不会对棉纤维共生物和浆料产生作用，但在有低温练漂剂的存在下，就有可能进行低温练漂。调整低温练漂剂的部分组分，通过相互协同作用可提高整体反应效果，缩短低温练漂中织物的堆置时间。低温练漂处理后，不仅织物的白度好，而且对织物没有强力损伤。与传统工艺相比，可节约蒸汽 60%，加工成本可降低 10%。

3. 气相漂白 “气相漂白”新技术，其机理是空气中的氧气经过高压放电装置被激化为臭氧，臭氧引入被漂织物容器中分解为氧气和新生态氧，依靠新生态氧对织物色素的氧化作用达到漂白目的。“气相氧漂”在干态中进行，在不用水的情况下，达到了“零排放”，未作用完的臭氧经尾气处理后还原为氧气，回归大气中，对环境无污染。

（二）短流程前处理工艺

1. 缩短前处理方法 缩短前处理工艺流程一般采用两种方法：一种是将传统的退、煮和漂合为一步，称为一浴一步法；另一种是织物经退浆后，将煮和漂合为一步，称为二浴一步法。二浴一步法工艺相对比较容易控制，但必须注意，在这之前应选用棉籽壳少、退浆充分的半制品，否则难以取得良好的效果。水洗一般采用高效率水洗设备，可达到一次洗净效果。

2. 短流程前处理设备 短流程前处理的设备较多，这边介绍两种常用的设备。

（1）Ben-ninger 公司的 Ben-Bleach 系统。该系统有 Ben-Injecta 退浆部分。退浆时无须

预先使浆溶胀，而是使用强力的蒸汽和水的喷射除去浆料。其他的组合部分有浸轧加工液的Ben-Im-pacta、联合蒸箱Ben-Steam及垂直式的Ben-Extracta水洗装置。

（2）Ramish Kleinwefers公司的Raco-Yet系统。该系统将退浆、煮练、漂白结合操作。这系统主体部分包括给液装置、储存反应单元及后水洗机械。类似的系统还有Brugman公司的Brubo-matic系统。其主要单元是Brubo-Sat，这部分包含加工液的给液装置、计量进料系统及蒸箱。

3. 短流程前处理意义 高效短流程前处理工艺采取冷轧堆技术和退煮漂一浴法技术，全部使用符合环保要求的绿色助剂，工艺流程短，效率高，耗能低，排污少。短流程浴法与常规的退、煮、漂三步法相比，可节约水电气能耗30%~50%，减少污水排放和提高生产效率。

二、染色

纺织品染色是将染料或颜料施加到诸如纤维、纱线和织物之类的纺织材料上，目的是通过物理或化学作用获得具有所需色牢度的颜色。纺织品染色应能合理地选择和使用染料，正确地选择染色工艺进行染色加工，以获得高质量的染色产品。根据染色方式不同，可分为浸染和浸轧两种；按染色对象不同，可分为散纤维染色、纱线染色、匹染、成衣染色。

（一）染色过程中的环境问题及措施

在染色过程中，染浴中除含有染料外，还含有辅助加工的化学品。这些化学物质随染料和机器的不同而变化，同样也因溶液比例（水与化学物质的比例）、水温和染色时间而不同。因此，每千克纺织品的实际染料消耗量在2~80g之间，根据颜色深度的不同，平均用量约为20g/kg。染色后，纱线或织物需要密集洗涤，以去除任何已染色的染料之外的辅助化学物质。染色过程在水、能源和化学品方面是资源密集型的，产生的废水通常是高度着色的，染料最有可能是锌、铜和铬等主要金属污染物的来源。在工作条件恶劣、环保措施较少的国家，印染会对人类健康构成严重威胁。

要减少染色过程中的环境污染，要从以下三个方面做起：

（1）选用环保型染料，提高染料的上染率与固色率。

（2）采用染色新工艺，缩短流程，采用高效小浴比染色，减少化学助剂用量，减少废水量。

（3）采用新型染整设备，降低能耗。

（二）染料的环保性

1. 天然染料 天然染料指从植物、动物或矿岩资源中获得的、不经过人工合成，很少或没有经过化学加工的染料，一般可以自然降解，大部分无毒性和副作用，不污染环境。天然染料（天然色素）的主要来源是植物的根、茎、叶、花、果，动物或天然彩色矿石。据估计，天然染料占全球染料总用量的10%。但目前天然染料的用量仅占合成染料用量的1%。

（1）天然染料的分类。天然染料的分类方法有很多种，按溶解性、化学结构及来源等都可进行分类。若按照其来源分类，可分为植物天然染料、矿物天然染料和其他天然染料。植物染料再往下可根据植物的名称分类，如苏木、蓝草、紫甘蓝、郁金等。植物染料中所选用的一般都是色素含量高、纤维相对较长、药用价值较高的植物，植物染料不仅使染整加工过程环保，还赋予纺织品抗菌、消炎等保健功能。矿物天然染料所选用的有色矿石其主要化学成分含量为：SiO_2 37.66%、Al_2O_3 30.63%、TiO_2 2.8%、Fe_2O_3 3.41%、FeO 14.57%、MnO_2 0.12%。随成分的不同呈现棕红色、淡绿色、灰色、黄色、白色，经粉碎拼混后可达20余个色谱。其他天然染料包括微生物色素、红曲米色素和玉米黄色素等。

（2）天然染料的可持续性评价。天然染色的特点在于自然资源的永续利用，有助于促进和增强生物多样性和生物循环，可以避免化学染料的严重污染问题。且可用作染料的植物多具有药用价值，对人体的健康有益，采用天然染料有望形成生态染色。但目前天然染料还存在一些亟待解决的问题。

首先，天然染料在自然界中发现的染料浓度往往极低，它们需要大量材料才能生产少量染料，若实现量产，必定会存在需要大量开采矿物或采摘砍伐植物，甚至猎取动物的现象，这违背了用天然染料染色以保护生态的初衷。其次，与合成染料相比，天然染料的色谱不全，且会因为染料工厂的不同产地产生色调差异；它们需要更长、更慢的染色处理才能获得良好的颜色，尤其对于植物纤维来说，这一特点使染色过程比用合成染料染色成本更高。另外，天然染料只适用于天然纤维着色，而且在大多数情况下对纤维没有内在的亲和力，因此需要使用增稠剂（媒染剂）。媒染剂的范围从重金属（包括铬和锡）到酵母和尿液，除染料外，其他染整加工用的化学助剂对人体和环境也有不同程度的危害。况且，目前的天然染料技术虽在小规模或专业生产中具有很好的效果和质量，但要使天然染料工艺扩大到为工业所接受，将需要持续的研究和开发，以解决诸如不溶于水的天然染料材料（通常是粉末状或碎片状）这样的困难，这种材料比固体和水溶性合成染料使用起来要难得多。

因而天然染料看似具有可持续性，但实际生产中，仍需要做出进一步考虑和改善。

2. 环保型合成染料 针对天然染料的一些尚未解决的现实问题，人们再次将目光投向合成染料，尝试开发环保型的合成染料。

（1）环保型合成染料的性能要求。如何判断合成染料的环保性，其应当满足以下几点要求。

①不含致癌物质。

②不使人体产生过敏作用。

③不含有环境荷尔蒙（或环境激素）。

④对重金属的品种和含量有严格的限制。

⑤不含对环境有污染的化学物质。

⑥对甲醛的含量有严格限制。

（2）环保型合成染料的开发。按照以上几点要求，研发者开发了一系列环保型合成染料。如在活性染料领域，我国就开发出了不少新型环保染料，如EF系列活性染料、ME系列活性染料等；在分散染料领域，Ciba公司在近两年开发的Terasil WW型染料是一类具有邻苯二甲酰亚胺偶氮结构的新型分散染料，它在聚酯纤维及其混纺织物上具有很好的耐热迁移牢度和极佳的洗涤牢度，能提高蓝色、海军蓝色、黑色和蓝光红色分散染料的耐还原能力，克服了大多数传统的红玉色和红色分散染料对pH敏感的问题。

随时间的推移，人们对环保型材料的认识还将继续深化，促使染料行业积极开展染料的毒理学和生态学等方面的研究工作，不断开发出更具有环保价值的染料。

（三）新型染色技术——超临界二氧化碳流体染色

根据统计，印染加工的织物与排放的废水重量比高达1∶（120~150），全国印染废水排放量估计全年为16亿吨。非水和无水染色是减少染色废水的一种重要途径。应用超临界二氧化碳流体作为染色介质，溶解染料并吸附到纤维上的全新染色法，染色不用水，而且使染料转移到纤维上的能力远远超过水，减少了染色时间，完全不使用助剂，避免大量废水给环保带来的能源和环境污染问题，是摆脱了排水、排气、废弃问题的环境友好型染色法。

1. 超临界CO_2流体染色原理 超临界CO_2流体染色原理如图4-16所示，是通过加压和预热系统将CO_2加热加压至超临界流体状态，由循环泵将溶有染料的超临界CO_2输送到染料容器，在染料容器和染色罐之间进行循环，并周期性地穿过被染织物，完成染料对织物的上染过程。染色完毕卸压后，未上染的染料与纤维分离形成粉状，经回收系统回收后再重复利用。染色的条件是：温度80~160℃，压力20~30MPa，时间5~20min。

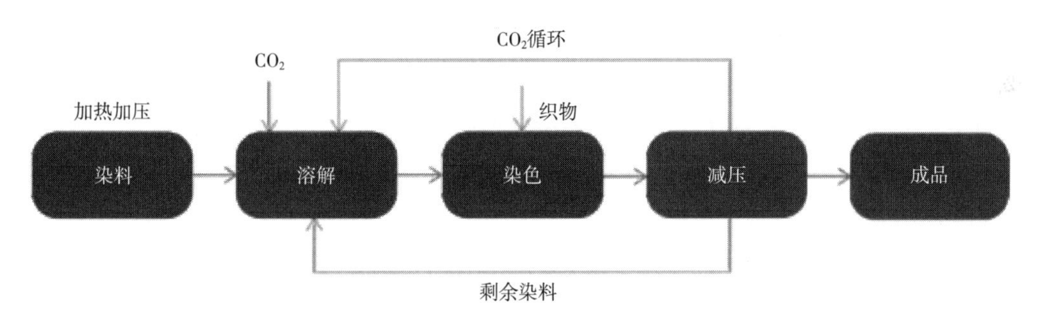

图4-16 超临界CO_2流体染色原理

2. 超临界CO_2流体染色特点

（1）超临界状态的CO_2具有很高的表面张力以及低黏度和较高的扩展系数，具有对分散染料的易溶性。

（2）上染时间短，在130℃，24MPa的条件下，10min即可完成上染过程。

（3）匀染性、透染性和染色重现性好。

（4）染色不用水，不排放废水，既可以省去大量的工业用水，也从源头上杜绝了废水的产生。

（5）染色过程无须借助任何助剂，省去传统有水染色后的烘干，缩短了工艺流程，节省能耗。

（6）可适用于一些较难染色的，如丙纶、芳纶等合成纤维的染色。

（7）染色完毕后未上染的染料可以重复使用，CO_2本身无毒、不燃，对环境无害，可重复使用。

3. 超临界CO_2流体染色存在的问题 超临界CO_2染色技术尽管有许多优点，但还存在一些尚未解决的问题。要实现工业化生产，还需要对染料、织物纤维材料和工艺设备进行深入研究和实验。目前主要存在以下一些问题：

（1）超临界 CO_2 染色设备属于高压容器，制造成本很高，对使用安全有较高的要求。为了提高匀染性，须增加高流量循环系统，对循环泵的特性和密封具有较高要求，设计和制造具有较大的难度。

（2）染色前对染色设备中残留染料的清洗困难，需要染色后的自动清洗系统。

（3）适用的染料品种较少，尤其是混拼染料，需要研究专用染料。

（4）超临界 CO_2 一般适用于非离子染料对疏水性纤维的染色，对未改性的棉、毛纤维等天然纤维还无法进行染色。

（5）还没有真正搞清楚染料、织物和超临界 CO_2 流体的分配系数，缺乏超临界 CO_2 中染料溶解度的实验数据，对染料溶解的动力学及热力学还不能通过实验加以证明。没有获得超临界状态下的平衡和传递数据。

（6）其本质还是色母粒染色，与材料品牌 e-dye、spindye 推出的减少用水的染色方式原理一致，但是色母粒本身的可持续性依旧是值得考虑的问题。

三、印花

纺织品印花是指将各种染料或颜料调制成印花色浆，局部施加在纺织品上，使之获得各色花纹图案的加工过程。印花主要包括图案设计、晒网制版、色浆调制、印制花纹、后处理等几个工序。印花色浆一般是由染料或颜料、糊料、助溶剂、吸湿剂和其他助剂等组成。

（一）印花工艺及印花方法的分类

1. 印花工艺分类 印花工艺可分为四类，其具体分类如下所示。

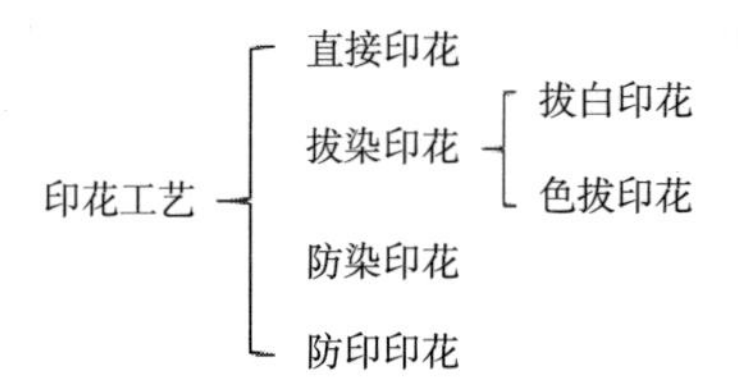

2. 印花方法分类 印花方法有三大类，其具体分类如下所示。

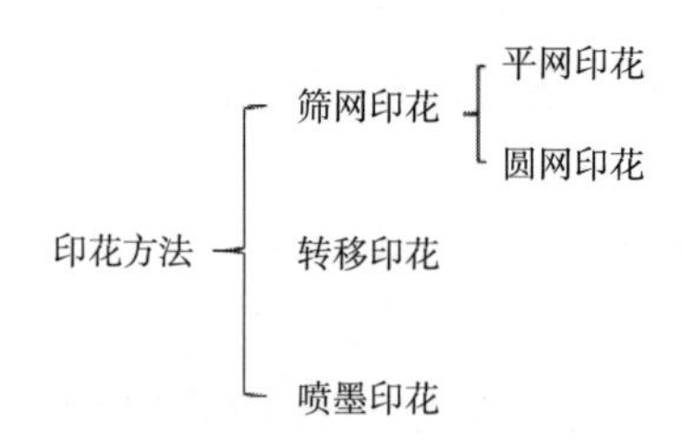

（二）环保印花技术

1. 数码喷墨印花

（1）数码喷墨印花原理。喷墨印刷原理通常分为选择性偏移带电液滴（即连续产生液滴）和按需液滴两种类型，其中按需液滴又可根据喷射油墨微滴的脉冲方式分为多种类型。在数码喷墨印花过程中，首先是将设计图稿进行扫描输入，图案经过应用图形或印花分色和设计软件处理后，再通过喷印控制软件将数字化信息传输到数码喷印机喷射出图案。

（2）数码喷墨印花特点。

①灵活方便的图案设计，数码喷墨印花的图案设计不受颜色数目或网版配套误差的限制，可表现1600万种颜色。

②工艺的重现性，印花过程中需要的数据资料和工艺方案都储存在计算机之中，以保证工艺重现。

③加工成本低，小批量式样灵活，可节省筛网制作的成本。

④工艺流程短，与传统印花相比，可以免去刻网和印制模块的大量耗时的工序，大大缩短制样时间。既可实现单件制作，也可进行大批量生产。

⑤节能减排，数码喷墨印花不需要制网，换批时没有色浆和织物浪费，喷印过程中不用水，不用调制色浆，按需使用染料，无废染液色浆排放，污染很少。

（3）数码喷墨印花的节能减排性。数码喷墨印花采用计算机辅助设计（CAD）进行分色图案设计，不需要制作网版，可在几小时内向客户提供所需的印花产品，因而大幅缩短了从产品设计到实际投产的整个印花周期。在传统印花工艺中，约有30%的染料与纤维没有形成结合，经水洗后被残留在废水中，造成很大的污染；而数码印花工艺采用的染料用量仅为传统印花的40%，并且只有5%的墨水在后处理时被洗去，大幅减少了废水中的污染物。因而数码喷墨印花工艺具有显著的节能减排特性。

2. 转移印花 转移印花先用印刷的方法将花纹用染料制成的油墨印到纸上制成转移印花机，在一定条件下，使转移印花纸上的染料转移到织物上。转移印花工艺分为热转印和冷转印两种，热转印主要用于分散染料印染涤纶织物，冷转印主要用于活性染料对棉织物的印花。

（1）转移印花技术特点。

①转移印花图案的花型逼真、花纹精细、层次清晰及立体感强，可印制出自然风景及艺术性强的图案。

②转移印花采用干法加工，热升华转移印花无须蒸化、水洗等后处理过程，因而不产生废水和废气，具有显著的节能减排效果。

③转移印花设备的结构简单、占地小、投资少、经济效率高。

④转移印花的生产效率高，而且操作简便。转移印花后无须后处理即可包装出厂。

（2）转移印花技术的节能减排性。该工艺与传统的丝印和染印相比，具有丰富的图案花式、清晰的层次感和鲜艳的色彩，其各项牢度优良，特别适宜小批量多品种的生产。转移印花可避免传统印花工艺中液相反应的不完全性，减少了废水排放中的未反应的染料、助剂和必须脱去的浆料等污染物。因此，转移印花可减少印花废水的排放和处理费用达到80%以上，节省能源50%左右。具有显著的节能减排特性。并且对于传统印花，每千克印花需要250kg的水；而转移印花只需要2kg，它同时也具有节水特性。

四、后整理

纺织品整理是指通过物理、化学或者物理和化学联合的方法，改善纺织品外观和内在品质，提高服用性能或其他应用性能，或赋予纺织品某种特殊功能的加工过程。

（一）整理的分类和方法

1. 整理的分类 按纺织品整理的耐久程度，可将整理分为暂时性整理、半耐久性整理和耐久性整理。按被加工织物的纤维种类分类，可分为棉织物整理、毛织物整理、化纤及混纺织物整理等。按整理的要求或用途可分为一般整理、特殊整理等。但不管哪种分类方法，都不能把纺织品分得特别清楚。有时一种整理方法可以获得多种整理效果，有时织物整理还和染色、印花等工艺相结合。

2. 整理的方法 纺织品整理的目的不同，要求各异，可采用的管理方法很多，但总体可分为以下三种。

（1）物理机械方法。利用水分、热量、压力、拉力等物理机械作用达到整理的目的，如拉幅、轧光、起毛、磨毛、蒸呢、热定形、机械预缩等。

（2）化学方法。采用一定方式，在纺织品上施加某些化学物质，使之和纤维发生物理或化学结合，从而达到整理的目的，如硬挺整理、柔软整理、树脂整理以及用阻燃、拒水、抗菌、抗静电整理等。

（3）物理机械和化学方法。即物理机械整理和化学整理联合进行，同时获得两种方法的整理效果，如耐久性轧光整理就是把树脂整理和轧光整理结合在一起，使纺织品既具有树脂整理的效果，又可获得耐久性的轧光效果。类似的还有耐久性轧纹和电光整理等。

（二）环保后整理技术

1. 超声波免烫整理 超声波整理能提高水洗效果，羊毛洗涤加工中施加超声波，洗涤时间可从 15~180min（在强度为 129W/cm^2 时效率最大）；在织物染色和印花后水洗加工中使用超声波，也能显著提高水洗效果，大量节约用水量，减少污染。超声波用于纺织品的后整理，同样能取得很好的效果。在棉织物的脲醛树脂整理中，应用频率分别是 8kHz 和 18kHz 的超声波能使树脂在纤维内部的渗透性好，分布较均匀，织物整理后回弹性好；超声波用到拒水整理等加工中，均匀性好，能提高整理效果。超声波处理时没有光等辐射能放出，而只有热能。因此，对纤维的作用没有等离子体和辐射能那样强烈，对纤维不造成显著的损伤。超声波处理后的纤维纵向和横截面与单用水处理的一样。此种处理方法对节约能源、节约用水、减少染化料用量、减少污水、减轻污水处理负荷是有积极意义的。

2. 低温等离子体技术 等离子体技术在后整理方面具有广阔的发展前景，可用于疏水性材料的亲水改性，例如，在压力 25Pa、功率 100W、氧气或氮气环境下，对丙纶薄膜进行等离子体处理。研究发现，氧气和氮气等离子体处理都能引入极性基团，提高丙纶的亲水性，降低其接触角。氧气等离子体处理可以增加含氧量，而氮气等离子体处理可以在薄膜表面引入一定量的含氮官能团。

低温等离子体处理，可获得纤维的减量柔软、改善吸湿性和合成纤维的抗静电性，改善纤维的光泽，增加纤维间的抱合力等效果，如增强涤纶的吸湿性，使高性能纤维的表面改性，提高纤维的黏结性能等。羊毛的低温等离子体处理不仅可以使羊毛表面变得粗糙，实现等离子体的刻蚀作用也可对羊毛纤维进行清洁，去除表面老化的、易脱落的角质细胞，还可使某种聚合物更有效地黏合到羊毛的表面（接枝聚合），以此来实现羊毛的表面改性。

等离子体作为一种有效的表面处理技术，能够在纺织印染企业的日常生产中替代一部分传统湿处理加工，并可开发出一些更新的、处理效果更好的功能产品，是一种高效的环保技术。

第四节　可持续面料的设计与加工

一、可持续面料设计

（一）概念

可持续面料是指可回收或使用后可降解，且供应链透明，在生产制造过程中对环境产生的压力较小并且各环节都对环境污染小的、经久耐用、可以循环使用的面料。可持续面料必须是从原料提取之初到准备用于服装加工之前全过程都遵循可持续原则的服装面料。

（二）可持续面料设计原则

要想使面料具有可持续性必须先从设计者开始。对材料和生产做出可持续选择的最佳时机是在创作之初，通过“为了循环而设计”的设计方式，可以更好地把控材料对环境的影响。

可持续面料作为直接可用于加工服装的材料，其“从摇篮到大门”的制作过程应该思考以下几个问题：

（1）所选原材料的可持续性。原料生产是否绿色？产地是否就近？原料是否可回收或可降解？

（2）纤维加工过程的可持续性。过程是否节能减排？劳动者权益是否得到保障？工艺流程是否最简化？

（3）包装运输阶段的可持续性。有无过度包装？运输路程长短及运输方式？

（4）成品面料阶段的可持续。材料是否经久耐用？是否具有一定的价值属性？

大多数设计师总是选择在特定领域开始可持续设计的工作。例如：采购更可持续的材料，消除有害的化学物质，或者公平贸易的劳动惯例。有许多方法和标准可以解决产品生命周期的特定部分。聚焦某一过程没有错，但可持续要求设计师必须要有全局意识。

二、可持续面料的加工过程

（一）可持续面料分类

此类面料没有明确的归类，但根据其纤维种类和回收方式，大致可分为天然环保面料、可再生循环面料、可降解合成面料及可回收再造面料。

1. 天然环保面料　天然纤维来自可再生资源，可循环利用，一般分为两类，一类是从棉花或大麻等植物中提取的植物纤维，另一类是从动物毛发或昆虫的腺分泌物中提取的动物纤维。棉、麻、羊毛等是具有优良的生态性能的天然纤维，可完全生物降解，对人类和环境无害。但棉纤维在种植过程中使用的化肥和农药残留会对身体造成伤害，减少棉花生长中的化学负荷将对土壤和水中有毒物质的含量产生实质性的积极影响，其途径包括生物 IPM（有害生物综合治理）系统、有机农业系统等。

2. 可再生循环面料 再生面料是以天然纤维等天然高分子材料为原料，经过再生加工制成的新型面料，可生物降解，节约资源，对人类环境无害。新型可再生循环面料主要包括天丝（Tencel）、莱赛尔（Lyocell）、再生蛋白质纤维、聚乳酸纤维四种。

3. 可降解合成面料 生物降解纤维是指在自然界的光、热和微生物的作用下，能自行降解的纤维。目前，可降解脂肪族聚酯纤维具有良好的生物降解性，是当前合成纤维科学研究的热点。如英国ICI公司和日本孟山都公司先后开发的名为Biopol的聚羟基脂肪酸脂纤维、在人体内可完全降解并吸收的聚羟基乙酸酯纤维。

4. 可回收再造面料 利用现有的生活废旧材料和工厂的废旧合成纤维及纺织品，将手工技术和现代技术相结合，制造再生合成纤维，进而制成服装，以节约纺织原料。例如再生涤纶、再生锦纶等。

（二）可持续面料的设计与加工

可持续面料本质是可循环面料，在生产阶段尽可能减小能耗，在彻底成为废料前，使材料发挥其最大利用价值。此处以兰精（Lenzing）集团Eco Cycle技术生产莱赛尔为例，探究可持续面料的设计与加工。

1. 选用原料 浆粕的三分之一回收利用自纺织业生产过程中产生的棉质废弃物，其余木浆来自可持续管理的森林，是纤维素纤维的混合浆粕。

2. 纤维生产工艺流程 与粘胶纤维生产类似，原料纸浆来自可再生木材或在一定程度上来自棉花废料等替代来源。与传统的化学粘胶工艺相比，莱赛尔工艺直接将纤维素溶解在有机溶剂*N*-甲基吗啉氮氧化物（NMMO）中，无须将纤维素衍生化。这意味着，与黏胶工艺相比，不使用二硫化碳（CS_2），因此莱赛尔纤维的整个生产过程得以简化。由于闭环控制、耗能更低以及化学品和原材料的利用率更高，生产过程中的废物产生被最小化。

莱赛尔生产工艺从将纸浆悬浮在水中和NMMO中开始，以获得均匀的浆料。在下一个工艺步骤中，除去水，从而溶解纤维素，形成称为涂料的溶液。在纺丝之前，过滤纤维素溶液，以除去不需要的颗粒和未溶解的物质。生产的核心是纺丝过程，其中纤维素溶液被挤压通过许多非常小的孔，从而形成纤维素丝束。这些长丝被切割成所需长度的短纤维后进入后处理区，纤维被洗涤并施加整理剂。再将湿短纤维干燥、开松、压成包，最后包装，得到最终产品。

最终产品由未经化学修饰的纤维素组成，并且是可生物降解和可堆肥的。莱赛尔加工中NMMO的回收率高于99%。回收从旋转浴的过滤和预纯化步骤开始，然后通过蒸发除去水以获得补充NMMO，整个循环可以再次开始。从蒸发步骤获得的水也被反馈到其他过程中，并且只有少量的水被送到废水处理设备。

3. 纤维生产加工及后续回收 兰精开创性的Eco Cycle技术，浆粕的三分之一为棉质废弃物，其余木浆来自可持续管理的森林。混合浆粕被用于生产新的莱赛尔纤维以供应非织造行业，采用非织造工艺，纤维不经纱线阶段直接制成织物，减少了纤维加工的步骤，降低了能耗。这些应用于非织造产业的纤维还会进行再回收，为非织造布制造商提供了一个既不必自己进行机械回收，又能够促进循环经济的切实可行的方法。

本章小结

本章主要基于可持续服装材料应用的重要意义，阐述了服装材料可持续的原则及其量化评价标准；其次，对常见服用材料进行了可持续性评价并提出相应可持续替代方案；再通过比较各类服装材料不同的生产加工过程中的环保问题，举例较环保的加工措施；最后，以兰精（lenzing）集团生产莱赛尔纤维的环保加工方式为例，说明服用材料的可持续性是贯穿整个服装生命周期的可持续。每种纤维材料的来源、加工方式不同，其最后的可持续性也不同，如何根据纤维特性，选择适宜材料本身且最为可持续的加工方式，正是可持续服用材料领域真正要探究的问题，希望借此章节，能够加深读者对服装材料可持续性的理解，并对如何设计可持续材料及如何选用可持续的服装材料有一定的帮助。

思考题

1. 服装材料的可持续性对服装整个生命周期实现可持续的意义是什么？
2. 你认为哪种服装材料是更具有可持续发展前景的材料？

第五章　服装供应链的可持续管理

供应链管理已成为企业综合竞争力的重要组成，同时是企业可持续发展计划不可或缺的一部分。供应链管理是服装企业发展的重要保障，然而过往的服装企业一味地追求利益最大化，在不断优化供应链进程中扩大生产，忽视了环境因素，把责任都推给了政府和社会。尽管广为宣传环境影响，服装行业对环境的污染仍在急剧增长，严重破坏环境的供应链运营面临越来越多的来自各方面的广泛关注。不仅是环境因素，还有社会因素和经济因素。为促进服装企业的可持续发展，需要将可持续理念融入管理中，对供应链管理模式进行创新，实现社会、经济、环境的相互协调。

本章节依次介绍了服装供应链的概念、供应链管理的概念以及可持续供应链的思路和方法，并根据服装企业希望实现的可持续性进行探讨。

第一节　服装供应链概述

作为企业管理者最基本的要对服装供应链整体框架有清晰的认识，针对服装业市场现状对供应链做出相应的调整以更好地应对业务挑战。企业要寻找合适的供应链，首要前提是对供应链结构和现有的供应链模式有一个全方位的了解，同时对自己的产品经营属性有清晰的认识和定位，做针对性的匹配选择，以提升供应链的管理质量。无论供应链节点的数量和位置如何，企业都需要一个统一的视图来代表他们的整个供应链网络，以确保协调活动。这种方式可以帮助企业在发生任何可能导致供应链风险（直接或潜在的未来损害）的事件时快速识别并做出反应。这样，当发生造成供应链风险（直接或潜在的未来损害）的事件发生时，公司可以快速了解并做出反应。

一、供应链的概念

供应链（supply chain）是指围绕核心企业，从配套零件开始，制成中间产品以及最终产品，最后由销售网络把产品送到消费者手中的，将供应商、制造商、分销商直到最终用户连成一个整体的功能网链结构。供应链管理的经营理念是从消费者的角度，通过企业间的协作，谋求供应链整体最佳化。成功的供应链管理能够协调并整合供应链中所有的活动，最终成为无缝连接的一体化过程。

供应链的概念是从扩大生产概念发展来的，它将企业的生产活动进行了前伸和后延。日本丰田公司的精益协作方式中就将供应商的活动视为生产活动的有机组成部分而加以控制和协调。哈理森（Harrison）将供应链定义为："供应链是执行采购原材料，将它们转换为中间产品和成品，并且将成品销售到用户的功能网链。"美国的史蒂文斯（Stevens）认为："通过增值过程和分销渠道控制从供应商到用户的流就是供应链，它开始于供应的源点，结束于消费的终点”。因此，供应链就是通过计划（plan）、获得（obtain）、存储（store）、分销（distribute）、服务（serve）等这样一些活动而在顾客和供应商之间形成的一种衔接（interface），从而使企业能满足内外部顾客的需求。

二、供应链的作用和意义

（一）供应链在企业应用中的作用

1. 供应链的分类　供应链分为内部供应链和外部供应链。内部供应链是指内部产品生产和流通所涉及部门组成的链状关系，其中涉及的主要部门包括：采购部门、生产部门、仓储部门以及销售部门等。所谓的外部供应链就是企业与外部的原材料供应商、产品生产商、零售商以及最终的消费者之间的一种供应关系。

2. 内部供应链在企业中的作用　内部供应链在企业中的作用主要体现在以下几个方面。

（1）使企业内部不同部门之间能够进行有效的分工和协作，提高了各个部门的工作效率以及企业整体之间的合作意识，从而提高了企业的整体竞争力。

（2）部门与部门之间在分工合作的基础上，通过竞争不断地提高本部门的效益，通过对部门绩效的考核，能够实现企业资源的有效配置，实现企业整体效益最大化。

（3）内部供应链能够更好地将企业的销售计划、生产计划以及采购计划有机结合在一起，生产部门能够根据销售部门提供的信息，以销定产，按照计划的销售量和现有的库存情况制订最佳生产计划。采购部门能够根据生产部门制订的生产计划和原材料库存情况，制订最佳采购计划。通过集团式的采购方式能够有效地降低企业的采购成本，同时根据市场预测制订最佳生产计划，能够有效地避免库存的抵押以及资金流的占用。有效地提高企业资金的利用率和整体的收益率。

3. 外部供应链在企业中的作用　外部供应链在企业中的作用主要体现在以下几个方面：

（1）能够有效地提高整个链条对市场供需不确定因素的预测，提高企业应对外部市场风险和对抗同行业竞争对手的能力。

（2）实现企业与企业之间的信息和资源共享，通过分工协调以及合作不断降低企业自身的运行成本，同时能够提高整个链条的经济效益。

（3）通过企业之间建立战略联盟的关系，实现整个行业在市场中的竞争地位和市场占有率。

4. 内外部供应链管理在企业中的作用　内外部供应链就是连接企业内部供应链不同部门以及外部供应链不同企业之间的一条链条。内外部供应链管理在企业中的应用，一方面能够使实现企业内外部信息和资源的共享，提高企业经营的效率和效果；另一方面能够很好地实现企业内外部物料流、商业流、信息流以及资金流的有机结合，使企业在激烈竞争的环境中有立足之地。

（二）供应链的意义

供应链优化的最终目的是满足客户需求，降低成本，实现利润，具体表现为：

1. 提高客户满意度　这是供应链管理与优化的最终目标，供应链管理和优化的一切方式方法，都是朝着这个目标而努力的，这个目标同时也是企业赖以生存的根本。

2. 提高企业管理水平 供应链管理与优化的重要内容就是流程上的再造与设计，这对提高企业管理水平和管理流程具有不可或缺的作用，同时，随着企业供应链流程的推进、实施和应用，企业管理的系统化和标准化将会有极大的改进，这些都有助于企业管理水平的提高。

3. 节约交易成本 结合电子商务整合供应链将大幅降低供应链内各环节的交易成本，缩短交易时间。

4. 降低存货水平 通过扩展组织的边界，供应商能够随时掌握存货信息，组织生产，及时补充，因此企业已没有必要维持较高的存货水平。

5. 降低采购成本，促进供应商管理 由于供应商能够方便地获取存货和采购信息，采购管理的人员等都可以从这种低价值的劳动中解脱出来，从事具有更高价值的工作。

6. 减少循环周期 通过供应链的自动化，预测的精确度将大幅度提高，这将导致企业不仅能生产出需要的产品，而且能减少生产的时间，提高顾客满意度。

7. 收入和利润增加 通过组织边界的延伸，企业能履行合同，增加收入并维持和增加市场份额。

8. 网络的扩张 供应链本身就代表着网络，一个企业建立了自己的供应链系统，本身就已经建立起了业务网络。

三、服装供应链

（一）服装供应链的概念

服装供应链是指以某个节点企业为核心，通过对信息流、物流、资金流的控制，从面辅料的采购开始，经过设计、加工制成成衣，最后由销售网络送到消费者手中的整体链网。服装供应链是基于服装行业的供应链运作模式。它是传统的服装制造企业、面辅料供应商、服装分销商和零售商为了快速响应顾客的不确定性需求，获取最大化利润而结成的一种动态联盟。

（二）服装供应链结构

供应链结构包括从原材料的来源，到工厂内生产的整个过程，到其产品或服务的使用。服装供应链中最重要的环节之一是生产，因为它是服装质量保证的关键环节，在生产环节中又包括纤维生产、纱线生产、布料生产等辅料及配件的生产，然后才正式进入裁片、缝制、熨烫、包装等服装生产环节，最后服装成品经过分销、零售到达顾客手中。完整的服装供应链如图 5-1 所示。

（三）服装供应链的驱动要素及管理策略

供应链管理是从企业战略的高度来对供应链进行全局性规划，它确定原材料的获取和运输，产品的制造或服务的提供，以及产品配送和售后服务的方式与特点。供应链管理突破了一般战略规划，仅关注企业本身的局限，通过在整个供应链上进行规划，制订适合企业的供应链管理策略，能为企业获取竞争优势。

一套完整的供应链管理策略包括设施策略、库存策略、运输策略、信息策略、资源策略和定价策略六个方面。也就是说，服装供应链的驱动要素包括设施、库存、运输、信息、资源获取和定价六个方面，如图 5-2 所示。供应链策略管理所关注的重点不是企业向顾客提供的产品或服务本身给企业增加的竞争优势，而是产品或服务在企业内部和整个供应链中运动的流程所创造的市场价值给企业增加的竞争优势。六个要素共同决定了整条供应链的反应能力和盈利水平。每个驱动要素在实现策略匹配中的作用在于找到反应能力与盈利水平之间的平衡，每个驱动要素都会影响这个平衡。供应链管理者应该在设施、库存、运输、信息、资源获取和定价方面采取适当的决策以获得两者之间的有效匹配。

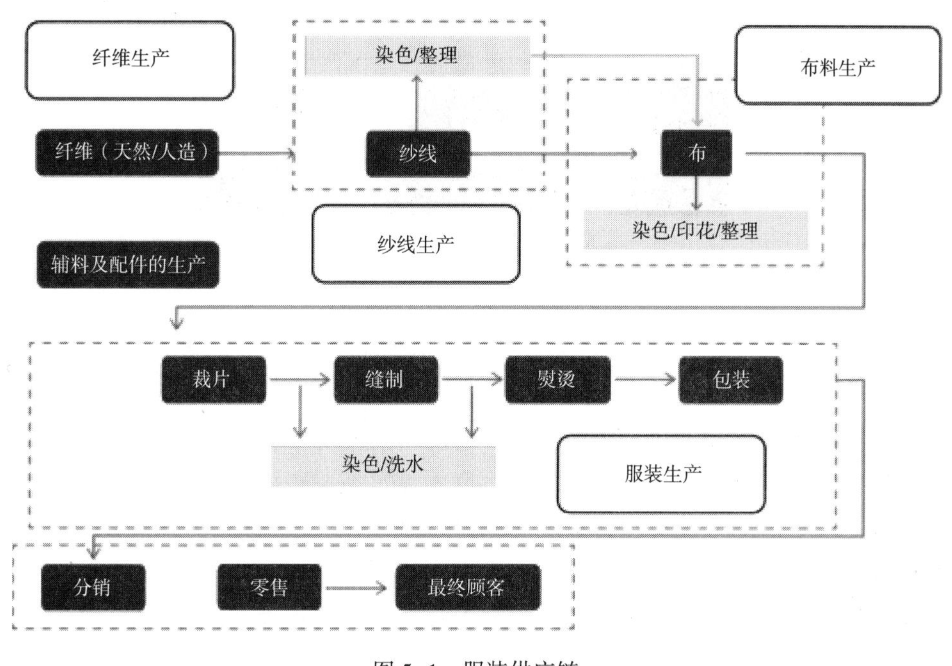

图 5-1　服装供应链

第二节　服装供应链管理

相对于其他行业的供应链而言，服装供应链的复杂以及末端的多元变化，使服装企业普遍面临库存高、客户满意度低的困境。解决问题的关键在于运用准确的服装供应链管理方法构建适合服装企业的供应链管理模式来推动产品通过供应链，并管理整个库存流。

一、供应链管理的概念

（一）供应链管理

供应链管理（supply chain management）是指整合需求计划、订单满足、商业战略计划、供应商管理、库存管理、客户管理、分销计划、生产排成、运输配送在内的集成的管理思想和方法。《物流术语》国家标准（GB/T 1834—2001）对供应链管理的定义为：利用计算机网络技术全面规划供应链中的商流、物流、信息流、资金流等，并进行计划、组织、协调与控制等。

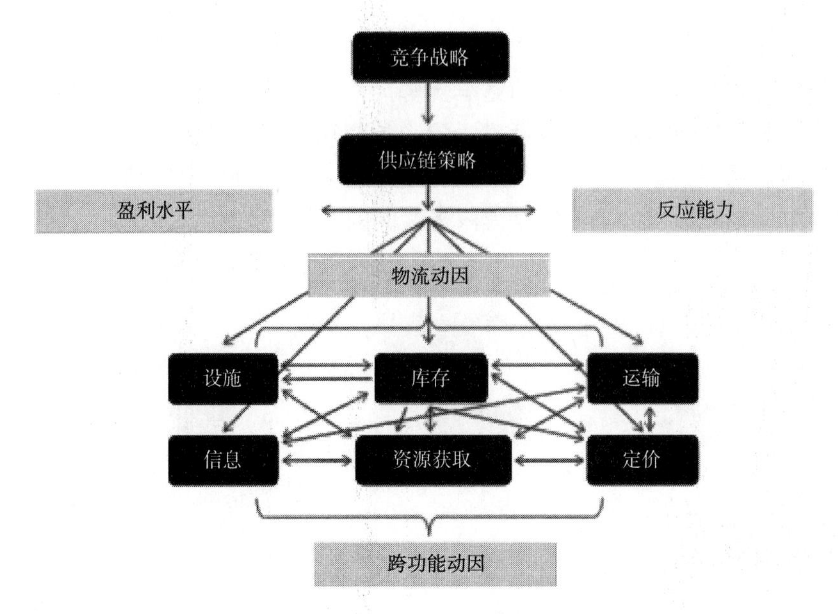

图 5-2 服装供应链战略的结构框架

供应链管理的最终目标是以最少的成本，从最初的原材料购买到后期的来料加工及最终销售交付环节的所有过程，实现提高客户满意度、提高企业管理水平、节约交易成本、降低存货水平、降低采购成本、减少循环周期、实现盈利、网络渠道的扩展等八大经营目标。

（二）供应链管理的基本原则

供应链管理最终旨在为客户提供价值。与未在运营中采用供应链管理的供应商相比，遵循供应链管理原则的供应商有望为客户提供更多价值。

1. 顾客权利 对于供应链时代的到来，不断改变的是顾客对供应链的直接和间接的影响，其对供应链的影响也是全方位的，供应链节点需快速反应，并根据顾客的喜好做出相应的调整，这种变化即是顾客权利的集中体现。

2. 长期定位 供应链的日常运作虽然是动态的，但一旦是良性的循环，也会变成相对稳定的增值，主要反应在长期绩效上，供应链里的制造商、供应商、顾客一般都是长期合作角色，这种合作角色是关系型稳定定位，而非交易型易变动定位。

3. 杠杆技术 随着供应链管理的不断优化，依据互联网技术形成的，如无线广域网、二维码技术、RFID 技术、实时定位系统、远程管理技术等新型管理技术的蓬勃发展，这些都是杠杆技术的具体体现。

4. 跨组织沟通的增强 得益于供应链技术的发展，各供应链节点间的联系已经拓展成为各分子间无间断的串联，依靠其强大的信息技术，实时传输等手段，促进跨组织间的无障碍沟通增强。

5. 库存控制 在保证企业正常生产的情况下，库存控制一般会保持在合理的范围内，库存控制的精髓就是减少库存占用，通过随时掌握库存动态，降低库存总费用，加速其资金回笼。

6. 组织协作　供应链管理从需求到最终成品到顾客手上的每个环节都要有整体的协作，才能获得效力最大化，这种合作是团队型的有组织的不间断串联，强调合作的亲密无间。

（三）服装供应链管理的一般理论

企业管理的主题是如何根据过去的需求波动周期预测未来。具体来说，需要开发生产及库存管理系统，以提高管理效率。零售部门绝不是没有库存问题，它采用了适合自己的最佳做法，将浪费排除在供应链外。与其他模式相比，这种模式的最佳应用是谨慎使用理论，为协作规划带来实质性利益。

1. 快速反应的服装管理理论快速反应（quick response，QR）最早来自美国纺织服装行业，指在供应链中，为了实现共同目标，零售商和制造商建立战略伙伴关系，利用电子数据交换（electronic data interchange，EDI）等信息技术，进行销售时点的信息交换，以及补充订货等其他经营信息的交换，用多频度、小数量配送方式连续补充商品，以实现缩短交货日期、减少库存、提高客户服务水平和企业竞争力的供应链管理方法。

2. 有效客户反应（efficient consumer response，ECR）　有效客户反应指的是供应链上的生产商、零售商等成员在获得需求后的相互协作，通过将更低的成本让渡给消费者，最大限度地解决成员之间的隔阂。ECR 常见的是小规模型多批次产品，利用计算机技术的自动订货系统（CAO）和电子收款系统（POS）把需求传递到上游企业，把减少成本、增加消费者价值作为最终目的，保证在正确的时间和地点以及正确的价格上获得最新鲜的商品，最终赢得多赢局面。

3. 供应商管理库存理论　供应商管理库存（vendor-managed inventory，VMI）这种管理模式从 QR 和 ECR 的基础上发展而来，其核心思想是供应商通过共享用户企业的当前库存和实际耗用数据，按照实际的消耗模型、消耗趋势和补货策略进行有实际根据的补货。VMI 是企业供应链管理的重要理论方法之一，体现了供应链的集成化管理思想。

二、服装供应链管理模式

（一）传统服装供应链管理模式

传统的服装纺织企业一般都是采用逐级向前的供应链管理模式，企业生产出成品后转为库存，再零售给下游的各级市场，上游和下游之间信息传递需要一定的时间，所以无论是在制造、零售还是运输环节，做出正确的市场分析都相对困难。

1. 传统服装供应链的结构　传统的服装供应链运作模式如图 5-3 所示。传统服装供应链参与方包括面辅料供应商、成衣制造商和分销商等。其基本的运作流程是由服装企业设计师捕捉当前的流行和时尚元素进行服装设计，然后召开新衣产品发布会，各加盟商在产品发布会上进行下单，服装生产企业则以加盟商的订单和自身直营店面的需求预测为依据制订生产计划，进行面辅料的采购和成衣的生产，所生产的成衣存放至公司自有仓库，然后根据订单再分别运送至各个加盟商和直营店仓库，最终完成销售。

2. 传统服装供应链的弊端　传统服装供应链存在许多弊端，给企业的资金和库存带来了巨大压力。

（1）产品预测不准确。传统服装供应链是以生产为导向，消费者对服装设计的喜好等信

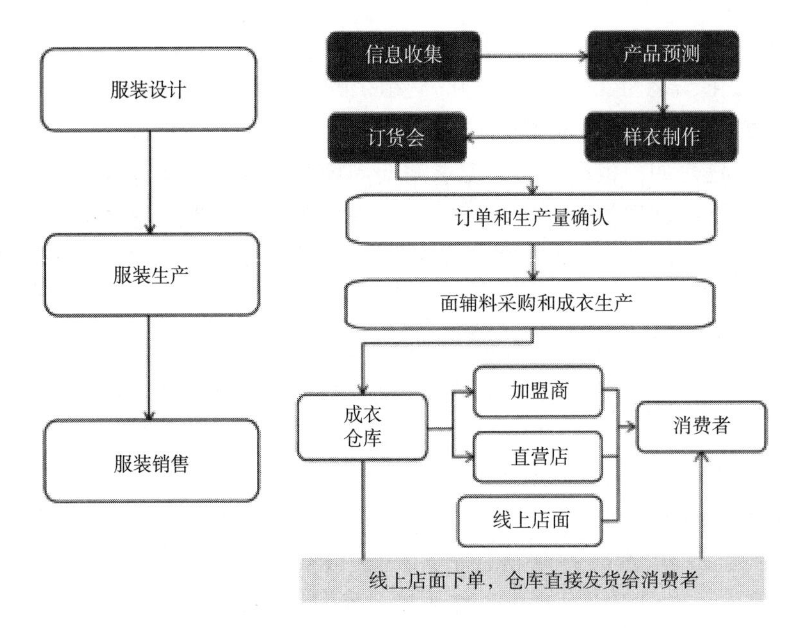

图 5-3　传统服装供应链运作模式

息主要来自各个加盟商和自身的直营店铺或线上订单，部分信息经过供应链的层层传递，到达企业设计部门时已经发生了严重的失真，导致企业对产品设计和市场需求的误判。

（2）牛鞭效应导致的库存积压。从传统供应链的运作流程中可以发现其部分需求预测来自各个加盟商，为了避免缺货其往往会提高订单量，经过供应链的层层传递，会逐级放大需求量，从而导致牛鞭效应，一旦服装产品过季或流行元素消退导致销量下滑，从而产生积压库存，不利于服装供应链整体的发展和竞争力的提升。

（3）企业纵向一体化造成资源分散。在传统服装供应链模式下，服装企业追求“大而全”或“小而全”的运营模式，既负责服装产品的设计、成衣的生产和仓储，又负责线上店面及线下直营店的管理，因其所负责的模块众多，导致企业资源分散，运作效率低下，并且在不同的领域直接面对不同对手的竞争，导致整个供应链缺乏柔性和竞争力。

（4）线上与线下销售渠道冲突。在电子商务高速发展的背景下，服装企业纷纷涉足电商领域，开始面向终端消费者，掌握其消费的需求和喜好，这种选择本身并没有错，但是却忽视了线下加盟商的利益，消费者往往在线下实体店进行挑选试穿，线上购买。线下实体店成为线上网点的试衣间。因服装企业没有处理好与线下加盟商的关系或采取的策略不当，导致线上线下销售同款服装价格有较大差异，最终导致价格体系混乱和渠道管理失控。

（5）产品生产周期长。在传统服装供应链模式下，服装的需求信息来自经销商的订单，这需要一定时间形成数据的积累，然后反馈给研发部门，结合消费需求信息等进行新款服装的设计，从获取消费者信息到服装设计、生产和销售可能需要 3~5 个月的时间，而这个时间段可能有新的流行性元素出现，导致消费者需求喜好发生改变，所生产的新款服装可能因为错过最佳销售期而成为企业和各经销商的积压库存。

（二）服装供应链管理基本模式

常见的服装企业供应链分为三种，分别是垂直整合型供应链和采购型供应链和第三方协调型供应链。

1. 垂直整合型供应链 由一家服装企业掌握全流域的供应链节点，从棉花基地开始到纺织厂、生产厂都归其垂直管理，其拥有全流域的所有权控制服装供应链的各个环节，这家企业是供应链的绝对负责人，每个环节都要过问，甚至仓库和物流都需要花大量人力物力进行日常管理。该类型供应链涵盖了纤维、纱线、布料、辅料生产商、服装生产商、服装分销商和服装零售商在内的所有环节，如图 5-4 所示。

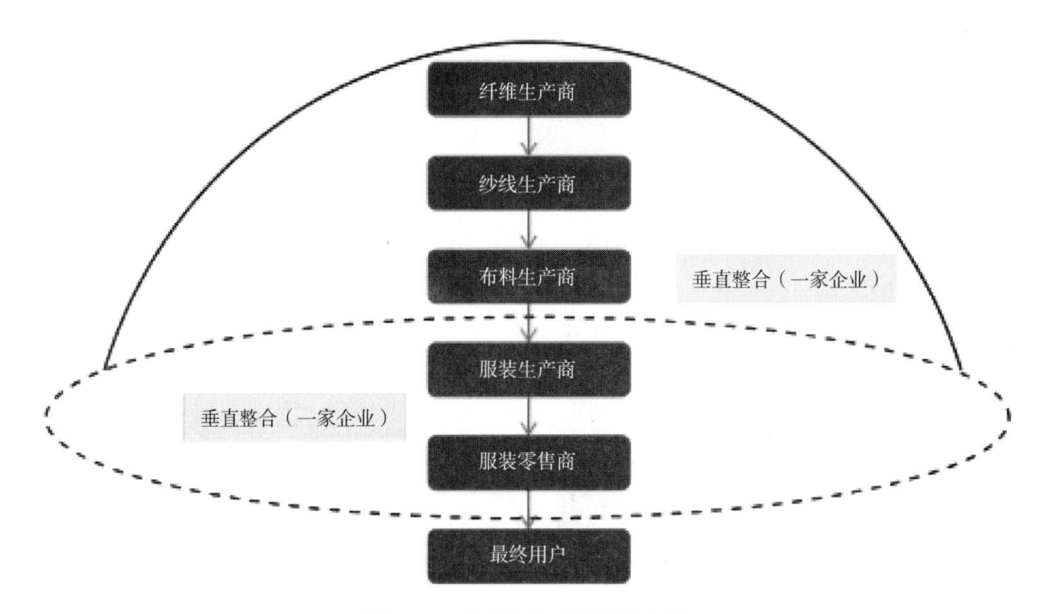

图 5-4 垂直整合型服装供应链

2. 采购型供应链 采购型服装供应链是指服装零售商从服装生产商那里采购产品进行销售。与垂直整合供应链的不同之处在于，生产商和零售商是两个相互独立的组织。服装零售商拥有自己的品牌，大部分还拥有自己的设计团队，将生产外包给服装生产商。根据协调者主体不同，传统采购型纺织服装供应链又可细分为两个子类：一类，以服装零售商为协调者的供应链，如图 5-5（a）所示。零售商下单给生产商，有时甚至会自己采购面料以及辅料等相关物料；有时会都交给生产商去完成，零售商负责协调不同供应链成员之间的活动。另一类，服装生产商是整条供应链的协调者，如图 5-5（b）所示。零售商仅下单给生产商，生产商保证在正确的时间将正确的产品送达。生产商可能向自己的供应商采购原料，也可能是向后的垂直整合。服装制造商驱动整条供应链，甚至直接管理零售商的库存。

3. 第三方协调型供应链 在第三方协调型服装供应链中，服装贸易公司充当协调者的角色协调整条服装供应链，如图 5-6 所示，既向它们的客户（服装零售商）提供最终产品，又向上管理供应商。这样的协调者没有自己的工厂，主要负责协助零售商如何选择供应商，并且管理包括产品质量控制在内的整个生产过程，有时甚至还包括服装设计。他们实际上是服务提供商，是供应链管理的经理人，核心能力在于强大的供应网络和他们良好的协调能力。

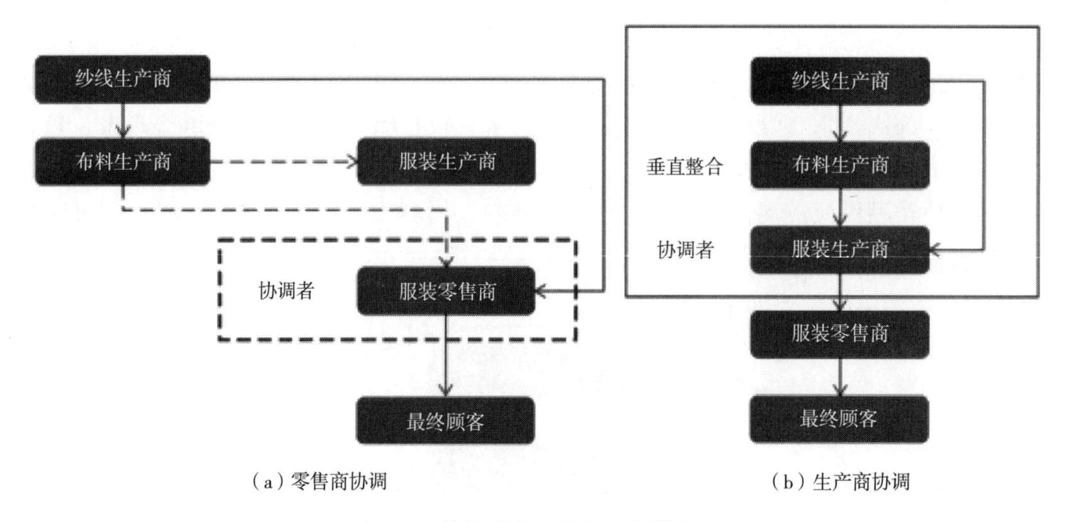

图 5-5 传统采购型纺织服装供应链

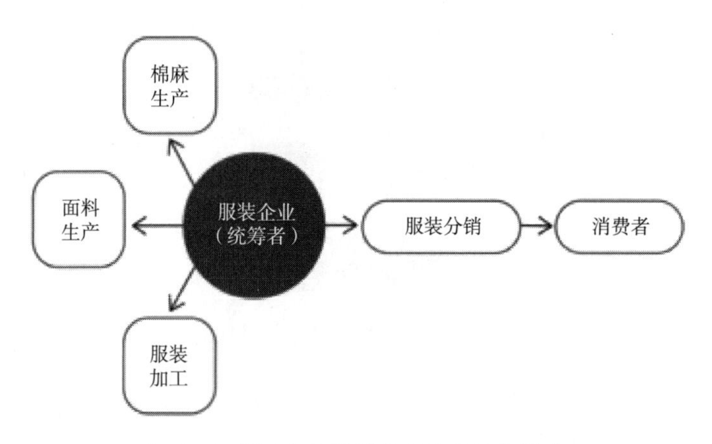

图 5-6 第三方协调型供应链的运作模式

三、服装供应链现状及问题

服装从原材料采购到将这些材料制成服装的工厂以及将服装交付给消费者的供应链涉及数百万人以及数吨水、化学品、农作物和石油。在过去的 20 年中，对大量、廉价和快速消费的需求不断增加。当消费主义的价值高于透明和合乎道德的供应链时，可能会发生可怕的事情。

当今的大部分服装设计都基于当前的流行趋势，因此它只能持续一个季节，被称为“快时尚”，是导致大量服装进入垃圾填埋场的原因。人们已经习惯于为下一个新事物抛弃旧风格。

与快时尚相反，深思熟虑的设计或“慢时尚”考虑了服装供应链的每个阶段。设计师考虑材料及其影响、生产和消费者使用阶段，以尽量减少对周围世界的不利影响。

有许多品牌正在从快时尚转向更可持续的方式。越来越多的标签采用 Cradle to Cradle

（从摇篮到摇篮：污染零排放和生态效应好）的设计框架。Cradle to Cradle 是一种负责任的设计理念，它指出所有产品必须设计成适合生物循环或工业循环两个周期中的一个，具体的生物循环和工业循环将在第 9 章详细介绍。

（一）生产材料

纺织品的生产包括种植或制造纺织原料、将其纺成纤维、编织成织物以及对其进行染色和整理的复杂过程。由于相关的温室气体排放量高以及空气和淡水供应受到污染，纺织品生产是造成环境污染的主要因素。

据世界自然基金会估计，纺织业每年使用 3780 亿升水，每千克纺织品使用多达 200 升水来加工、染色和整理。此外，世界各地大量使用化学品将原材料转化为纺织品，其中许多被排放到淡水系统中，可能会污染用于农业和人类消费的水。仅种植棉花就需要大量消耗淡水，生产一件 T 恤所需的棉花就需要数千升水。用于种植棉花的杀虫剂污染了水和土壤，导致生物多样性的显著丧失。许多农民成为农药中毒的受害者，甚至可能导致死亡。

（二）生产服装

服装生产阶段包括服装的裁剪、缝纫和整理。在过去的 30 年里，为了寻找廉价劳动力，大部分生产已经转移到发展中国家，主要是亚洲。大型服装品牌进入发展中国家，最初带来了数百万工人解放的希望。然而，这也导致一些工厂和血汗工厂的工作条件恶劣。

根据国际劳工组织的数据，世界上近 2100 万人是服装和纺织业强迫劳动的受害者，其中 1140 万人是妇女和女童。由于制衣工人以女性居多，有效保护妇女权益势在必行。

许多制衣厂都存在性别歧视。此外，产假的权利往往不被授予，以固定期限合同受雇的妇女在产假后往往得不到续约。许多工厂缺乏足够的护理设施或儿童保育设施，这实际上是对女性的歧视，使她们一旦有了孩子就很难继续工作。同样的工作，女性的报酬也比男性少。

（三）分销和零售

随着服装的制造，它们需要在全球范围内运输到零售商和消费者手中。衣服和纺织品的这种广泛运输导致污染加剧。产生碳排放在分配中是不可避免的。但是，品牌和公司可以采取措施尽量减少这种影响。

（四）接触消费者

服装供应链的消费者阶段包括消费者对服装的使用、服装的洗涤和产品使用的结束。

服装对环境的大部分影响来自洗涤，而不仅是原材料的种植、加工和生产。例如，2017 年，国际自然保护联盟（IUCN）的一份报告估计，海洋中所有微塑料的 35%来自涤纶等合成纺织品的洗涤。

遗憾的是，尽管纺织品被认为几乎 100%可重复使用或可回收，但总体而言，纺织品的回收率仍然相对较低。根据艾伦麦克阿瑟基金会的数据，由于服装利用率不足和缺乏回收利用，每年损失的价值超过 5000 亿美元。事实上，欧洲只有大约四分之一的废弃纺织品被回收利用，其中 13%用于材料回收，13%用于焚烧。其余的则进入垃圾填埋场，在这些地方，织物会对这些场地的整体环境产生影响，包括向空气中排放甲烷和污染地下水。

第三节 可持续性供应链管理的思路和方法

供应链可持续性是公司的供应链在促进人权、公平劳动实践、环境优化和反腐败政策方面可以产生的影响。越来越需要将可持续选择纳入供应链管理。对可持续性的日益关注正在改变公司开展业务的方式。无论是质量、效率和成本还是出于客户、企业价值观、商业机会的动机等问题。可持续性的供应链能够抓住价值链机遇，为最先采用者和流程创新者提供显著的竞争优势。

可持续的供应链不仅意味着将环境、社会和治理因素整合到供应链活动的决策中。可持续的供应链具有弹性，随着我们继续向气候变暖过渡，它可以保护公司的未来。可持续供应链也具有创新性，例如采用循环方法进行废物管理并将垃圾升级为商业价值。此外，可持续供应链是可再生的，支持生命系统的再生，以确保我们基于自然的供应需求，同时重建自然以满足我们子孙后代快速增长的需求。供应链中的可持续性转向更全面地看待供应活动，并且可以在未来建立和维护业务价值。

一、可持续性供应链管理的思路

可持续供应链管理是在当前经济环境中出现的全新的企业供应链管理理念，指供应链企业在追求自身发展的同时必须对其所面临的经济、社会和环境效益进行整体协调，实现经济、环境、社会责任一体化发展，实现三个维度效益的整体最大化。

（一）经济效益

经济效益是维持企业可持续性的基础，企业供应链管理不能单纯追求利润的最大化，只着眼于满足企业自身的经济利益。实现可持续供应链管理的企业在追求利润增长的同时要实现企业的社会和环境效益。

（二）环境效益

环境效益是指企业尽量减少对环境的损害，减少排污，对废弃产品进行回收再利用，减少资源的过度利用，保护生态环境。企业可持续发展的供应链一定要建立在减少环境损害的基础之上，如果环境日益恶劣，企业也会随之失去发展的根基。

（三）社会效益

社会效益是指企业的可持续发展仍然要满足人类自身的需要，供应链的可持续发展需要满足人的需求，始终以人为本，关注员工权益，强调供应链上下游企业共同发展，重视公益活动，践行企业社会责任。可持续供应链管理的经济效益、环境效益和社会效益三个目标之间并不是孤立的，他们之间存在着密切的联系，是整体发展的。

二、可持续供应链管理的方法

（一）环境可持续性

根据联合国（UN）世界环境与发展委员会的说法，环境可持续性是指确保子孙后代拥有可用的自然资源，以与当代人一样过上平等甚至更好的生活方式。虽然它可能不被普遍接受，但联合国的定义非常标准，多年来已经扩展到包括对人类需求和福祉的观点，包括非经济变量，如教育和健康、清洁空气和水，以及保护自然美。

一种定义：环境可持续性是在地球支持生态系统的承载能力范围内提高人类生活质量的能力。定义来自国际自然保护联盟（IUCN），其工作的驱动因素是全球生产和消费模式正在以持续且危险的高速度破坏着自然。随着人口的增加以及我们对地球自然资源（如矿物、石油、煤炭、天然气等）的依赖，地球的生物多样性和生物，从鸟类到昆虫再到哺乳动物，数量都在减少。

另一种定义：环境可持续性是关于稳定地球上两个最复杂的系统：人类文化和生物世界之间目前具有破坏性的关系。定义由环保主义者保罗霍肯提供，他写了一篇关于我们正在使用和破坏地球资源的速度快于再生和补充的认识（及其背后的科学）的文章。

环境可持续性的不同定义通常会导致更多关于人类应该扮演什么角色的问题。例如，作为一个进化物种，我们应该如何改变我们在这个星球上生活和开展业务的方式，以确保它对子孙后代是可持续的？

许多人还想知道是否有可能利用商业作为这种变化背后的催化力量，因为经济上的成功可以与生态和社会的成功联系在一起，反之亦然。个人可以发挥作用，但为更大范围的事业做出贡献的机构也可以发挥作用。

• 案例

百事公司旨在通过创新包装的可持续性来最大限度地减少对环境的影响，并在重要事项上采取行动，以实现以下目标。

1. 缩减百事可乐的包装 缩减包装的举措包括轻量化、包装优化、纸箱尺寸缩小等。2014 年，百事公司通过降低密封宽度和调整主包装和二级包装，从其全球食品和零食包装中消除了超过 1100 万磅[1]的薄膜包装和超过 2900 万磅的波纹包装，总共节约了近 2000 万美元的成本。在饮料业务方面，百事公司通过容器轻量化、包装优化和改进全球饮料设计，与 2013 年相比，消除了 4600 万磅的包装（减少 2000 万磅塑料、减少 2300 万磅纸质包装和 300 万磅铝）。

2. 提高百事公司包装的回收含量和可回收性 百事公司致力于增加包装中后消费者或后工业材料的含量。在某些情况下，这可能是一个挑战，因为百事公司依靠回收市场向公司提供这些材料。此外，所有包装必须符合百事公司的高安全标准。百事公司的团队继续努力，确保目前在消费后材料中占有更大份额，同时努力提高供应商容量，推进新技术，使回收更加容易和高效，并提高消费者的回收率，从而增加可用材料的数量。回收的聚乙烯四苯甲酸酯（rPET）来自塑料，已经用于包装，如塑料瓶。在改造为新的塑料瓶之前，按照食品安全标准对塑料进行分类和清洁。百事可乐是一家在容器中持续使用 rPET 的大型饮料公司。2014 年，百事公司使用了 1.34 亿磅食品级 rPET，比 2013 年增加了 23%（2500 万磅）。

3. 帮助消费者回收利用 根据美国饮料协会、美国 PET 容器资源协会、美国铝业组织、

[1] 1 磅（16）= 0.454 千克（kg）。

瓦楞纸制造协会、美国森林和纸业协会以及美国环保局城市固体废物部公布的平均回收率，百事公司估计，2014 年，百事公司使用的 93 亿磅包装材料中，约有 43 亿磅被消费者回收。百事公司于 2010 年启动了百事公司回收计划（前称梦想机器）。自成立以来，已安装了 1150 多个智能售货亭和 5200 个垃圾箱，回收了超过 4. 34 亿个后消费类饮料容器。2014 年，从包括售货亭、学校和工业地点在内的一系列地点收集了 1. 199 亿个垃圾箱。

（二）社会可持续性

社会可持续性是关于识别和管理业务对人们的正面和负面影响。公司与其利益相关者的关系和参与的质量至关重要。公司直接或间接地影响员工、价值链中的工人、客户和当地社区的情况，因此主动管理影响非常重要。

企业的社会经营许可很大程度上取决于其社会可持续性努力。此外，社会发展不足，包括贫困、不平等和法治薄弱，可能会阻碍企业运营和增长。

与此同时，实现社会可持续性的行动可能会打开新市场，帮助留住和吸引业务合作伙伴，或者成为新产品或服务线创新的源泉。内部士气和员工敬业度可能会提高，而生产力、风险管理和公司与社区的冲突会有所改善。

联合国全球契约的前六项原则侧重于企业可持续性的社会层面，其中人权是基石。我们在社会可持续性方面的工作还涵盖特定群体的人权：劳动、妇女赋权和性别平等、儿童、土著人民、残疾人，以及以人为本的方法来解决商业对贫困的影响。除了涵盖权利持有人群体之外，社会可持续性还包括影响他们的问题，例如教育和健康。

虽然保护、尊重、实现和逐步实现人权是政府的首要责任，但企业可以而且应该尽自己的一分力量。至少，希望企业进行尽职调查，以避免损害人权并解决可能与其活动相关的对人权的任何不利影响。

作为补充而非替代尊重权利，企业还可以采取额外措施：以其他方式为改善受其影响的人们的生活做出贡献，例如创造体面的工作、有助于满足基本需求的商品和服务以及更具包容性的价值链；进行战略性社会投资并促进支持社会可持续性的公共政策；与其他企业合作，汇集优势，产生更大的积极影响。

- 案例

Hemtex 是北欧地区领先的家纺零售连锁店，在瑞典、芬兰和爱沙尼亚拥有 149 家门店。Hemtex 的供应链面临着巨大的可持续性挑战，但也面临着提高开放性和影响力以改善社会条件促进社会可持续生产。

Hemtex 采取了以下行动，以促进供应商之间的社会可持续性：

1. 实施行为守则 在与高风险国家的供应商展开任何合作之前，Hemtex 进行审核，以确保工厂符合其行为准则的要求。全集团行为守则以联合国《人权准则》《儿童权利公约》和国际劳工组织（国际劳工组织）核心公约为基础。Hemtex 将自己的员工或顾问进行的审计与第三方审计相结合，确保合规。如果有任何违反《行为守则》的行为，将与供应商一起进行调查并制订行动计划。供应商第一次未获批准时，就有机会纠正问题。如果供应商没有表现出解决严重违规行为的意愿，或者严重违规行为屡屡发生，Hemtex 将终止协作。违反《行为守则》最常见的情况涉及文件和雇用条款和条件，以及工资和工作时间。

2. 促进集体谈判权和结社自由 Hemtex 向供应商施加压力，要求它们确保加入工会和集体谈判的权利不会受到侵犯，因为许多生产国的工会权力薄弱，在某些国家甚至是非法的。工厂经理和员工都被告知他们的权利，并在社会审计中跟进遵守要求的情况。所有供应商必须允许员工自由选择自己的代表，公司可以与员工代表就工作场所问题进行对话。

3. 打击强迫和童工 Hemtex 关于童工的基本规则是，15 岁以下的人不能为其任何供应商工作。如果国家立法提出更严格的要求，这些要求将适用。Hemtex 还要求供应商密切关注年轻工人（18 岁以下）。例如，关于有限工作时间的权利。如果 Hemtex 发现或怀疑该工人未满年龄，供应商有义务采取合同措施，确保该个人获得最佳结果。Hemtex 会与供应商一起寻求最佳解决方案，同时考虑儿童的年龄、教育和社会状况，也禁止强迫或强制劳动。重要的是，人必须连续获得所从事的工作的工资，他们有权休假和终止工作，并支付所从事的工作的工资。年内未发现或报告任何童工或强迫劳动事件。

（三）经济可持续性

经济可持续性有多种定义。这两者之间的差异是由于使用不同的可持续性模型作为起点。第一个定义中，经济可持续性被理解为对生态或社会可持续性没有负面影响的经济发展。因此，经济资本的增加不能以自然资本或社会资本的减少为代价。

在第二个定义中，经济可持续性等同于经济增长，只要资本总量增加，经济增长就被认为是可持续的。因此，可以允许增加经济资本，但以减少自然资源、生态系统服务或福利等形式的其他资产为代价。

经济可持续性与生态和社会可持续性之间的一个重要区别是经济结构是由人类创造的。因此，我们也有机会从不同的角度看待他们，并影响他们以促进可持续发展。

经济可持续性是可持续性的一个组成部分，意味着我们必须使用、保护和维持资源（人力和物质），通过优化使用、回收和再循环来创造长期可持续的价值。换言之，人们今天必须保护有限的自然资源，以便也能满足子孙后代的需求。

使用资源（人力和材料）的长期成本包含在经济计算中。我们必须长期节约资源；必须依靠地球自然资源的“回报”而不是消耗它们；长期经济可持续性涉及自然资源（如饮用水）以及产品、投资、消费、市场和全球经济的现在和未来价值。

- 案例

中国进出口银行（CEXIM）作为致力于促进中国国际经济合作的国有政策性银行，自“一带一路”倡议提出以来，中国进出口银行在提供“一带一路”所需的金融服务方面发挥了重要作用。

目前，该行已在该倡议下开展了 1800 多个项目，贷款余额超过 1 万亿元人民币（1491. 7 亿美元）。在这些项目下，该银行严格遵守绿色金融标准，并接受当地和国际环保机构的监督。

此外，该行还将信贷资源向新能源、可再生资源等有利于国家绿色发展的领域倾斜。

该行主权业务部（优惠贷款部）副总经理张晨旭表示，除绿色发展外，该行还非常重视帮助相关经济体保持债务可持续性。

“我们认为，债务可持续性的最终保证是经济发展的可持续性。”

因此，银行与地方政府合作，共同选择具有良好回报前景和长期经济发展效益的项目，特别是在基础设施互联互通和能源资源领域。

例如，2017年开始运营的蒙巴萨—内罗毕标准轨距铁路帮助肯尼亚将物流成本降低了40%，并为当地居民创造了46000个工作岗位。蒙巴萨—内罗毕铁路在肯尼亚运送了超过200万名乘客的同时，这条线路还让无数野生动物穿越了专门为此修建的600座涵洞、61座桥梁和14条通道。

此外，铁路的建设程序进行了灵活调整，以适应野生动物的生活习惯和休息时间。

这些努力反映了该银行致力于帮助肯尼亚和其他参与“一带一路”倡议的经济体实现绿色可持续发展的承诺。该银行还利用其专业知识促进相关经济体的贸易和投资，不仅为中国与其他相关经济体之间的贸易提供融资，而且为经济体购买贸易便利化设备和建设贸易港口提供融资。

“我们在‘一带一路’倡议下开展的1800多个项目中，绝大多数都取得了预期成果，并取得了经济和社会效益，”中国进出口银行总裁兼副主席张庆松表示。

第四节　服装可持续供应链管理的思路和方法

服装业已经发展成为世界上污染浪费严重、能源密集型和低效的行业之一。政策层面高度关注纺织服装行业的环保问题，越来越多的消费者环保意识也在不断增强为实现服装业的可持续发展，服装供应链正日益向生态时尚和绿色可持续供应链转变。通过将绿色实践整合到供应链中，公司可以通过提高环境效率和提高声誉来获得竞争优势。服装可持续供应链管理旨在最大限度地减少或消除产品设计、材料资源以及选择、制造流程、最终产品交付和产品报废管理等供应链沿线的浪费，包括危险化学品、排放、能源和固体废物，达到供应链整体最优，实现绿色可持续，同时提升企业形象。

一、服装可持续供应链管理的思路

（一）服装可持续供应链管理

服装业可持续供应链管理是以绿色制造理论和供应链管理技术为基础，在品牌服装企业的领导下，将产业链中的原材料采购、织染、制衣、包装、运输、销售、使用、物资回收处理等主要环节及相关辅助环节连成一个回路，品牌服装企业作为这个回路中的核心企业，通过对信息流、物流、资金流的控制，实现整个回路对环境的负作用最小，资源、能源使用效率最高，如图5-7所示。可以说服装业绿色供应链管理的核心理念便是效率和环保。

（二）服装企业绿色供应链管理的实施策略

1. 确立绿色供应链管理的战略地位　核心服装企业要想有效地实施绿色供应链管理，首先就需要在企业内部确立其战略地位。而要实现这一地位的前提就是高层领导的重视，这决定了资金流是否能正常运转；再者，就是中层部门间的合作，它们并非彼此孤立，而应该将自己置身于整条供应链中，部门之间寻找共同的利益点，有效地建立跨越职能部门的业务流

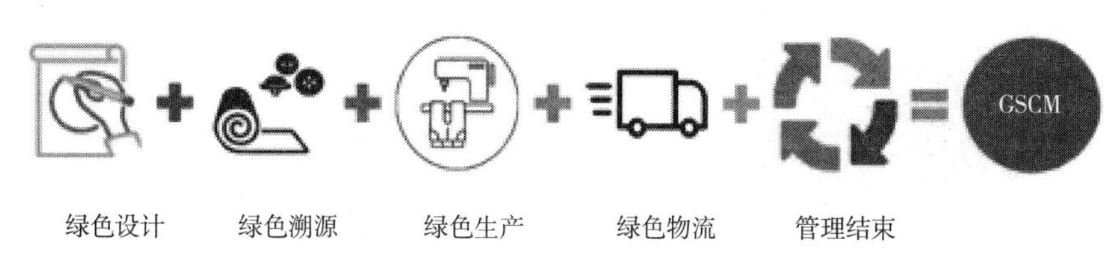

图 5-7　绿色供应链实践

程，协同发展；但是仅有领导层努力还不够，绿色供应链管理还需要得到被管理者的认同和支持，因此企业内部所有员工也应积极参与，使“绿色”逐渐变为企业文化的一部分。当然，由于企业的情况各不相同，绿色供应链管理的模式也是多种多样，因此企业应仔细分析自身的状况，以较快见效的环节作为突破口，来实施绿色供应链管理，而不是一味模仿其他企业，湮没了自身特色。

2. 重组企业绿色供应链管理业务流程　因为供需供应链涉及多个合作伙伴，所以整体的业务流程，系统的重建成为绿色供应链管理实施过程中的关键环节。纺织服装产业链很长，市场需求变化快，因此服装供应链的业务流程重组的关键就在于处于供应链核心环节的品牌商。核心企业需要整合整条供应链的信息、资金以及组织部门，还需要与上游和下游企业达成一致的战略目标，为此，核心企业可与上下游企业建立激励合同，分配给其合作伙伴适当的利润，或者是在绿色采购的过程中为其提供培训和技术支持等。从设计采购再到销售再到逆向物流，都实施协调高效的管理，最终实现供应链的整体最优。

3. 进行技术革新，积极应对绿色壁垒　服装企业应积极应对绿色壁垒，在寻求政府政策与行业标准支持的同时，更加关注自身环保意识的提升和技术的革新。没有科技做支撑的环保注定难以长久维持，因此处于供应链中的各环节特别是核心服装企业都应当积极推动技术革新，实现经济效益与社会效益的双赢，这不仅有利于攻破绿色壁垒进入国际市场，也有利于提升核心企业在消费者和社会公众的形象，提高公司品牌的知名度，从而不断增强纺织服装绿色供应链整体的竞争优势。

二、服装可持续供应链管理的方法

供应链管理侧重于远期活动管理，包括上游活动，可持续设计、可持续采购、可持续生产和下游活动以及可持续零售和消费。

（一）可持续设计

可持续设计是指使用更环保的材料、图案和技术来设计服装，与传统服装设计相比。拆解设计、循环设计、环境设计等概念也是可持续设计的新方法、从节能的角度研究可持续时尚设计技能，确定可持续时尚设计的节能因素。它们是材料、样式设计和操作控制的选择。探索生态设计程序，以符合 ISO14062 标准的准则，并提出该程序的结构和实践应用。制订的生态设计程序应考虑功能、人体工程学和安全性以及经济和环境因素。

使服装产品可持续发展的最佳方法之一是使用环保材料来制造这些产品。采用天然原料，如棉花、大麻和竹子，可以可持续地种植和加工，而不会对周围生态系统造成重大损害，使用能够自然降解的纤维也能够实现服装可持续设计。

• 案例

Primaloft BioTM 是一款完全取材于回收材料，能够 100% 自然降解的新型纤维。Primaloft BioTM 纤维是由从垃圾填埋场中回收的塑料瓶分解处理而成的。据慈善基金会 Ellen Mac Arthur Foundation 的研究显示，每年都有 50 万吨左右的塑料纤维在日常使用后最终流入海洋，造成海洋微塑料影响，破坏海洋生物系统，导致人体内被发现也存在一定数量的塑料微纤维。Primaloft BioTM 纤维的产生，在一定的程度上可以有效缓解海洋微塑料污染。

同时，Primaloft BioTM 纤维的 100%可降解，很好地减轻了环境压力。在模拟填埋环境的实验中，该种纤维在 365 天内实现了完全降解。与此相反，在相同的填埋环境中，标准聚酯则完全没有降解。同时，Primaloft BioTM 纤维在自身降解过程中，只产生水、甲烷、二氧化碳和生物质，实现了分解物的无害化。

在实现绿色纤维的同时，Primaloft BioTM 纤维也注重了服装质量的高标准，完全可降解的 Primaloft BioTM 纤维并不会影响服装的耐用性等方面。Primaloft BioTM 纤维只有在特定的环境条件中，暴露于微生物时才会生物降解，而在日常的穿着使用过程中，能够良好地保有服装的高度耐用性能及服装外观。

（二）可持续采购

上游供应链的可持续采购对服装制造商和零售商相当关键。对于 OEM 制造商来说，他们需要准备原材料，包括拉链、纽扣和扣子等织物和配件。对于时装零售商来说，他们需要选择合适可靠的供应商，下订单，控制交货时间，建立质量保证。与绿色供应商合作是可持续采购的战略方法。

在设计完成后，核心服装企业需要向上游采购面料、辅料等原材料。很多材料用于生产设计，例如尼龙和聚酯是由石化产品制成的，不可生物降解，这样就会导致增加许多污染环境的垃圾填埋场。而原材料的采购对后续供应链环节有着极大的影响，因此核心服装企业应将绿色设计体现在具体的采购过程中，在考核和评估供应商时，不仅应考虑成本，还应着重考虑环境指标，在综合考评的基础上选出最佳供应伙伴。

在市场经济条件下，所有生产与消费活动都要以采购为先导，采购工作的水平及采购成本的高低对政府运作的开支和企业的生产加工及其成本都有很大的影响。因此目前，在各国经济活动，尤其是企业运作过程中，人们开始加强对采购发展战略的研究。绿色采购不仅认为追求经济效益是合理的，而且强调采购工作必须充分注意对环境的影响。绿色采购应当为经济组织的目标和发展战略提供服务。

实施绿色采购应该注意以下方面：采购的材料必须是绿色材料，有关的物流也必须是绿色物流，这样才能降低资源消耗，减少废物的数量；要选择对环境影响最小的材料，要通盘考虑如何减少，甚至彻底消除采购及有关环节对环境的负面影响。

绿色采购战略的主要内容包括：

（1）采购物资的绿色化。绿色材料之所以对环境有利，是因为在这些材料的取得、加工、利用及重复利用能最大限度减少对环境的负面影响。在绿色材料的开发和生产过程中必须树立和坚持环保的观念；必须在材料与环境之间建立协调的关系；绿色采购获得的材料不仅要能满足企业生产的需要，要能尽可能减少废弃物的产生，而且要能减少材料的使用，有利于净化周边环境，有利于提高人们的心理和身体的健康。

（2）采购环节的绿色化。在企业的供应链中，与采购有关的物流包括所购物资的包装、运输及对所购材料的初步加工。制订企业的采购战略时，必须考虑所有这些具体环节，要使流向企业的物流真正成为绿色的物流。

绿色包装的概念是在 1987 年联合国环境与发展委员会发表的《我们共同的未来》一文中提出来的。当时，环境问题引起了人们的普遍关注，全球范围内掀起了一股以环保为核心的绿色飓风，绿色观念也迅速扩展到包装环节中来。有人把绿色包装称为生态包装，也有人将它称为环境友好包装，尽管称谓不一，但寓意基本上是相同的，都是指这样一种包装，它对环境和人体无害，能够重复使用、循环利用，有利于社会经济的可持续发展；其包装产品从选材、加工、使用到回收的全过程都充分考虑了对环境的影响，能够节约资源、能源，能够减少废弃物的产生，容易回收、利用及循环利用，可以焚烧、降解，从而能全面符合环保的要求。

（三）可持续生产

供应链中的生产会产生劳工权利、资源和能源消耗、废物产生等问题。探索生产过程中的可持续运营，评估可持续制造业的绿色生产力，以提高资源效率和减少浪费。绿色生产力的因素主要以用水、能源使用和土地生态毒性为主，行业最优先考虑实施清洁生产。

核心服装企业的制造意味着把面料半成品加工成最终服装。因此，在面料一定的条件下，可先衡量怎样最大限度地利用面料，对于那些裁剪过程中剩下的边角料，也可以运用到服装的花式设计中，实现经济和环境效益的最优化。

1. 生产设备节能化、自动化升级　在服装生产阶段中实现绿色生产，设备的节能化、自动化更新尤为重要。图 5-8 列出了服装生产阶段的设备升级方案。企业应看到旧设备造成的能源与服装原料的隐形损失，注重新设备带来的长期经济效益。更新生产及生活设备不仅能降低能源投入，还有助于减少员工人数和工作量，提升资源利用率和服装生产效率。

2. 实现服装生产的精益化管理　除去设备优化所带来的低碳效益外，服装生产管理的精益化有助于低碳化生产。管理者可引进 ERP/PLM 系统，科学合理地进行管理和配置，制订好生产计划，运用 ECRS 平衡改善法对流水线进行优化改造，即对原有工序进行取消、合并、重排与简化，减少无效动作，改善组织结构，减少辅助时间，实现均衡生产，最终达到提高生产效率、降低资源浪费的目的。

（四）分销

通过跟踪采购和生产服装及其零部件的运输路线，可以发现世界地图上显示出大量相交的运输路线，并且每条线的碳排放量都可被计算。这些碳排放量可以通过各种方式抵消：包括将航空运输和公路运输转换为铁路运输和海上运输等更为优选的运输方式；用生物燃料替代石化燃料；用燃气或电力作为能源来替代煤炭。但研究表明，运输只占产品生命周期中碳的 1%。虽然这数据似乎将可持续发展的设计重点转向其他具有更大影响的领域。但进一步审查表明，分销包括几个具体专业细分，除了运输，还有材料采购、预测和生产管理。它们管理着分销系统内外材料的流量和数量，并提供了一些干预的机会。在服装业人们通过计划零

服装生产阶段	设备低碳化升级
剪裁	使用电剪刀、CAM精裁机代替人工裁片，利用CAD/CAM系统（计算机辅助设计与制造系统）进行排板优化。增加布料利用率，提升生产效率
缝制	使用节能型缝纫机，将离合器电动机更新为伺服节能电动机
整烫	采用蒸汽逐级利用法对热能进行多层次利用，加强余热利用，增加冷凝水回收利用系统建设，用于生活取暖
钉扣	使用自动锁眼机、自动送扣机、自动扣口袋机等自动化设备
照明	使用T5高效节能灯、LED灯代替T8荧光灯、白炽灯、加强灯具区域化管理
制热	使用燃气锅炉或生物质锅炉代替燃煤锅炉
通风系统	采用水帘空调（节能环保空调），达到降温、换气、防尘除味的效果

图 5-8　服装生产阶段设备升级方案
（图源：基于 LCA 的服装低碳化对策）

售销售额来确定材料数量和流量。面料厂选择、设备分配、配件的订购、工人的雇用和培训、生产系统的设计，这些都是根据销售预测来进行编排的。

1. 高效的分销和零售　以零售量预测制造量的做法存在一定的风险，而近年来，“精益零售”有效地规避了这种固有的风险，制造商现在必须一直保有大量库存，以确保满足快速补货的需求。高科技信息收集器，例如射频识别（RFID）标签，被放置在每个产品上。并且人们已经开发出了用来优化供应链中服装流动的分析系统。这些技术为生产者和零售商提供了数据，他们能借此跟踪、分析和重新调整材料库存，匹配产品销量，从而减少过多的产量和库存。乍看之下，库存流量的优化可以为商业和环境实现双赢。虽然这些技术有效地“润滑”着分销系统，使更多商品更快地被推送给消费者，但这常导致零售服装过季后就被丢弃，浪费仍然存在，它只是位于系统中的不同节点。事实上，正如期货分析、策略和情景规划专家哈丁·狄博思（Hardin Tibbs）所说，工业系统中材料的总流量每 20 年就会翻一番。

事实上可以这样认为，RFID 技术只是为了商业利益而优化货物流通，而且往往以牺牲可持续性为代价。RFID 技术将贸易交易以抽象的形式进行表达；销售被简单地表示为数据用于分析；人类推动着物流的发展；我们设计、制造和销售的服装被看作是纯粹的计量单位，它们的价值完全依赖于产量。虽然分析方法和数据为人们提供了智能化手段，这无疑加强了人们对工业流动的认知，但它们几乎不能被处理，且削弱了人与自然、社会和人文环境的联系。

2. 运输系统和物流　“大多数时候，我们的生活都是在这些无形的系统中，也没有意识到这种人造生活是高度地依赖于所设计的那些基础设施。”

服装产业的规模化和全球化对交通工具的需求是巨大的，通过将世界不同地区的运输放置在一个复杂的网络系统中，将产品由纤维通过加工到成衣，最后再进行销售。如前所述，一些报告表明，交通运输只占产品碳足迹的1%，但另一些报告表明，货物运输可占公司碳排放的55%。两者之间的差异在于该报告研究的“范围”——前者考察的范围足够宽，而不仅是交通运输，在服装的整个生命周期中消费者行为和服装护理常是能源消耗最多的。但是，当考察范围仅局限于公司活动时，运输和店内的能源消耗是最高的。因此，对于设计而言，要建立利益和制约的边界意识，通过信息反馈可以指导设计策略和行为，如果不了解变化的情况，可能会导致错误的行动。

3. 逆向物流　逆向物流是一个理论上简单但在实践中难以管理的过程。简而言之，当产品在销售点（例如商店、仓库或制造商）之后在供应链中向后发送时，这就是逆向物流。如果计划不当，管理返回供应链的产品可能会很混乱，但这是开展业务的必要部分。如果企业出售任何东西，可以期望在某个时候处理产品退货。大多数公司，无论是否在线，都必须每天处理退货。因此，最大限度地提高逆向物流操作的效率至关重要。简化的退货管理流程可以帮助企业最大化利润并快速处理大量退货。拥有可靠的战略可以为企业带来竞争优势；没有好的战略，或者根本没有战略，都会让企业落后于竞争对手。

4. 零售商退货政策　虽然不同零售商之间的退货政策差异很大，但所有政策都有一些共同点。标准退货政策由三个简单的要素组成：退货期限、退货条件、退款方式。此外，电子商务商店还有第四个要求：退货运输流程。这些元素本身现在看起来很模糊，但当付诸实践时，它开始变得有意义。为了更好地了解这些元素如何出现在不同的政策中，让我们看一些来自受欢迎的大型零售商的例子。

• 案例

1. 为逆向物流设计产品　大多数产品不是为逆向物流设计的，它们通常难以压缩或拆卸以优化卡车装载。可用于确定退回的产品是否可以重复使用或应该回收的信息有限，因此一些企业正在设计他们的产品以适应逆向物流流程。例如，Ahrend 销售的办公桌带有易于拆卸的桌面以方便运输。Orange 将其互联网调制解调器装在一个包装中，当客户想要将其设备送回时，该包装可以重复使用。为方便客户和分销商退货，Xerox 为退货提供了无须胶带的保护性包装。建筑和采矿设备制造商 Komatsu 在所有标准设备上都安装了传感器，可以收集有关其状况的数据，一旦客户退回设备，Komatsu 就能够快速确定其组件是否可以修复或应该回收。

2. 协作扩大规模　由于要收集的商品通常是地理上分散的低价值产品，因此汇总数量变得至关重要。为了达到足够的规模，一些公司整合了他们的回流。回流通常比远期回流更容易在公司之间整合，因为它们不受相同的时间和保密限制。一些服务提供商提供聚合行业部门内的回流。在纺织行业，逆向物流公司 I：CO 每天为 PUMA 或 Levi’s 等大型服装品牌在60个国家/地区管理22000吨旧服装的回收。回流也可以与前向流动合并，当物流公司 STEF 向法国南部的客户运送鲜鱼时，它会拿起装满鱼废料的容器，这些废料将用于生产肥料。为了降低回收成本，企业还可以鼓励最终客户退回他们使用过的产品。例如，在一些 IKEA 商场，顾客可以退回用过的家具，并以商店代金券的形式获得回报。

3. 致力于多选择收集方案 对于客户来说，退回旧产品应该和购买新产品一样容易。应允许客户在各种取件或取件选项中进行选择，例如附近收集容器、自动包裹储物柜或快递取件。例如，在荷兰，邮政服务PostNL从消费者家中收集报废的电器。作为折价计划的一部分，Virgin Mobile使用邮寄塑料袋退回旧手机。收集时应提供各种服务，例如旧产品拆卸、拆卸包装或贴标签。例如，递送服务UPS和FedEx以及初创公司Happy Returns在某些国家/地区接受未装箱退货。在爱尔兰，邮政服务An Post使用其ReturnPal应用程序安排承运人从客户家中提取未贴标签的包裹，然后在邮局贴标签。

4. 采用替代运输方式 针对远期物流进行了优化的传统运输方式并不总是满足逆向物流成本和服务特定要求。替代运输方式，如电动货运自行车或自动驾驶汽车，可能与逆向物流更相关。例如，Movebybike在瑞典收集货运自行车的二手家具。英国包裹递送公司爱马仕（Hermes）与小型六轮自动快递机器人制造商Starship合作，在伦敦试行了退货取件服务。

本章小结

本章介绍了在服装供应链管理中实现可持续的探索性工作。本章详细阐述了服装供应链的概念和结构、服装供应链管理的原则、模式及服装供应链现状、可持续供应链管理的思路和方法、服装可持续供应链管理的思路和方法。我国已制定2030年前实现碳排放达峰、2060年前实现碳中和的目标，对纺织服装行业绿色发展形成刚性要求，纺织服装业将加快建立绿色低碳循环发展的产业体系，希望在整个供应链管理发展过程中传递“可持续供应链”的理念，通过不断提高产品的全生命周期的综合效益，实现服装供应链与社会经济、环境的可持续发展。

思考题

1. 在智能工业时代，服装供应链会发生什么样的变化？
2. 可持续发展的服装供应链如何打造核心的竞争力？

第六章 纺织品及服装的回收与综合利用

可持续时尚对于全球纺织服装行业意味着新的增长机遇，中国纺织服装产业作为全球时尚产业的重要组成部分，正处于高质量发展的转型关键期。服装作为纺织品行业的一个重要分支，国家在制定循环发展战略时，将其作为重点去推进实行可持续发展。本章节基于国家循环发展战略指导和中国纺织服装产业的循环实践，详细阐述了废旧纺织服装的回收和综合利用的现状，具体展现服装行业为实现可持续转型积极响应国家号召做出的努力。

第一节 回收的意义

如今，无限扩张的线性经济发展模式已走到了时代的尽头，循环经济将引领新世纪的可持续发展。在循环经济下，时尚产业要更多地承担环境和社会责任，同时也能为自身开辟一条新的革新道路。

一、循环经济下的回收

全球正在经受的危机——不可再生资源的匮乏、生态环境的破坏、气候变化和人类自工业时代以来的下行经济发展模式息息相关。在资源环境压力日益紧张的当下和未来，“线性经济”不负责任地使用自然资源的生产模式已经不再可行，循环经济是大势所趋。

循环经济的核心是减少整个经济系统中资源消耗以及污染和废弃物的产生，协调经济增长与日趋严峻的资源环境压力之间的尖锐矛盾，实现经济增长与资源环境要素脱钩。在循环经济中，资源会被重新部署和利用，废物流重新变成投入，回到生产体系中。与传统“获取—使用—废弃”的线性模式相比，循环经济增长模式更具有包容性和可恢复性，是应对当前国际社会所面临的复杂资源环境问题的系统解决方案。

自 20 世纪 60 年代兴起，经过近半个世纪的理念和实践深化，循环经济作为一种新的经济增长模式，被视为实现可持续发展的重要途径。2015 年，联合国提出了可持续发展目标，其中可持续发展的核心之一就是解决资源和环境难题，这也是循环经济的本质，即通过源头减量、生产过程提升资源利用效率以及末端循环利用废弃物，实现资源高效利用，并同时增加人造资本和自然资本，促进可持续发展。

循环经济也是未来经济增长的重要引擎。据统计，到 2030 年循环经济可以创造出价值 4.5 万亿美元的经济效益，通过延长产品使用寿命，再利用，翻新，再制造以及回收再利用等方式尽可能地保留资源、材料和产品的价值，并创造新的价值。以中国为例，据估算，如果在城市落实三大关键领域的循环经济可大幅降低商品与服务的总体通达成本，到 2030 年可为企业与家庭节省约 32 万亿人民币的高质量产品与服务支出。

二、时尚产业回收的意义

1. 环境和社会意义 在“快时尚”的影响下，全球范围内服装使用率在2000~2015年间下降了36%，超过50%的快时尚服装会在一年内被丢弃。大量的废旧纺织品被填埋和焚烧，填埋后其降解需要几十年甚至上百年，对土壤和水资源危害极大，而合成纤维纺织品的焚烧也会产生大量有毒有害物质，造成严重的大气污染。在另一方面，为保证粮食供应，“粮棉争地”的现象使棉、麻、毛等天然纤维的年产量逐渐降低，而石油等天然资源面临耗竭，将严重地限制合成化纤行业未来的发展。在此背景下，大力发展循环经济，促进废旧纺织品的有效回收利用，不仅可以减少处理废旧纺织品所产生的污染，有利于环境保护，还可以保障粮食种植，降低对石油基产品的依赖，具有极其重要的环境和社会意义。

2. 产业发展意义 2019年国际货币基金组织（International Monetary Fund，IMF）连续四次下调全球经济增速预期。全球经济的增长乏力，迅速波及时尚领域，尤其是2020年全球新型冠状肺炎疫情暴发后，行业面临更大的增长危机。全球时尚产业迫切需要新的机遇，重塑产业发展模式，推动长期的可持续发展。

2017年，艾伦·麦克阿瑟基金会（Ellen MacArthur Foundation，EMF）在哥本哈根时尚论坛正式发起“循环时尚”（Make Fashion Circular）倡议，该计划旨在领导全球时装产业向循环经济转型，以从源头避免浪费和污染；2019年11月，欧洲环境署（European Environment Agency，EEA）发布了《欧洲循环经济之纺织》（Textiles in Europe’s Circular Economy），提出循环性的系统变革应该贯穿整个纺织产品的生命周期，包括材料、生态设计、生产和分销、消费和库存以及废弃后的环节。一些产业领导品牌和企业也在产业各个环节开展积极实践，在废旧纺织品回收利用领域的行动包括：二手服装转售、租赁以及升级再造，纤维回收再利用的技术升级、创新和商业应用。

第二节　废旧纺织品及服装的回收

一、废旧纺织品及服装的来源与定义

1. 来源 废旧纺织服装的来源有很多种，主要源自两个环节：一是生产环节，如棉纺厂的落棉、纺织厂的回丝、化纤厂的废丝、印染厂的废布、服装厂的边角料等；二是消费环节，如被淘汰或废弃的服装，毛巾、地毯、装饰等家用纺织品和部分产业用纺织废料，这些废料主要来自后工业的纤维废料和消费后塑料，最普遍的是PET饮料瓶。

2. 定义 根据GB/T 38926—2020《废旧纺织品回收技术规范》，废旧纺织品（textile waste）是指生产和使用过程中被废弃的纺织材料及其制品。废旧纺织品可分为废纺织品和旧纺织品。

废纺织品（pre-consumer textile waste）：纺织材料及其制品在生产加工过程中（如纺丝、纺纱、织造、印染、裁剪等）产生的废料。

旧纺织品（post-consumer textile waste）：淘汰的纺织制品，包括淘汰的服装、家用纺织品、产业用纺织品及其他纺织制品等。

二、废旧纺织品及服装的分类和分级

（一）废旧纺织品及服装的分类

废旧纺织品及服装的分类有两种，一种是按照废旧纺织品的来源划分，这与国标中对废旧纺织品的划分是一致的，也可以称为消费前废旧纺织品和消费后废旧纺织品；另一种是按照材质划分，在 GB/T 38923—2020《废旧纺织品分类与代码》中给出了明确的划分类别。

1. 棉类废旧纺织品(cotton textile waste)　以棉纤维为主体的废旧纺织品。

2. 毛类废旧纺织品(woolen textile waste)　以毛纤维为主体的废旧纺织品。

3. 涤纶类废旧纺织品(polyester textile waste)　以涤纶为主体的废旧纺织品。

4. 锦纶类废旧纺织品(polyamide textile waste)　以锦纶为主体的废旧纺织品。

5. 腈纶类废旧纺织品(acrylic textile waste)　以腈纶为主体的废旧纺织品。

6. 其他类废旧纺织品(other textile waste)　棉、毛、涤纶、锦纶和腈纶成分之外的某一种纤维（如丝、麻）为主体的废旧纺织品。

7. 混料类废旧纺织品(composite textile waste)　由两种及两种以上主要材质组成，且难以按 1~7 界定主体材质的废旧纺织品。

（二）废旧纺织品的分级

依据废旧纺织品的不合格物含量、成分含量，将各类废旧纺织品进行分级。

1. 废旧纺织品不合格物及含量

（1）废旧纺织品不合格物（disqualified goods）在废旧纺织品中含有的不合适以现有工艺再利用的纺织品，或具备连接、装饰、标识或其他作用的部件，如膜、标签、拉链、纽扣、绳带等。

（2）废旧纺织品不合格物含量（content of disqualified goods）废旧纺织品中不合格物的质量占被检物总质量的百分数。

2. 编码规则和代码结构　废旧纺织品的分类分级代码由八位阿拉伯数字组成：第一、第二位阿拉伯数字为大类代码，按 GB/T 27610 规定，废旧纺织品归为一个大类（代码 01）；第三、第四位为中类顺序码；第五、第六位为小类顺序码；第七、第八位为小类分级顺序码。当中类、小类不再细分时，代码补“0”直至第六位。分类分级代码结构如图 6-1 所示。

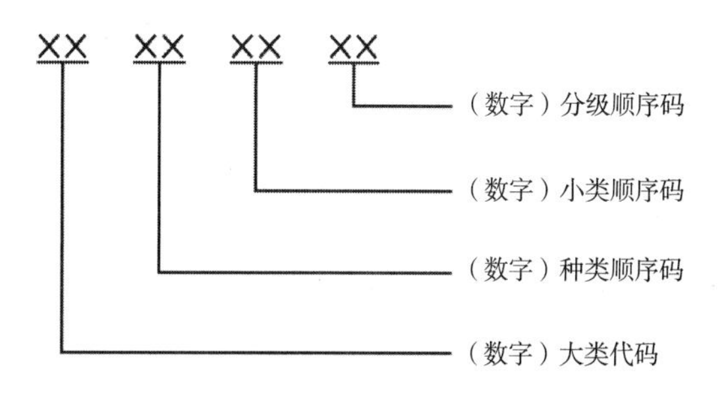

图 6-1　废旧纺织品分类分级代码结构图
（图源：GB/T 38923—2020《废旧纺织品分类与代码》）

3. 分类及代码　废旧纺织品分类及代码见表 6-1。

表 6-1 废旧纺织品分类及代码

大类	代码中类	小类	类别名称
01			废旧纺织品
01	01		废纺织品
01	01	01	棉类
01	01	02	毛类
01	01	03	涤纶类
01	01	04	锦纶类
01	01	05	腈纶类
01	01	06	其他类
01	01	99	混料类
01	02		旧纺织品
01	02	01	棉类
01	02	02	毛类
01	02	03	涤纶类
01	02	04	锦纶类
01	02	05	腈纶类
01	02	06	其他类
01	02	99	混料类

4. 分级与质量要求

（1）旧纺织品外观分级指标及质量要求。旧纺织品外观分级指标及质量要求见表 6-2。

表 6-2 旧纺织品外观分级指标及质量要求

序号	指标	质量要求			
		一级（01020001）	二级（01020002）	三级（01020003）	等外品（01020099）
1	描述	经洗净、消毒，干爽、无污垢、无损伤、不起毛球、无明显褪色、配件配饰齐全	经洗净、消毒，污渍、损伤较少	尚具备使用价值的各类纺织品的混合物	没有使用价值
2	建议用途	再利用	再生利用		

（2）废旧纺织品内在分级指标及质量要求。

棉类废旧纺织品分级指标及质量要求见表 6-3。

表 6-3 棉类废旧纺织品分级指标及质量要求

序号	指标	棉类废纺织品质量要求			棉类旧纺织品质量要求		
		一级（01010101）	二级（01010102）	三级（01010103）	一级（01020101）	二级（01020102）	三级（01020103）
1	不合格物含量/%	≤0.1	≤2	≤3	≤5	≤10	≤15
2	棉纤维含量/%	≥90	≥85	≥80	≥85	≥80	≥75

毛类废旧纺织品分级指标及质量要求见表6-4。

表6-4 毛类废旧纺织品分级指标及质量要求

序号	指标	毛类废纺织品质量要求			毛类旧纺织品质量要求		
		一级（01010201）	二级（01010202）	三级（01010203）	一级（01020201）	二级（01020202）	三级（01020203）
1	不合格物含量/%	≤1.5	≤3	≤5	≤5	≤10	≤15
2	毛纤维含量/%	≥70	≥70	≥60	≥70	≥70	≥60

涤纶类废旧纺织品分级指标及质量要求见表6-5。

表6-5 涤纶类废旧纺织品分级指标及质量要求

序号	指标	涤纶类废纺织品质量要求			涤纶类旧纺织品质量要求		
		一级（01010201）	二级（01010202）	三级（01010203）	一级（01020201）	二级（01020202）	三级（01020203）
1	不合格物含量/%	≤0.1	≤1.5	≤10	≤1.5	≤3	≤15
2	涤纶含量/%	≥99	≥95	≥65	≥95	≥90	≥65

锦纶类废旧纺织品分级指标及质量要求见表6-6。

表6-6 锦纶类废旧纺织品分级指标及质量要求

序号	指标	锦纶类废纺织品质量要求		锦纶类旧纺织品质量要求	
		一级（01010401）	二级（01010402）	一级（01020401）	二级（01020402）
1	不合格物含量/%	≤0.1	≤5	≤1.5	≤10
2	锦纶含量/%	≥95	≥60	≥90	≥60

腈纶类废旧纺织品分级指标及质量要求见表6-7。

表6-7 腈纶类废旧纺织品分级指标及质量要求

序号	指标	腈纶类废纺织品质量要求		腈纶类旧纺织品质量要求	
		一级（01010501）	二级（01010502）	一级（01020501）	二级（01020502）
1	不合格物含量/%	≤5	≤10	≤10	≤20
2	腈纶含量/%	≥75	≥50	≥75	≥50

其他类废旧纺织品分级指标及质量要求见表6-8。

表 6-8 其他类废旧纺织品分级指标及质量要求

序号	指标	其他类废纺织品质量要求		其他类旧纺织品质量要求	
		一级 （01010601）	二级 （01010602）	一级 （01020601）	二级 （01020602）
1	不合格物含量/%	≤5	≤10	≤10	≤20
2	主要材质含量/%	≥75	≥50	≥75	≥50

混料类废旧纺织品分级指标及质量要求见表 6-9。

表 6-9 混料类废旧纺织品分级指标及质量要求

序号	指标	混料类废纺织品质量要求			混料类旧纺织品质量要求		
		一级 （01019901）	二级 （01019902）	三级 （01019903）	一级 （01029901）	二级 （01029902）	三级 （01029903）
1	不合格物含量/%	≤1	≤10	≤20	≤1.5	≤15	≤40

示例：代码 01010501 代表质量要求为一级的腈纶类废纺织品。

三、废旧纺织品及服装的回收要求与模式

回收是废旧纺织服装进入逆向物流从而循环利用的首要环节，也是限制后端资源化利用、产业规模化的关键环节。生产、加工过程中的废纺织品由于含杂质少、质量和性能与原材料相近，且易于分类，在“十一五”期间即通过各种方式综合利用于各个领域。消费后来自特定行业的职业服装如军服、警服、校服、工服等由于款式、面料统一，颜色固定，回收分拣相对简单，可通过与专业机构的合作进行统一回收再利用。而消费后来自居民和家庭的旧纺织品由于款式多样、颜色成分复杂、新旧卫生程度不一，且分布分散，回收分拣更加复杂和困难，是废旧纺织品回收再利用的重点和难点。以下将重点介绍消费后的旧衣物及家纺的回收要求及模式。

（一）废旧纺织品及服装的回收要求

在中国，废旧纺织服装的回收缺乏专业高效的回收公司，而中间商的回收模式大多为个体分散经营，难以形成规模。近年来国家和政府出台了相应的政策和法规，针对具体的回收方式及要求，在 GB/T 38926—2020《废旧纺织品回收技术规范》中给出了具体的说明。

1. 废纺织品回收 产生废纺织品的企业应优先进行回收利用，不具备回收利用能力的企业可参照 GB/T 38923—2020 规定的方法，按照废纺织品的成分进行分类回收，确保安全、清洁、卫生。废纺织品的包装应标明名称、材料成分、质量、包装日期及企业信息。

2. 旧纺织品回收 回收企业宜通过线上收集、箱体收集、站点收集等方式进行收集。回收企业应建立回收操作规范，并进行定期培训。互联网回收平台应便于公众使用，可通过收集软件或公众号等形式运营，宜提供用户注册、预约回收、电话咨询等服务。宜将线上收集与箱体收集、站点收集等方式进行融合。回收装置的投放应符合城市和社区规划、便于收运，不得妨碍各类通道。回收装置应实用、美观，应在其醒目位置标注回收企业名称、装置编号、

回收用途、联系方式等信息。智能回收设备应具有安全操作提示、防夹手、防漏电、避雷等安全措施。回收企业应定期收集，并对回收装置进行维护管理。鼓励采用智能化监控设备实现高效科学收集，便于追溯来源和建立数据台账。

（二）废旧纺织品及服装的回收模式

目前，针对消费环节中产生的旧纺织品，中国已经形成多元化的废旧纺织服装回收模式，含废旧衣物回收箱、民间市场回收、公益慈善回收等传统模式，以及企业生产者责任延伸制回收、生活垃圾分类回收和“线上+线下”回收等创新模式，如图 6-2 所示。

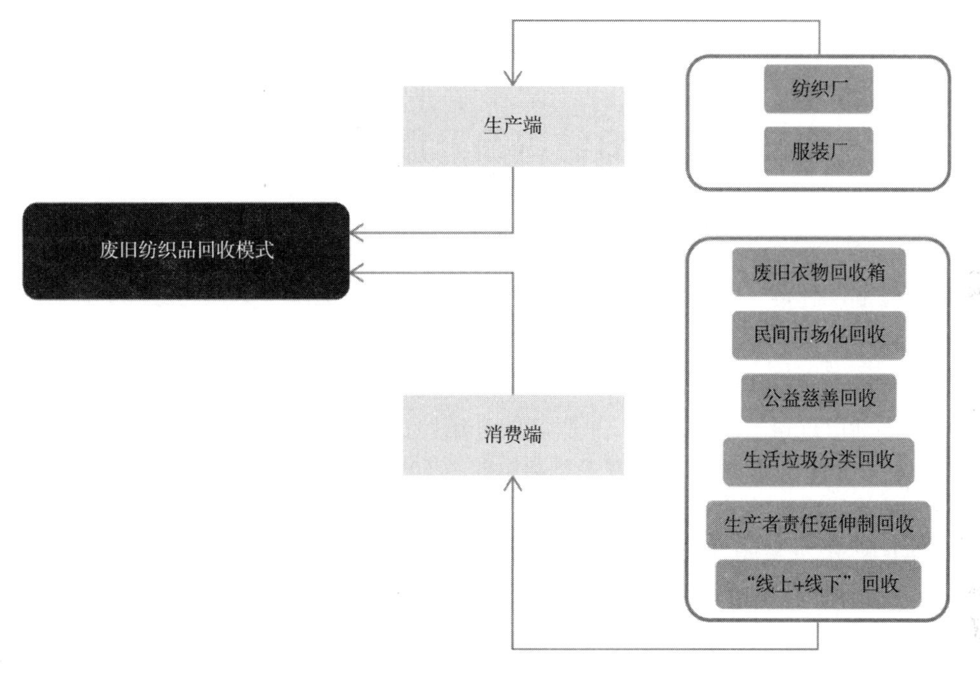

图 6-2 废旧纺织品及服装回收模式

1. 废旧衣物回收箱模式 通过在社区、街道、学校等投放废旧纺织品回收箱，回收废旧衣物及鞋帽，如上海缘源实业有限公司的“大熊猫”、慈善公益项目“衣衣不舍”“衣旧情深”等。

2. 民间市场化回收模式 全国大部分地区自发形成的废旧纺织品回收机构或个人群体，通过走街串巷、上门回收或街道回收网点等方式收集一定量废旧纺织品后进行分拣处理，运往不同集聚区销售给专业公司进行综合利用。

3. 公益慈善回收模式 以公益机构或慈善团体为主题开展的公益捐赠活动，组织居民参与旧衣捐赠，将收集衣物赠予经济欠发达地区，或将废旧衣物卖给资源综合利用企业，收益用于公益事业。

4. 生活垃圾分类回收模式 专业回收公司在居民小区设置垃圾分类与再生资源回收网点，分类回收废旧纺织品，并借助互联网平台，打造统一分类投递、分类收运和资源循环利用的再生资源回收体系。如京环集团“e 资源垃圾智慧分类云平台”、上海睦邻环保科技有限公司“邦邦站”、上海净通实业有限公司等。

5. 生产者责任延伸制回收模式 践行生产者责任延伸制，通常由纺织服装企业或品牌发起，通过提供商品优惠券、纪念品等方式鼓励消费者，在销售网点回收废旧衣物。例如茵曼“衣起重生”等。

6. “线上+线下”回收模式 通过互联网线上服务平台与线下服务体系的结合，通过在线预约、上门回收并累计积分购物等方式为消费者提供便利的废旧纺织品回收渠道和价值回馈。代表企业包括“飞蚂蚁”“欧燕”“绿袋环保”、中国海南绿能科技有限公司、上海新锦华商业有限公司、上海城投环境有限公司，以及阿里巴巴、京东等电商平台的旧衣回收服务平台。

第三节 废旧纺织品及服装的综合利用

中国废旧纺织服装综合利用的方式包括再利用和再生利用。再利用是指将废物直接作为产品或者经修复、翻新、再制造后继续作为产品使用，或者将废物的全部或部分作为其他产品的部件予以使用，不改变其原有属性。再生利用又称资源化利用，是指废旧纺织服装经过物理法、化学法和能量法等方法处理，使其失去原基本属性，实现在服装、农业、建材和能源等领域的再利用过程。其中我国二手服装的外销约占30%，物理法再利用约占50%，化学法再利用约占10%，能量法及其他方法再利用约占10%。

一、废旧纺织品及服装综合利用的主要技术

（一）废旧纺织品及服装分拣

快速、正确分拣是废旧纺织品高附加值利用的前提。不同类型的废旧纺织品回收后先根据其类型、新旧程度、材质、颜色、织造方法等对其进行鉴别与分拣。

由于颜色和织造结构的识别比较直观，因此，目前国内所有相关企业均利用人工进行分拣；废旧纺织品的成分很难通过直接观察加以鉴别，需要靠有经验的工人通过火烧、手摸、闻味等方法进行鉴别和分拣。上述方法准确性差、效率低，易引发火灾，危害分拣人员健康甚至生命。事实上，纺织品中纤维成分的定性鉴别和含量的定量分析早有标准方法可依。这些方法主要包括显微镜观察法和化学溶解法（GB/T 2910—2009《纺织品定量化学分析》）。采用上述方法虽然可准确鉴别纺织品中纤维的成分和组成，但其耗时长，需要大量化学试剂，而且往往需要破坏被测纺织品，因此无法满足工业界对废旧纺织品准确、快速分拣的要求。

目前，国内部分企业采用半自动化分拣模式，即在纺织品鉴别后以机械手段将服装自动按成分投放，从而大幅提高了投放的准确性和投放效率。然而，该模式仅在一定程度上实现了自动化，决定成分分拣准确性的鉴别环节仍然依靠有经验的人工完成。

近红外光谱技术是一种无损成分鉴别的重要方法。近年来国内外关于利用NIRS进行纺织品成分鉴别方面的研究逐渐增多，国内一些仪器制造企业也推出了专门适用于纺织品成分鉴别的实验仪器，并面向高校、纺织行业第三方检测机构实验室进行推广。然而，这些仪器

扫描和数据处理速度慢，仪器对震动、粉尘、光干扰等环境影响敏感，因此不适合在废旧纺织品相关企业的生产现场使用。

2010年，比利时的Valvan Baling Systems公司开发出了快速扫描近红外光谱废旧纺织品在线鉴别分拣系统。目前，已有北京环卫集团等三家国内废旧纺织品综合利用企业购买了该系统。也有部分国内企业与高校合作利用近红外技术与自动分拣设备结合开发了废旧纺织品在线鉴别分拣系统，如2018年北京服装学院废旧纺织品综合利用课题组与江苏毛纺企业合作开发的废旧纺织品在线快速鉴别分拣系统，采用阵列式快速扫描近红外光谱技术，提高了废旧毛纺制品鉴别分拣准确率和速率。

除近红外光谱技术外，不少研究者也在尝试利用拉曼光谱等其他手段对废旧纺织品进行鉴别和分拣，但是由于对纤维种类的选择性和鉴别速度等限制，迄今为止，该鉴别技术尚未得到行业的广泛接受。

（二）废旧纺织品及服装物理法再利用技术

物理法再利用是指在不破坏废旧纺织品中材料化学结构的前提下，通过采取裁剪、破碎、开松、纺纱、成网、热机械处理等物理加工方法制备再生产品的过程。物理法再利用主要有以下两种方法：

1. 物理开松法　物理开松法是现阶段中国废旧纺织品资源化利用的主要方法。该方法主要处理单一成分废旧纺织品，如废旧棉、毛、麻类纺织品以及混纺类纺织品。代表企业有温州天成有限公司，它将废旧边角料通过物理法直接加工成再生纤维后纺成纱线，应用于服装生产，并通过颜色分拣，将具有相近颜色的废旧纺织品一同开松，通过纺纱、织造得到相同颜色的再生纱线，最大限度地降低因脱色和二次染色带来的资源浪费和环境污染。江苏澳洋毛纺有限公司及其上游原料企业利用废旧毛织物制成具有高附加值的粗纺毛织物，作为冬季大衣面料。愉悦家纺有限公司则对麻、棉制品下脚料按颜色进行分类开松、纺纱、色织后重新利用。

对于成分不确定、难以分拣的混纺类废旧纺织品，企业正在探索其在其他工业领域的高值化利用。如通过切碎、粉碎后生产阻燃剂；通过磨具压制成汽车用板材、空调隔音材料；或切碎、功能化整理为墙体保温材料等，涉及领域包括家电、汽车、建筑保温、农业等。代表企业如广德天运新技术股份有限公司，它利用废旧纺织品生产空调隔音隔热、汽车减震及内饰产品，并研发推广用于物流行业的工业托盘和建筑保温材料等产品；镇江均亚空调配件有限公司、镇江美达塑料有限公司也同样利用废旧纺织品加工空调隔音隔热产品、汽车内饰及减震产品等。

物理开松法制备再生纤维的工艺相对简单，目前国内外都有产业化的生产工艺及设备。国外的物理开松法纤维再生生产线的设备比较先进，产能较高。如西班牙Margasa公司推出的旧衣回收自动制造再生纤维生产线，该生产线每小时能自动加工2000kg废旧衣物及纺织品，完成碎布、开松、除树脂拉链和纽扣等杂质、除短纤维及灰尘、制成棉花状纤维的再生纤维可用于纺纱或制造非织造布的原料。

2. 热熔融物理法　热熔物理法主要处理单一成分的合成纤维类废旧纺织品，如涤纶、丙纶等；代表企业有宁波大发化纤有限公司、福建三宏再生资源有限公司等，通过切断、烘干、熔融、纺丝等工艺生产再生涤纶短纤维和再生丙纶纤维等，用于纺织品服装、箱包类产品的生产。

对于高含杂的废旧纺织品，近年来有部分研究者尝试采用物理—化学法，即在物理法熔融成型的基础上，通过加入扩链剂、增塑剂等助剂提高纤维的可流动性和分子量。吴飞驰等在利用再生聚酯制备高韧性工程塑料专利技术基础上，利用废旧聚酯纺织品下脚料（可含有少量其他热塑性高聚物）复合面料为原料，通过加入扩链剂和相容剂，采用大扭矩螺杆基础机和专用注塑装置，在低于聚合物熔点的条件下，制备出了各种塑料容器和型材制品。

（三）废旧纺织品及服装化学法再利用技术

化学法再利用是在一定条件下，利用化学试剂将废旧纺织品解聚成小分子或单体，再重新聚合成高分子的方法。从技术角度上看，废旧纺织品经过化学法回收后，其最终产品往往又能重新制备成回收处理前的新物品，由此化学法再利用是一种非常有发展前景，且真正实现完全闭环回收的再利用方法。

由于涤纶及其混纺织物（特别是涤棉混纺织物）是最主要的纺织服装原料，因此目前化学法被更多地应用在废旧涤纶织物和废旧涤棉织物的再利用方面。浙江佳人新材料有限公司是国内化学法再利用废旧涤纶纺织品的代表性企业。该公司引进了 Eco Circle™ 涤纶化学循环再生系统技术，以废旧服装、边角料等废旧涤纶材料为初始原料，通过彻底的化学分解获得聚酯单体，再经聚合生产出接近原生材料性能的再生纤维制品，应用于新的服装和纺织品制造。经过试验论证，该技术已规模化应用，目前公司已与 GAP 等多个服装品牌合作推进旧衣回收再造。东华大学、福建华峰有限公司、宁波大发化纤有限公司、浙江绿宇环保有限公司、上海聚友化工有限公司也进行了大量的相关研究。

对于化学法回收利用混纺类废旧纺织品，一些国内研究者也在尝试对涤棉织物进行溶解，实现涤、棉成分分离。国内也有工程企业和高校在研发涤棉分离设备，但技术、工艺和设备尚不能达到产业化和规模化的标准。

随着技术水平的提升，单一纤维成分的废旧纺织品，如纯棉类、纯毛类、纯涤类已形成较为完整的闭环产业链，即通过物理法、化学法等生产较高质量的再生纤维，应用服装、家纺、医用纱布等领域。混纺类废旧纺织品由于混纺类型多、成分复杂、纤维分离难度大，是废旧纺织品高值化利用的难点。近年来，行业内企业、科研机构及行业协会开展了一系列混纺类高值化利用的探索，废旧纺织品回收再利用的产品类别不断拓宽，见表 6-10。

表 6-10 我国废旧纺织品及服装主要资源化综合利用技术

再利用技术	主要处理的纤维类别	产品及应用领域	
物理法再利用技术	废旧棉、麻、毛、类纺织品、混纺类纺织品、单一成分的合成纤维类废旧纺织品	再生纤维、纱线及纺织服装产品 农用大棚 空调外机隔音隔热产品 车用减震材料、内饰产品 建筑保温材料、防水卷材等托盘 运输防磕碰非织造布毛毡、遮盖布等 医疗纱线及其他产品	纺织服装行业 农业 家电行业 汽车行业 建筑行业 物流行业 医疗卫生行业

续表

再利用技术	主要处理的纤维类别	产品及应用领域	
化学法再生技术	废旧纯涤纺织品和废旧涤棉混纺织品	再生纤维、纱线及纺织服装产品	纺织服装行业

（四）废旧纺织品及服装能量法再生利用技术

能量法又称热能或燃烧法，是通过焚烧回收的废旧纺织品产生热能，再转化为机械能、电能的方法。该方法虽然能产生大量的能量，但是焚烧过程也会产生大量的一氧化碳、二噁英、氮氧化物等有毒有害气体，造成空气污染，不适合大范围使用，只适用于不能再次作为原料循环利用的废旧纺织品。

针对不能循环再利用的废旧纺织品，为减少燃烧对环境造成的危害，充分利用能量，科研工作者也进行了相应的研究。Nunes 等对可再生废旧棉纺织品用于生产热能进行了分析，并与其他燃料如木片和木屑对比，评估其经济性，实验结果表明，废旧纺织品生产热能的经济性更好。Liu 等将废茶叶添加到纺织品燃料污泥中共同燃烧，定量研究了混合物的燃烧行为、燃烧动力学和气体排放，实验结果表明，废弃茶叶的加入能够减少二氧化硫的排放量，提高燃烧效率。

二、废旧服装综合利用产业现状

全球服装行业市场规模高达 1.3 万亿美元，整个价值链上从业人员超过 3 亿人口。服装在纺织品中占纺织行业结构比重高于 60%，并将继续维持占比。目前，服装线性的生产、分销和使用的发展模式，导致服装普遍没有被充分利用，中国在过去的 15 年间，服装使用率下降了 70%。在全球范围内，消费者每年丢弃的还可继续穿着的衣物总价值高达 4600 亿美元。这一发展模式埋没了大量的经济机会，同时给所在地区和全球社会都带来严重的负面影响。据《时装产业脉搏报告》（*Pulse of the Fashion Industry Report*）估计，如果服装产业能够解决当前给环境和社会造成的不良影响，到 2030 年其对全球经济的总体贡献将达 1920 亿美元。因此，废旧服装高值化回收再利用的产业化发展和探索是极为重要的。

（一）废旧服装的二次利用

二次利用是指服装在回收后经过简单的杀菌清洁，直接进入使用的过程。在使用环节，分拣后符合再利用标准的服装被用于捐赠或出口；不可直接再利用的服装根据纤维成分和不合格物含量等不同，选择相应的资源化利用方式，在此不多叙述。

1. 废旧服装的捐赠 在中国，大部分城市社区设立了废旧衣物回收箱和社区回收站点，将居民闲置的衣物回收后，捐赠给公益组织，实现二次利用；在美国，公民捐赠废旧服装给慈善机构，并得到政府相应的税收优惠，而慈善机构将其处理后捐赠给 Salvation Army 和 Goodwill Industries。优衣库回收后的服装，有 80%~90%通过联合国难民署和非营利组织——日本救援服装中心捐赠给难民。PACLANTICK 品牌“服装表演，脑海中移动”的童装回收和捐赠活动，不仅保持服装的使用价值，而且密切联合产业、社会和消费者。

2. 废旧服装的出口 发达国家将废旧服装出口到发展中国家，包括消费者认为的低端服装也会被打包出口到发展中国家。在德国的废旧服装回收利用体系中，二手服装出口占总回收利用量的50%左右。美国是全球旧衣物最大的出口国之一，联合国贸易数据统计显示，2019年美国出口额达到6.81亿美元，出口市场有154个，以北美洲和南美洲国家为主。基于环境责任和循环经济角度考虑，部分国家已经禁止废旧服装进入国内，以保证当地的纺织业具有竞争力，这些国家对废旧服装禁止进口的政策使废旧服装的二次利用面临挑战。中国政府也基于为人民健康着想和促进循环经济发展，在2002年也明确规定了禁止废弃纺织品进入国内。

（二）废旧服装的升级再造

1. 升级再造的概念 “升级再造”（up-cycling）一词最早出现在1994年Thorn-ton Kay采访Reiner · Pilz的文章中。Reiner · Pilz认为循环利用是一种“降级再造”(down-cycling)，并提出应该升级再造，通过合理的再次设计对废旧产品赋予更多价值，而不是减少其价值。2002年McDonough和Michael Braungart合著的《摇篮到摇篮：重塑我们做事的方式》一书，延续了这一理念，指出“升级再造”的目标是在利用现有材料的基础上防止材料浪费，最终有效减少能源消耗、空气污染、水污染、温室气体的排放，这一思想受到了学界的广泛重视。

升级再造是一种通过创新和创意来解决废料的可持续设计方法，指将旧的、使用过的、已处置的废旧服装，经过拆分重组和设计，创造出新的、价值更高的东西。升级再造的过程需要综合考虑环境意识、创造能力、创新能力和努力等因素，旨在开发真正可持续的、负担得起的、创新和有创意的产品。据相关数据显示，人们每少买一件衣服，就相当于节约2.5kg的煤炭，减少6.4kg的二氧化碳排放量。随着越来越多的时尚品牌加入可持续发展的实践中，升级再造这一极具创新和创意的可持续设计方法，被更多的时尚设计师采用，创造出独特的更具价值感的时尚产品。

2. 升级再造的时尚应用

（1）PRAD（意大利）。2020年12月，Prada启动Upcycled by Miu Miu项目，该系列是由Miu Miu重新加工和改造的特别的复古连衣裙系列，围绕着珍贵的、匿名的发现，从世界各地的复古服装店和市场中精心采购。挑选了80件古董连衣裙，并根据该品牌的审美准则重新解读。这些过去已经被穿过和曾被人们喜爱的服装，在经过重新设计并以手工刺绣和装饰完成后，生命得到了延长。

（2）再造衣银行（中国）。再造衣银行（Reclothing Bank）作为国内可持续性时尚品牌的icon，是由独立设计师、FAKE NATOO女装品牌创始人张娜于2011年创办的旧物再造品牌。再造衣，即旧衣物的升级再造；银行，指代其作为受理旧物料的存储、流通、汇兑的模式。以“再设计”的角度重新审视，利用已存在的过时物料，以设计的力量去改造，去再生，赋予旧物料新的生命，创造出适时的全新作品。

品牌包含“众”“乐”“载”三个系列，其中“众（Basic）”是再造衣银行的标准成衣系列，设计将更多心思花在旧物料的挑选、整理、重新组合之上，把偶然变成必然，同类型但不同时代的物料，以其结构的共同点为基础，进行标准模式化设计与生产，以设计破除过度设计，为生活所用，简单好穿，易于分享，如图6-3所示。“乐（Ready to Wear）”是再造衣银行的创作系列成衣，设计师在再造过程中尊重材料本身，重新审视每一块旧物料的历史、时代，在新的角度里玩味突破时空限制的美学标准，整个系列充满因材料的随机性带来的独特、自由与最终惊喜，如图 6-4 所示。“载（Haute Couture）”是对旧衣新生美学的认同，想要与设计师一起为自己打造独特价值。用再造衣的方式珍藏过往的记忆片段，用设计将自己人生的重要经历浓缩并融入当下与未来。在该系列中，设计师不仅旧衣新造，更在其中将旧衣的出处、记忆与历史连接拥有者的当下，此系列的旧衣改造不单是时尚的、美学的，它更是心的组成部分，将不愿抛弃之物赋予新的生命与时光，给予现在与未来，如图 6-5 所示。

图 6-3　“众（Basic）”系列
（图源：再造衣银行官网）

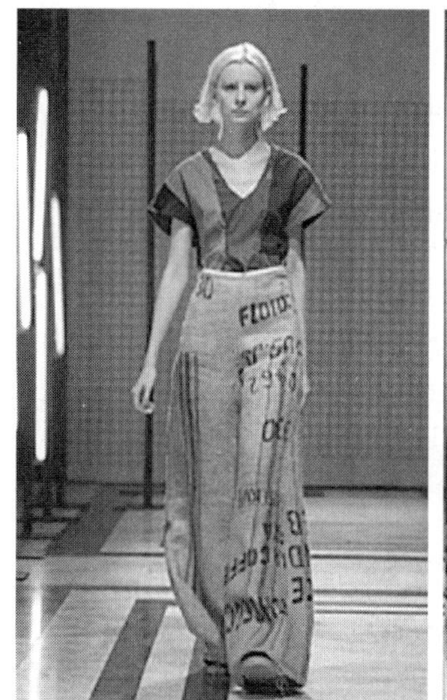

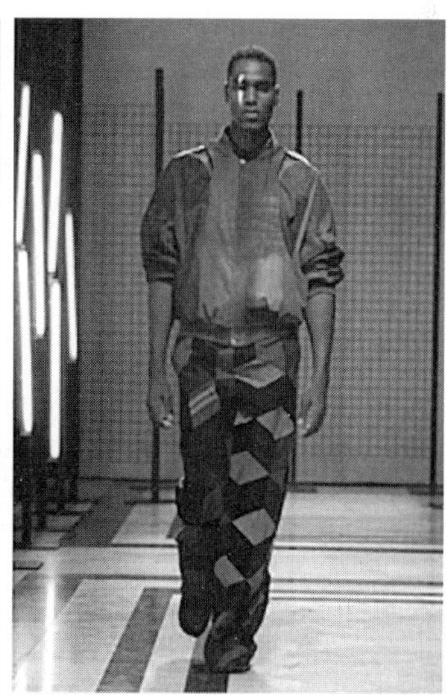

图 6-4　“乐（Ready to Wear）”系列
（图源：再造衣银行官网）

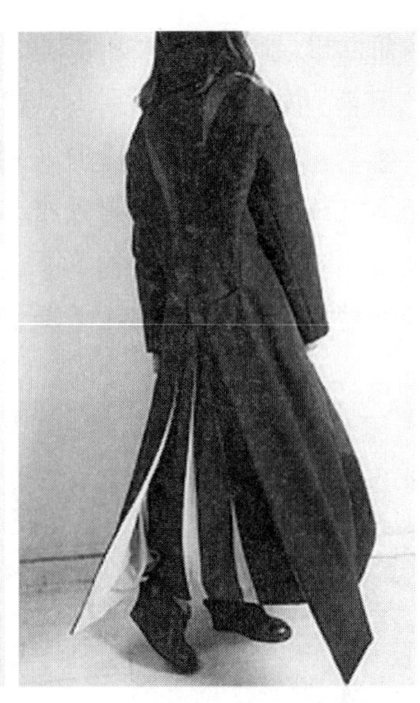

图 6-5 “载（Haute Couture）”系列

（图源：再造衣银行官网）

（三）废旧服装的创新商业模式探索

围绕可持续发展进行的各种创新是为了将商业成功地从日益扩张的线性发展模式上分离。创新服装的设计、销售、穿着、回收和在加工的方式，提升产品品质、增加服装的使用次数，延长产品生命周期，提高废弃后回收利用率是新商业模式关注的主要方向，也是品牌和设计师的重点探索领域和企业创新的重点方向。已有的新模式实践包括：修补/改衣服务、共享、二手转卖等服务。

1. 修补/改衣服务 修补是衣物出现破损时恢复其价值，延长其产品生命周期最经济、最直接的方式，尤其针对高档、耐用、功能性很强的服装。近年来，一部分服装品牌推出了修补服务，提升产品的附加值，并增加消费者黏性、提升品牌形象。例如 Patagonia、波司登提供服装的回收和破损修补服务。

改衣和修补异曲同工，通过对旧衣或者尺寸已经不合适的衣服进行修改，既可以满足消费者在新阶段对服装的需求，也降低了服装的废弃概率。改衣是中国的传统，过去由裁缝完成，因近二十年快时尚潮流冲击而日渐式微。但在新的消费理念下，改衣的需求重新兴起，并与互联网技术结合，形成新的模式满足新时代消费者的消费习惯。例如，线上改衣品牌“易改衣”通过互联网把传统裁缝行业信息化，实现 SOP 标准改衣作业，为顾客提供预约上门量体改衣等服务。

2. 共享租衣 近年来，共享经济在全球不同行业中掀起了波澜。这种新商业模式通过一个平台，将产品和所有者和产品的需求者（个体或机构）连接起来，帮助产品在不同的消费者或者用户之间流转，有助于避免产品闲置现象，提升产品的利用率，并推动产品设计更加注重耐用性。

共享租衣平台是共享经济在服装消费领域展现出来的一种模式。服装平台通过合作从服装提供者那里获得服装的使用权，然后将其通过租或借的方式提供给服装需求者。比较有名的租衣平台有美国的 Rent the Runway 和 Le Tote。Rent the Runway 平台推出会员无限期租赁服务，会员费包括了来回运费以及清洗服务。如今，Rent the Runway 共享租衣平台已在全美拥有几百万的会员，且呈增长趋势。同样作为租衣平台的 Le Tote，其运营模式却与 Rent the Runway 完全不同。平台通过人工智能与大数据等高科技手段对每位用户的尺码档案、浏览风格进行评估，精准推荐满足用户需求的服装，并且帮助用户建立属于自己的穿衣风格及时尚品位。如今，Le Tote 已开辟中国市场。

过去五年里，国内市场也出现了一批共享租衣平台，以“衣二三”为代表。这些创业品牌基本集中在一线城市，如北京、上海等，共享租衣平台的目标用户也是一二线城市的二十出头的年轻女性。基于目标群体的需求，共享租衣平台的商业模式主要分为：包月租衣模式和场景类租衣模式。与时尚品牌合作是共享租衣平台获取大量优质时尚服装的主要方式。衣二三平台上几乎所有的衣物都是通过和品牌合作实现的。服装品牌也通过这样的合作拓展零售端的服装租赁可能性。

3. 二手转卖　二手交易是充分发挥产品价值、提升产品利用率的有效方式。据网经社电子商务研究中心调研显示，2014~2018 年，中国二手交易市场扩大了 450%，达到千亿美元的市场。

出于卫生的考虑，中国尚未开放二手衣物的交易市场。但服装的二手转卖、二手交易行为始终存在，特别针对高价服装如奢侈品类的闲置交易。近年来，国内二手闲置奢侈品的交易发展趋势非常乐观，以红布林、妃鱼、只二、多抓鱼为代表的二手奢侈品交易平台发展迅猛，受资本青睐。服装基本是二手奢侈品交易电商平台的标准品类。

此外，闲置物品二手交易也是闲鱼、京东拍拍、转转等互联网平台的主要板块。以闲鱼为例，其是阿里巴巴旗下的闲置物品交易平台，用户通过手机拍照上传二手闲置物品，开展在线交易。据统计，二手衣物和二手数码产品是闲鱼平台上交易频次最高的两种品类。

三、废旧纺织品综合利用产业现状

2020 年，中国针对废旧纺织品的回收处理已先后发布多项国家标准，用于指导产业具体的回收实践。废旧纺织品回收、分拣和综合利用产业链已经基本建立，形成了多元化的回收体系，突破了部分资源化利用技术，纺织品—废旧纺织品—纺织、纺织品—废旧纺织品—保温材料等循环产业逐渐形成规模，并涌现一批龙头示范企业，产业规范化、清洁化水平也有所提升。尽管产业发展已经取得了阶段性的进展，但实现产业彻底的规模化发展仍面临多重挑战。

（一）产业链协同创新实践

废旧纺织品种类繁多、成分复杂，给回收、分拣和再利用带来更大的技术难度。通过产业协作，将废旧纺织品的回收、分拣、加工、生产、处理处置等环节连接起来，探索分级利用机制，可以在现有技术条件的限制下通过系统设计和多方协同提高废旧纺织品综合利用效率，实现产业升级和增值。

中国纺织工业联合会自 2014 年发起“旧衣零抛弃”品牌专项活动，联合服装品牌和行业龙头共同开展旧衣回收公益行动，规范废旧衣物分拣、循环再利用机制，探索建立废旧衣物循环再利用闭环模式。

废旧衣物回收企业上海缘源实业有限公司通过延长产业链，与浙江华鼎集团的子公司华贝纳毛纺染整有限公司工头投资成立鼎源（杭州）纺织品科技有限公司，对纺织服装生产过程中产生的下脚料和边角料、回收的作为原料利用的废旧衣物进行物理开松、纺纱、制造循环利用，分类分级生产纺织面料、非织造材料、生态基质、填充物、染料棒等产品。

温州天成纺织有限公司通过与国内外品牌服装企业合作，定向回收面料工厂边角料，通过物理开松、纺纱、织造等工艺加工成原色再生纱线，生产品牌服装产品，实现了“再生面料—服装—边角料—再生纤维—再生纱—再生面料”的闭环回收体系，并建立了GRS边角料管理体系，保证可追溯性。

（二）产业清洁化、规范化发展探索

进入门槛低，企业规模小，工艺技术装备落后，专业技术人员缺乏，自动化、智能化管理程度低，行业竞争无序、管理粗放等是中国废旧纺织品再生利用行业发展初期普遍存在的问题。随着各级政府加快关停取缔“小、散、乱、污”企业，中国废旧纺织品回收再利用行业的清洁化和规范化经营水平有所改善。

部分龙头企业，如温州天成纺织有限公司、广德天运无纺有限公司、鼎缘（杭州）纺织品科技有限公司、浙江佳人新材料有限公司等通过长期的实践，探索出一条具有市场竞争力的规范化发展渠道，在整合回收渠道、废旧纺织品综合利用技术研发、再生纺织品市场拓展及标准制定等方面发挥了引领示范作用。

典型的废旧纺织再生产业集群也开始探索工业园区发展模式，通过基础设施共建共享、污染治理集中化、管理统一规范化推动产业的高质量发展。

以浙江苍南再生纺织产业为例。浙江苍南是中国第一批废旧纺织品综合利用试点基地，每年消耗全国约80%的边角料，生产约200万吨再生棉纱，具有从废纺织品收集到再生利用的全产业链，以及一批如温州天成纺织有限公司、温龙集团有限公司、苍南大华有限公司等领先企业。近年来，随着苍南再生纺织产业“低、小、散”无序发展所产生的负面效应逐步显现，当地政府基于国家环保政策和产业健康发展的需要，通过建设循环经济产业园区，按照“关停一批、整改一批、提升一批”的原则，有序引入企业入园，规范企业生产。产业园投用后，苍南再生纺织产业的规范化、清洁化水平得到了有效改善。

（三）产业发展面临的挑战

1. 关键技术、工艺和设备创新不足 关键技术、工艺和设备创新不足制约了回收再生纤维的规模化发展、循环型生产的推广以及废旧纺织品回收利用产业的经济性。

首先，技术创新不足直接限制了高质量、高性能和多样化的回收再生纤维的供应，影响了可持续产品的有效供给和价格竞争力，难以形成有效的市场驱动力。而且随着国内原生基础原料的成本优势凸显，回收再生纤维的价格竞争力进一步下降，对产业的技术创新提出了更高的要求。

其次，先进制造工艺、技术、设备的应用局限在部分行业领先企业。纺织服装企业多以中小型民营企业为主，企业在技改过程中普遍存在资金短缺、融资难、融资贵的问题，带有环保风险的印染技改项目更是面临各种不断提高的贷款条件和要求，这些都为先进制造工艺、技术、设备、模式的规模化带来挑战。

最后，关键技术瓶颈导致废旧纺织品回收产业规模化困局。废旧纺织品成分复杂，混纺类占绝大部分，快速成分检测、高效分拣、混纺分离等关键技术限制了后端综合利用的效率和规模。

2. 政策、配套制度和标准体系需要进一步完善　近年来，国家在废旧纺织品回收利用方面出台了一系列指导政策，推动了行业阶段性的进展。但现有政策、配套制度和标准体系在不同环节的完善程度和执行效力并不平衡。行业仍缺乏顶层规划，专项法规和配套制度，探索开放二手服装市场，推动区域回收、分拣、再利用体系建设等，再利用产品的标准、认证和标识体系也需要进一步完善。

四、废旧纺织品及服装产业未来发展趋势

“十三五”以来，我国化学法再生聚酯纤维产业化突破技术瓶颈，物理法和物理化学法循环再利用纤维产业化技术获得国家科技进步奖，旧衣零抛弃活动深入推进，废旧纺织品分类回收、科学分拣、高效利用等效率和水平稳步提升。

根据纺织行业“十四五”绿色发展指导意见，我国要继续加强资源综合利用，持续推动循环发展。

1. 推动园区循环化改造　加快对现有纺织园区的循环化改造升级，衍生产业链，提高产业关联度，实现集中供水、集中供热、集中治污，构建“废布再生短纤维、中水循环利用、污泥焚烧发电、余热余压利用”的玄幻产业链。促进废旧纤维再利用企业集聚化、园区化、区域协同化布局，进一步提升行业清洁化水平。

2. 推进废旧纺织品及服装再利用　引入市场化机制推动废旧纺织品循环利用产业发展，推进旧衣“二手市场”的开放和建立，建设再生产品认证体系。促进以中心城市为载体的废旧纺织品回收分拣示范基地建设，与市场化回收和工业化再利用对接，注重引导和加强关键技术及成套设备研发、成果转化和应用推广。支持再生资源企业利用大数据、云计算等技术优化物流网点布局，建立线上线下融合的回收网络，加快互联网与资源循环利用融合发展。

3. 加强行业规范化管理　研究制定废旧纺织品循环利用领域标准规范，建立行业鼓励和约束机制，促进产业规范化发展。加快落实生产者责任延伸制度，探索再生产品全生命周期可追溯路径。深入研究废旧纺织品资源价值核算方法和评价指标，逐步构建支撑再生纺织品生态价值的市场机制。

4. 废旧纺织品及服装再利用重点工程　重点突破废旧纺织品资源化学法聚酯醇解、胺解机理等再生利用关键工艺技术，推进含棉/黏胶纤维的废旧纺织品分拣、回收和绿色制浆技术，加大对废旧军服、警服、校服、各类工装等的定向回收、梯级利用和规范化处理。研发分拣、开松、成网一体化设备，以京津冀、长三角、珠三角、长江中部城市群等为中心，建设覆盖重点省市的废旧纺织品资源化回收、分拣、拆解、规范化处理基地。

本章小结

本章介绍了服装回收利用环节的产业现状和技术进展。本章围绕回收的意义、废旧纺织品的回收、废旧纺织品综合利用技术进展、废旧纺织服装综合利用产业现状等几部分详细展开。回收利用作为纺织服装产业践行可持续发展的重要环节之一，需得到全产业链的共同支持和实践，通过加强对废旧资源的综合利用效率，真正实现产业的绿色转型和产品增值。

思考题

1. 如何增加旧衣回收过程中交易双方的利益？
2. 回收过程中应制定怎样的标准有利于回收的规范化和安全性？

第七章　可持续背景下的品牌营销

随着可持续的重要性不断提升，越来越多的社会大众开始倡导绿色、环保、健康理念，众多服装品牌单纯追求经济增长的传统营销观遭遇了前所未有的挑战。为寻求一条能满足消费者可持续需求、顺应社会生态环境发展的道路，实现品牌可持续发展，可持续营销观念应运而生。国内学者万后芬在她所编著的《绿色营销》一书中认为："企业在营销活动中，要顺应可持续发展战略的要求，注重地球生态环境保护，促进经济与生态协调发展，以实现企业利益、消费者利益、社会利益及生态环境利益的统一。"

本章节从品牌及品牌营销的概念切入，分别介绍了服装品牌营销的意义和方法、可持续时尚策略与品牌营销现象、可持续策略对品牌形象的影响、可持续背景下的服装品牌营销策略以及被滥用的可持续营销现状，旨在探讨可持续背景下如何正确进行服装品牌营销这一问题。

第一节　概述

一、品牌营销的概念和意义

（一）品牌

1. 品牌的定义　关于品牌（brand）这一概念，中外学者在不同的角度有着不同的定义。美国著名的市场营销学专家菲利普·科特勒（Philip Kotler）在其《营销管理——分析、计划控制》一书中将品牌定义为："一个名字、名词、符号或设计，或是上述的总和，其目的是要使自己的产品或服务有别于其他竞争者。"美国哈佛大学商学院大卫·阿诺（David Arnold）认为："品牌就是一种类似成见的偏见，成功的品牌是长期、持续地建立产品定位及个性的成果，消费者对它有较高的认同。一旦成为成功的品牌，市场领导地位即高利润自然会随之而来。"美国可口可乐中国公司副总裁朱正中认为："品牌是借着市场上的各种方法使某种产品提高其价值并且可与其他类似产品分别出来的手段。简单来说，品牌是造成一种好形象，以便和消费者或顾客沟通。"美国S&S公关公司总裁乔·马克尼（Joe Marconi）认为："品牌是一个名字，而品牌资产则是这个名字的价值。"如同样的白色T恤，没有任何标识价值仅为几十元，而加上品牌的LOGO之后它的价值一跃到几百元。

以上引用的对品牌定义的表述，或从商标的本质出发，或从自然品质界定出发，或从社会特征、价值取向界定出发，反映了人们从不同的角度对品牌概念的认识。

所谓品牌，是用以识别某个销售者或某群销售者的产品或服务，并使之与竞争对手的产品或服务区别开来的商业名称及其标志，通常由文字、标记、符号、图案和颜色等要素或这些要素的组合构成。品牌是一个集合概念，它包括品牌名称和品牌标志两部分。品牌名称是指品牌中可以用语言称呼的部分，又称"品名"，如李宁、苹果等。品牌标志又称"品标"，是指品牌中可以被认出、易于记忆但不能用语言称呼的部分，通常由图案、符号或特殊颜色等构成。

2. 品牌的内涵 世界著名的品牌营销专家大卫·奥格威曾对品牌做过深刻论述："品牌是一种错综复杂的象征，它是品牌属性、名称、包装、价格、历史声誉、广告方式的无形总和。品牌同时也因消费者对其使用的印象以及自身的经验而有所界定。"广义的品牌包括以下六个层面的内涵。

（1）利益。品牌利益指品牌为消费者提供的之所以购买该品牌产品而非其他产品或品牌的利益或理由。品牌利益主要有两个方面：功能性利益和精神性利益。功能性利益指缘于品牌属性使消费者获得的独特效用，满足的是消费者对品牌的功能需求；精神性利益指缘于精神因素而使消费者获得的满足。

品牌利益可以通过对特定消费群的研究分析来确定。只有让品牌利益准确、独特地满足消费者的需求，品牌利益才能让品牌与竞争品牌区分开来，吸引消费者购买此品牌而非彼品牌。实践证明，只有很好地平衡购买者生理上和心理上两方面需要的品牌，才是成功的品牌。

（2）个性。品牌个性是消费者认知中品牌所具有的人类人格特质。可以从真诚、能力、刺激、经典和粗犷五个维度构建。塑造品牌个性之所以有效，其原因在于消费者与品牌建立关系时往往会把品牌视作一个形象、一个伙伴或一个人，甚至会把自我的形象投射到品牌上。一个品牌个性与消费者个性或期望个性越吻合，消费者就越会对该品牌产生偏好。广告代言人、卡通形象等都可以用来塑造品牌个性。

（3）属性。即品牌可以表达出产品特定的属性。品牌实质上代表着销售者（卖者）对交付者（买者）在产品特征、利益和服务等方面的一贯性承诺。消费者识别出这一承诺，并通过信息沟通及实际经验而认同了这项承诺，就赋予了品牌真正的存在价值。久负盛名的品牌就是产品质量的保证。

（4）资产。众所周知，品牌是企业的无形资产，它可以给企业带来巨额财富，它同样具有可交换的属性。品牌资产是西方学术界 20 世纪 80 年代提出的概念，近年来西方学术界较为流行的一个定义是："品牌资产是一系列与品牌、品牌名称、标识物相联系的资产和负债，它能增加或减少提供给公司或其顾客的产品或服务的价值。"也就是说，品牌资产，是一种超越了生产商品中所有有形资产或服务的价值。从或许不尽周全的角度来看，品牌资产是，同样的产品或服务，因为挂上品牌，而让消费者愿意付出更高一些的价钱。

品牌资产是与品牌紧密联系在一起的，一个普通的商品或服务，由于被赋予了品牌，才具有了额外的价值。国外比较流行的理论认为，品牌资产由以下五个方面构成：

①对品牌的忠诚。

②对品牌名称与标识物的认知。

③品牌体现的质量。

④品牌联想。

⑤其他品牌资产——专利、商标等。

（5）文化。即品牌的附加值及品牌象征的文化。品牌是一种文化，品牌中蕴涵有丰富的文化内涵。品牌是文化的载体，文化是品牌的灵魂，是凝结在品牌上的企业精华。成功的品牌都有深厚的文化底蕴。

（6）用户。即品牌应体现出购买或使用它的是哪一种消费者群。事实上，产品所表示的价值、文化和个性，均可反映在使用者的身上。一个品牌最持久的含义应是它的价值、文化和个性，它们确定了品牌的基础。

从上面的论述可以得知，品牌的六个属性并不是并列的关系，它们之间的关系可以用图 7-1 所示的金字塔模型直观地体现。

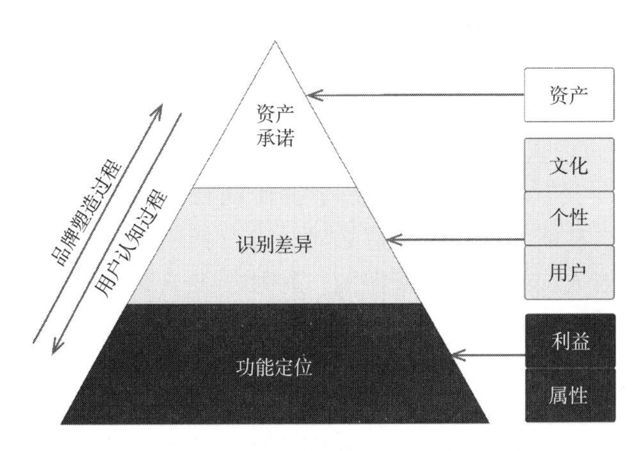

图 7-1　品牌内涵金字塔模型图片

3. 品牌核心价值　品牌核心价值是品牌资产的主体部分，它让消费者明确、清晰地识别并记住品牌的利益点与个性，是驱动消费者认同、喜欢乃至爱上一个品牌的主要力量。核心价值是品牌的终极追求，是一个品牌营销传播活动的原点，即企业的一切价值活动（直接展现在消费者面前的是营销传播活动）都要围绕品牌核心价值而展开，是对品牌核心价值的体现与演绎，并丰满和强化品牌核心价值。

品牌的核心价值既可以是功能性利益，也可以是情感性和自我表现型利益，对于某一个具体品牌而言，它的核心价值究竟是哪一种为主，应按品牌核心值对目标消费群起到最大的感染力，并与竞争者形成鲜明的差异为原则。同样，品牌价值之间的关系如图 7-2 所示。

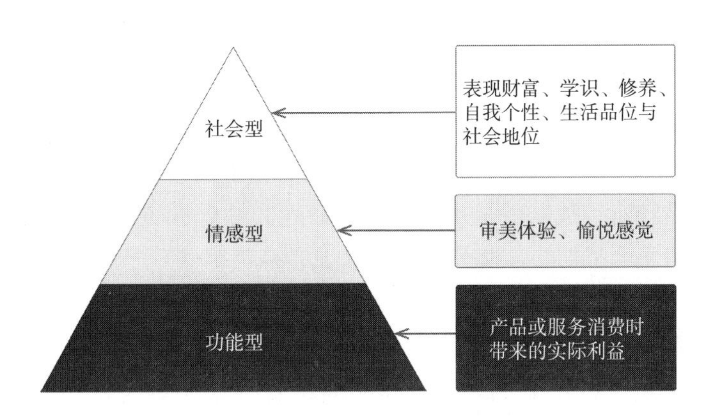

图 7-2　品牌价值金字塔模型

（二）品牌营销

1. 品牌营销的概念 品牌营销是指企业通过创造自己的品牌价值，通过消费者对品牌的信任，运用品牌销售策略带来品牌效益。具体就是企业通过市场的需求制订出相应的销售策略，推广自己的品牌，通过消费者消费、反馈等过程，将自身在知名度、服务质量等将品牌的信息留在消费者的购买方针内，在市场中树立自身品牌的优势，提升企业的竞争力。

品牌营销的前提是明确产品在消费者消费过程中的优势，让更多的消费者看到产品的优势，在有形和无形的服务上得到消费者的认可。目前市场上的产品质量大多都能保证，从而使消费者更多关注的是产品的无形服务。通过提高产品销售的售前和售后服务来满足消费者的需求，通过长远的销售过程来打造品牌的知名度。

2. 品牌营销的内容 与传统营销不同，如果说传统营销过程就是发现市场需求并通过创造产品和价值满足这种需求的过程，那么对品牌营销的过程可以说是个人或群体通过创造品牌价值，并同他人交换以获得所需的一种社会及管理过程。这个过程是发现市场品牌需求并通过创造品牌价值去满足这种需求的过程。传统营销与品牌营销的需求见表 7-1。

表 7-1 传统营销与品牌营销的需求表

营销类型	消费者需求类型	满足需求方式
传统营销	功能性需求	创造产品和价值
品牌营销	识别需求	创造品牌价值
	情感需求	创造品牌价值

归纳来看，品牌营销有以下几个内容：

（1）品牌个性。包括品牌命名、包装设计、产品价格、品牌概念、品牌代言人、形象风格、品牌适用对象等。

（2）品牌传播。包括广告风格、传播对象、媒体策略、广告活动、公关活动、口碑形象、终端展示等。

（3）品牌销售。包括人员推销、广告促销、事件营销、营业推广等基本的营销策略。

（4）品牌管理。包括营销制度、品牌维护、士气激励、渠道管理等。

3. 品牌营销的特点 品牌营销具有如下特点：

（1）全局性和综合性。从企业的角度说，现在的竞争已经不仅是单向的竞争，而是一种企业战略的竞争。品牌营销战略就是一种体现全局性和综合性竞争的战略。它不仅包括产品战略，而且包括营销组合战略、人力资源战略和其他战略。

（2）系统性和开放性。品牌营销包括品牌的创造、定位、推广、保护等一系列环节，是一个系统工程。而系统内各个环节都是可以转化的，是一个开放的系统。同时，其开放性也表现为品牌营销战略是一种系统结构，可以不断接受外来能量与之交流，进而不断调整与完善。

（3）资本积累性和效益裂变性。从企业角度来看，在实施品牌营销战略中，由于品牌是一种无形资产，它的特殊性就在于广泛使用，不仅不会带来损耗，而且会带来资本的积累增值和提高。其效益不是以递增的形式发展，而是表现出巨大的裂变性。

4. 品牌营销的意义 品牌营销的意义体现在通过品牌营销推广的企业不仅在品牌知名度有所提升，连品牌影响力也会随之扩大，企业经营中分有形资产和无形资产，而品牌营销恰好提升的是无形资产，即企业品牌价值的提升。一个有足够品牌影响力的企业不仅能够获得消费者用户的青睐，还能够得到消费者的信任与满意度，甚至赢得消费者的赞誉，反之消费者还会主动为企业进行品牌口碑宣传。而品牌营销的最终目的也是企业进行频繁的品牌传播，把企业的品牌核心价值、利益诉求点等信息反馈给消费者，从而逐步加深和强化消费者对该品牌的记忆。品牌营销的实现具有很大的意义，具体体现如图 7-3 所示。

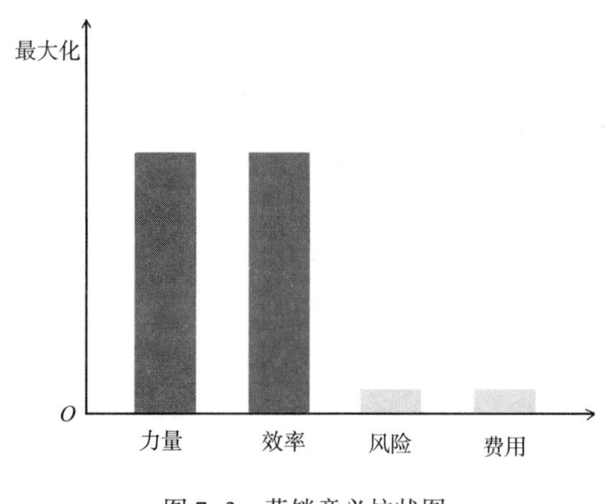

图 7-3 营销意义柱状图

（1）力量最大化。通过共享让各个参与者成为利益攸关方，不再事不关己高高挂起，由过去的品牌持有人独自发力转变成为利益攸关方共同发力，营销的推力和需求的拉力方向一致，根据力学合成原理，最终的力量自然最大。

（2）效率最大化。由于利益攸关从过去不关心销售转变为现在共同关注，使被动营销转化为主动营销，利益攸关方能够更加积极地对待工作，自然用工最省、效率更高。尤其是过去对品牌漠不关心的消费者成为品牌利益攸关方之后，各项调查、研发和营销工作不再是隔靴搔痒，效率自然无法比拟。

（3）风险最小化。由利益攸关方共同承担市场风险，各自担当的风险自然最小，尤其是消费者的积极参与互动，适销对路的产品开发是最容易实现的，同时大家利益相对一致，容易拧成一股绳，内耗风险系数也大幅降低。

（4）费用最小化。在每一个营销节点上，由原来品牌持有人支付费用转变为各利益攸关方自行支付费用，由过去品牌经营者独自控制费用转变为各利益攸关方自行控制费用，从而使各利益攸关方获取更多更合理的利益。

二、品牌营销的基本方法

（一）品牌营销的三大策略

1. 品牌个性策略（brand personality，BP） 品牌个性的打造可以从品牌命名、包装设计、产品价格、品牌概念、品牌代言人、形象风格、品牌适用对象等方面考虑。

2. 品牌传播策略（brand communication，BC） 品牌传播归根结底是一种方法或途径，它是企业告知消费者品牌信息、劝说购买品牌以及维持品牌记忆的各种直接及间接的方法。包括广告风格、传播对象、媒体策略、广告活动、公关活动、口碑形象、终端展示等。品牌传播过程如图 7-4 所示。

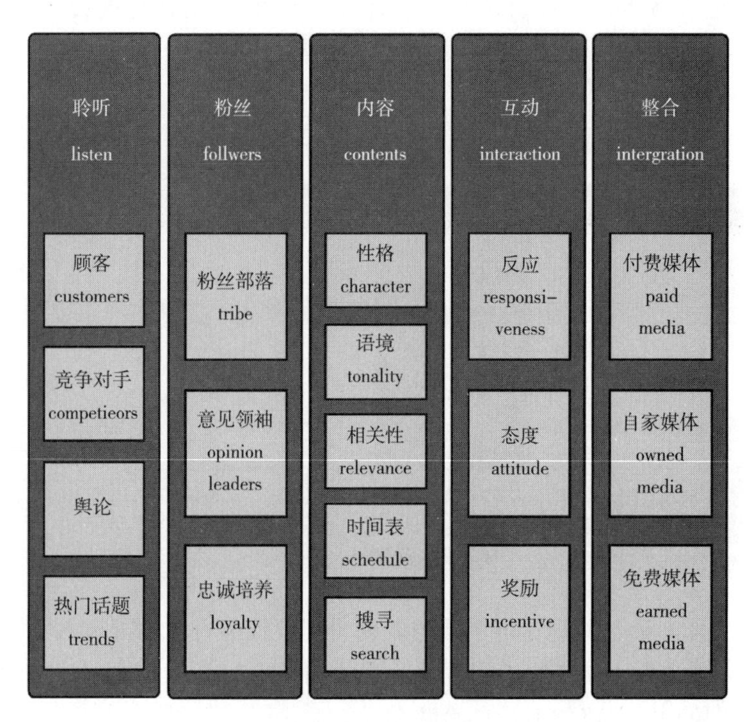

图 7-4 品牌传播过程—与用户加深关系

3. 品牌销售策略（brand sales，BS） 品牌销售可以通过通路策略、人员推销、店员促销、广告促销、事件行销、优惠酬宾等方法进行。

（二）品牌营销的实施要点

如今，以品牌为核心已成为企业重组和资源重新配置的重要机制。实施品牌营销应该注意以下要点：

1. 正确的市场细分 通过市场细分，企业能发现市场机会，从而使企业设计、塑造自己独特的产品或品牌个性有了客观依据。以市场细分为前提选择目标市场，在目标市场进行市场定位、品牌定位（核心），是一个品牌赢得市场、开拓市场，塑造品牌形象的必然选择。

2. 准确的品牌定位 品牌定位是针对目标市场，建立一个独特品牌形象并对品牌的整体形象进行设计、传播等，从而在目标顾客心中占据一个独特、有价值的地位的过程或行动。其着眼点是目标顾客的心理感受；其途径是对品牌整体形象的设计；其实质是依据目标顾客的种种特征设计产品属性并传播品牌形象，从而在目标顾客心中形成一个企业刻意塑造的独特形象。品牌定位并不是针对产品本身，而是要求企业将功夫下到消费者的内心深处。

简单说品牌定位就是树立形象，目的是在目标顾客心中确立产品及品牌与众不同的有价值的地位。从某种意义上说，品牌定位实际上是一个基于心理过程的概念。因为消费者购买多具有非专家购买的特点，在购买过程中存在着信息不对称的问题，那么决定买或不买某一产品，很大程度上取决于对该产品认知的积累及其鲜明的个性和品牌知晓程度。根据美国宾夕法尼亚大学沃顿商学院的一项观察表明，消费者把商品从货架上拿到购物筐里平均要用12秒，平均能仔细考虑1~2个品牌。消费者选择某品牌主要依据在于该品牌所能给消费者带来自我个性宣泄的满足，在于品牌形象对他们持续而深入的影响，而品牌定位是塑造成功品牌形象的重要环节，是求得目标顾客认同与选择的重要手段之一。

3. 产品定位与品牌定位相适应 消费者认知和选购某个品牌的产品，可能是出于理性，也可能出于感性，还可能是因为感情共鸣，甚至是直觉。对不同的产品，企业可根据不同的目标市场，通过透视该市场消费者的消费心理采用不同的定位。在市场调查中把握消费者的消费心理动机是定位的基石。

4. 差异化策略 差异化策略是品牌营销制胜策略的重要因素。市场区隔、差异化营销都是寻找市场空间，采用新策略、新形象开辟市场。竞争对手的产品同样好，他们的服务具有同样的标准，他们的价格可能更便宜。因此，企业如何战胜竞争对手，让消费者购买自己的产品，关键在一个“异”字。品牌营销的核心策略也必须寻找差异，创造差异，并采用差异化策略，为消费者提供新的利益点，开辟新的生存和发展空间，寻找一个竞争对手尚未涉足或涉足不深的市场空间，通过努力成为这个市场中的唯一品牌或领导品牌。

5. 品牌传播 最初品牌定位能否在消费者及社会公众中树立预期的品牌形象，实现品牌与目标市场的有效对接，使品牌获得增值，品牌传播也起着重要作用。

品牌的传播要达到两个目的：一是希望消费者相信什么？二是凭什么使他们相信？关键点就是要在深入了解消费者及目标市场的基础上，针对不同的消费群体，从他们的“期望需求”上找到与目标品牌的价值契合点，通过广告、公关、销售促进等手段大力宣传、重现、强化品牌个性化的定位理念，不断传播品牌的利益点。

三、服装品牌营销

服装品牌营销是指以消费者提供的价值为核心的综合营销活动，也是为了创造出受消费者支持的价值，踏踏实实地做好服装品牌的基本设计，并将其自始至终地贯彻到做出评价的一系列活动。服装是融合了消费者生理需求和心理需求的一类特殊商品，因而服装的顾客价值研究对服装企业品牌营销战略的制订尤为重要，它不但可以提高服装企业设计、生产和销售的针对性，还能够提高企业品牌服装价值，保持企业品牌营销的持续竞争优势。

（一）服装品牌营销特征

服装品牌营销与其他营销相比具有不同的特征。服装属于日常消费品，大多是单价低、重复购买的产品，消费者通常会形成一定的品牌购买指向。

在服装行业以及服装企业成功的品牌营销案例中，服装品牌营销的特征可以简要概括为基本深度分销的大众品牌建设。深度分销依赖的是终端的广泛覆盖，以及背后赖以支撑的销售管理系统，在此基础上通过大众传播而建立的品牌知名度。

深度分销足以保证产品能够渗透、覆盖每一个尽可能的终端，而大众品牌的建立足以保证市场拉力。推力和拉力的结合促成了企业的快速成长。稍有不同的是，有的企业是自建分销网点，有的则是与经销商达成利益共同体，借助经销商之力而运作全国市场。支撑大众品牌建设的是在媒体上的高曝光率。

服装品牌营销既注重了品牌的建立与品牌资产的积累，也强调了在品牌经营过程中对销售的重视。品牌营销是为了满足识别（象征）需求和情感需求，强调的是创造品牌价值。

（二）服装品牌营销策略

1. 差异化战略 当前，每个消费者都存在个性需求、差异化需求，应在了解消费者的前提下进行服装品牌的创建和营销。作为服装品牌的经营者，应对消费者群体进行调查，了解他们的现实需求和潜在需求，并对购买过自己品牌的消费者的资料进行管理。因为这些消费者是潜在客户，大多数消费者在选择服装品牌时都倾向于选择曾经购买过的品牌。

2. 视觉化战略 服装品牌提供给消费者的不应仅是服装产品本身，而应该是一种价值观念和生活方式，它煽动人的消费激情，刺激人们的购买欲，并不断追求人们内心深处那种难以彻底满足的欲望。

视觉营销不仅覆盖门户终端，而且在网站、内刊也体现了服装品牌的视觉营销渠道。因此采取视觉化的战略，利用不同的视觉语言传递不同的品牌个性和文化理念，将品牌及产品塑造成某一生活方式的象征对于服装品牌的营销具有重要作用。对视觉化战略而言，专门的陈列设计人员、视觉管理人员的要求很高，他们必须兼备美学、结构学、工学等各方面的专业素养，懂得橱窗、壁柜的摆设，色彩的搭配，构图的原则与格局等，因此必须加强视觉方面人才队伍的培养，构建专业团队。

3. 服务文化战略 随着人们生活水平的不断提高，购买服装已经不是一种简单的购买行为，而是一种精神上、情感上的享受行为。因为他们在购买服装的同时消费着品牌的个性风格，品牌的服务文化，消费着服装店提供的时尚资讯，消费着服装店的空间、消费着顾客本人在服装店的时间。因此如何培养品牌的服务文化，使他们在购买的过程中享受生活是服装品牌营销策略应该重点把握的精神。为此通过研究顾客的消费心理，把握消费行为，用鲜明的创新风格和消费者能领悟到的全新营销理念，让消费者体味品牌的个性文化并提供有价值的产品，已成为品牌服装决胜市场的关键。

4. 强化品牌思想 要想通过品牌战略去发展自身，首先要做的是加强服装品牌战略思想，要学会利用各种方式对自身服装品牌进行推广和营销，改正对服装品牌认知不足的错误，学习服装品牌战略的相关知识。服装企业要进行长期的战略规划，要做好打持久战的思想准备，通过制订不同的方案来应对困难。品牌战略不是简单的一个方案，而是一个完整的体系，这个体系主要包括战略的目标和定位，品牌的营销战略、保护战略和管理战略等。

5. 准确的市场定位 实施服装品牌营销的关键要有优秀的产品，优秀产品的来源要做好两个定位，一是服装的风格定位。对于服装品牌，由于服装产品的特殊性，人们着装的整体性、协调性，使服装产品的设计必须系列化、风格化，而一个品牌服装的风格也是该品牌服装产品相关因素相互联系的外观表现，其特点是与其他品牌服装不同的。二是目标消费群的定位。品牌企业要对自己的目标市场和消费群进行详细的划分，这样才能生产出能满足自身消费群的产品，进而提升品牌的市场竞争力。比如，美国奢侈品品牌 COACH 通过调整思路，整合资源，重新定位，把自身定位成为“能轻松拥有”的奢华品牌，以价格策略为导向，开创亚洲生产基地，抓住亚洲潜在爆发的市场，最终以业绩跻身一线品牌行列。

第二节　可持续发展与服装品牌营销

一、可持续时尚策略与服装品牌营销

环境污染和资源匮乏的问题导致人们对可持续性的认识不断提高。时装业是造成地球环境污染的第二大行业，因此，可持续发展已成为时装行业刻不容缓的使命。负责任的原材料选择和有效减少资源浪费的高效供应链管理被认为是可持续时尚的起点，同时，广大消费者开始把注意力从纷繁复杂的款式转移到服装的情感价值和环保属性上，越来越倾向于选择可持续产品，由此可见，可持续策略已经成为服装品牌核心竞争力提升的重要途径。

（一）可持续时尚策略

一直以来，时尚产业追求着高利润和高盈利，与人道主义、环保主义的可持续发展背道而驰，着眼时尚行业，从设计、生产到销售的快节奏模式，不仅耗费了大量原料、人力资源等，在销售与售后处理上也因质量、款式、定价等问题，均不能达到可持续发展的标准。

1. 可持续时尚的历程　由于传统的时尚模式导致自然资源的随意开采，不再符合作为生命基础的当代自然与人类社会的现实，因此可持续时尚应运而生，其不断发展是先驱与远见者、政府与公众共同努力而产生的结果。

在其发展历程中，最具代表性的是生态学家蕾切尔·卡逊（Rachel Carson）于 1962 年撰写的《寂静的春天》，书中她对使用化学用品提出挑战，促进社会对保护人类健康与环境的更大关注；在政府与公众方面，1972 年罗马俱乐部发表《增长的极限》，对人们的困境提出警告；1987 年，在《我们共同的未来》报告中对可持续发展作了具体的定义；1992 年联合国通过的《21 世纪议程》，确立了可持续发展是当今人类发展的核心主题。在这种形势不断发展下，时尚产业围绕环境保护问题进行持续的讨论与研究，促成了可持续时尚的产生与发展，同时一些如图 7-5 所示的可持续时尚宣传

图 7-5　可持续时尚宣传

开始出现在人们的视野中。

2. 当前服装品牌的可持续时尚发展策略 随着可持续时尚的发展，当前服装品牌面临机遇与挑战并存。在当前情况下，一些服装品牌正在积极探寻可持续策略，目前主要有以下几个方面：

（1）倡导可持续理念，为品牌形象加入可持续标识。服装中的可持续理念是在服装的设计生产、服装消费者两个方面都能以保护环境和人类身体健康为基础，使其避免受到有毒伤害，使品牌以及产品能够给用户轻松舒适的感觉。

之禾集团创立于1997年，基于“天人合一”的东方哲学思想，以“舒适、环保、通勤”作为品牌精神。之禾（ICICLE）将“可持续发展”理解为“采用顺应自然的制作方式和生活方式”。在之禾的宣传画册里，“MADE IN EARTH”的品牌标语简洁清新（图7-6）。与其他宣称环保的时装品牌不同，之禾不刻意展示“明显环保工艺痕迹”的商品，而强调在涉及生产和穿着过程中，人与自然的和谐关系。

在品牌的每日实践中，之禾只采用人工种植或养殖的原料，不采用野生的天然原料；反过剩设计，不做浪费用料的设计，不做潮流设计，不做缺乏使用场合的设计；环保的制作过程，尽可能地采用顺应自然的制作方法，尽可能节约能源以及避免对环境的伤害，关注损耗物的再利用；产品耐看、耐用，精心设计，并加以精工细作，使产品经得起长时间的审美和多次使用，而不是即穿即弃；可持续的商业模式，合理的售价，既保证消费者获得性价比良好的商品，也保证企业获取足够的利润，并用于公平的价值链利益分享。

图7-6 之禾的宣传海报

（图源：之禾秋冬ESRTHMAN广告画册）

（2）透明价格、透明供应链。网络时代下的消费者，是更为挑剔、消费者意识更强、环保意识更高，且怀有探求之心的消费者。他们往往对产品的生产过程等经营流程十分感兴趣，但这一点偏偏是品牌和卖家不愿意公开的内容。透明价格以及供应链就是为消费者提供可视化信息表，将产品的所有成本，甚至是生产产品的工厂的相关信息全部做公开化的处理，通过信息透明化，赋予消费者选择的权利，显示品牌对消费者的尊重。这种开诚布公的经营方式可以在吸引消费者目光的同时为品牌“口碑式”宣传打下基础。

被业内称为“新时代GAP”的Everlane，是一家成立于2011年的服装品牌。作为品牌方，Everlane一直在给品牌消费者传达自身的“透明理念”，无论是生产原材料、物料成本、人力支出还是物流配送，Everlane都透明地告知消费者——一件标价15美元的黑色基础款T恤，Everlane能把其价格细分到“在物流方面的成本是11美分”，在把所需成本透明地标出来后，Everlane会说明：“我们标的价格是合理的，因为相对传统品牌，一件成本价的衣服，我们卖15美元，其他品牌可能会卖到45美元。”Everlane之所以能提供远低于传统零售商的价格，是因为大幅砍掉了中间成本。目前Everlane已与全球5个国家的14家代工厂合作，会定期视察新工厂设备以确保潜在合作伙伴是否符合公司标准。比如：上述裙子的产地为中国杭州，工厂信息也一并被详细公布在官网上，包括工厂和工人的照片等。

随着产品链路的拓宽，Everlane 的在售款式也不再只有 T 恤，但后来陆续上架的产品中，无论是毛衣、鞋还是牛仔裤和包包，Everlane 都会把产品从设计生产加工到顺利上架的相关成本列出来告知消费者。

为了将透明贯彻到底，Everlane 付出了不少努力。首先，Everlane 需要和生产方（包括面料厂、制衣厂等）达成长期合作且保持良好的合作关系，且生产方需要和 Everlane 有一致的价值观，即透明和高度的社会责任感。毕竟相对普通品牌，Everlane 的供应链端，是从生产棉花或皮革等制衣原材料的农民开始的，其次是将这些原材料加工成布料的二次加工厂，而后才是将布料制成成品的工厂。正是这一段超长的供应链透明解析，让消费者对 Everlane 的信赖感有了质的飞跃。

除了过程全透明化的理念，Everlane 还是一家具备高度社会责任感的企业，环保和可持续性同样是 Everlane 的品牌关键词。因此，与 Everlane 合作的厂家也需要有相应的资格认证。Everlane 的 CEO Michael Preysman 此前曾因为没有找到符合品牌环保门槛的工厂而拒绝推出牛仔系列。而现在，与 Everlane 合作牛仔系列的工厂，是一家环保型的厂家，其生产过程中产生的 98%的水能被回收再利用，剩下的生产垃圾再经过化学药剂过滤后，可制作成用于建造经济适用房的材料。Everlane 还表示，品牌的所有皮革或麂皮产品都不采用动物皮生产，而 Everlane Tread 系列运动鞋的工厂使用的皮革与其他认证工厂相比，用电量减少 47%，用水量减少 62%，二氧化碳排放量减少 46%。除此之外，Everlane 还提供了所有合作工厂的信息，而这些工厂无一例外都表示，将最大限度地改善工厂劳动条件、给予工人公平薪资、生产过程节水，同时将碳足迹和能源使用降到最低的环境友好型工厂。

（3）采用 3R 理念。3R 理念是八国集团[1]在 2004 年 6 月海岛峰会上达成的协议的重要部分，并于 2005 年春季在日本举行的部长级会议上正式启动。3R 理念有助于改变品牌的形象，使其从被动转化为主动。

RAEBURN 是一个有着独特而创新的方法去创作男装、女装和配饰系列的品牌，由 Royal College of Art 的毕业生 Christopher Raeburn 创办。从 2017 春夏季开始，Christopher Raeburn 通过与德国品牌 MCM（Modern Creation München）之间的合作，正式对外推出了其第一个以可持续理念为核心的胶囊时装系列。从这个系列开始，他正式调整了自己品牌的创办理念，将重心转移到可持续时尚和社会责任领域，并连续在三个时装系列里将 3R 原则付诸实践，应用到面料研发和款式设计等方案流程中。

品牌将军用布料和降落伞回收再利用，转化为时尚的外套和其他时尚配饰，如箱包和动物挂件。重新利用是 RAEBURN 设计和品牌发展的核心概念，其产品的审美及功能性都体现了该品牌时尚而持续性的发展理念。他试图通过废弃面料的解构加工改造，将其擅长的功能性服饰与如今来看依旧前卫的可持续理念带入主流时尚产业。

---

[1] 八国集团，简称 G8，现今世界八大工业领袖国联盟，是包括美国、英国、法国、德国、日本、意大利、加拿大和俄罗斯的联盟。

作为品牌可持续精神的呈现物，从羊毛夹克到尼龙布材质的降落伞、帐篷，再到由回收塑料瓶制成的合成面料，设计团队不断地从世界各地搜寻到可供改造的、不仅限于旧衣物的材料，根据每个系列的具体情况，他们会在全球范围内联系不同的地方采集需要的材料，通过解构再造的方式，以全新的设计赋予这些回收材料新的生命。来自 20 世纪 40 年代的战斗服牛仔夹克被重新改造成防水功效的厚夹克。老式德国长披风外套被改造成品牌招牌式的派克冲锋衣，这些古董服饰都借助新的纺织技术实现了真正意义上的循环利用。

（4）废旧服装回收策略。还有一些品牌通过推行废旧服装回收项目来作为自身可持续策略，见表 7-2。

表 7-2　废旧服装回收项目

品牌	项目
American Eagle	公司网站在线宣传 回收废旧牛仔裤可以使消费者在买新牛仔裤时优惠 10 美元
Madewell	提出护理牛仔布方法 鼓励消费者带着一条“二手”牛仔裤来商店，在消费新牛仔裤时优惠 20 美元 提到“绿色牛仔裤”计划，把牛仔裤变成绝缘材料
The North Face	强调服装在丢弃前要先使用 与非营利组织“Soles4Souls”合作 公司宣传重点是服装循环和其他商品的生命周期
Egetpper（Denmark）	建立了一个回收系统，使用回收的渔网制作地毯
Houdini（Sweden）	从消费者那里收集废旧产品，废旧 100%聚酯制品被送到工厂进行回收利用 使用从 PET 瓶提取的尼龙和聚酯材料制作服装
Lindex（Sweden）	在新牛仔系列中使用回收的废旧牛仔布
Nortex（Denmark）	使用消费前纺织废料和废旧塑料瓶中回收的 PET 纤维制成自己所需的纤维 设计过程中尽可能少的使用服装配件
Uniqlo	“全部商品循环再利用活动”，将顾客手上不再需要的服装回收后，捐赠给世界各地的难民营 不能再使用的废旧服装，用作燃料和纤维进行循环再利用
Top Shop	品牌出售的新品是二手服装经过重新设计后的产品

由表 7-2 可知，通过将废旧服装的回收与销售新产品挂钩，不仅可以最大限度地重复利用服装，避免废旧服装成为垃圾，减少了环境的压力，还增加了品牌与消费者的互动形式，提高了消费者的参与度，增加消费者对废旧服装回收再利用的意识。

二、可持续时尚策略对品牌形象的影响

（一）品牌形象

品牌形象是企业无形资产的关键组成部分之一，良好的品牌形象能培养消费者的忠诚度，

并给企业带去长远的经济利益。大卫·艾克（David A. Aaker）在《管理品牌资产》是这么定义品牌形象的：品牌形象是消费者在头脑中通过产品符号和名称等表现形式对品牌进行的一系列联想，简而言之，就是消费者对品牌产品的认知。

品牌形象的内容主要由两方面构成：一方面是有形的内容，另一方面是无形的内容。品牌形象的有形内容又称“品牌的功能性”，即与品牌产品或服务相联系的特征。从消费和用户角度讲，“品牌的功能性”就是品牌产品或服务能满足其功能性需求的能力。品牌形象的这一有形内容是最基本的，是生成形象的基础。品牌形象的有形内容把产品或服务提供给消费者的能动性满足与品牌形象紧紧联系起来，使人们一接触品牌，便可以马上将其功能性特征与品牌形象有机结合起来，形成感知认识。品牌形象的无形内容主要指品牌的独特魅力，是营销者赋予品牌的，并为消费者感知、接受的个性特征。随着社会经济的发展，商品日渐丰富，人们的消费水平、消费需求也不断提高，人们对商品的要求不仅包括商品本身的功能等有形表现，也将要求转向商品带来的无形感受——精神寄托。在这里品牌形象的无形内容主要反映了人们的情感，显示了人们的身份、地位、心理等个性化要求。

根据以上内容结合可持续概念，整理出可持续品牌形象量表，见表 7-3。

表 7-3 可持续品牌形象量表

因子	编号	测量指标
品牌有形形象	1	该品牌的产品设计体现了可持续理念
	2	该品牌的产品内涵传达了可持续理念
	3	该品牌的产品有长效性
	4	该品牌的产品是环保的
	5	该品牌具有公益意识
品牌无形形象	6	该品牌有着关注环境变化的消费群体
	7	该品牌关注环境和生态的变化
	8	该品牌的产品材质是可持续的
	9	该品牌是对环境友好的

（二）可持续策略对服装品牌形象的影响

1. 可持续策略对服装品牌形象会产生积极的影响 研究证实，很多消费者愿意购买具有可持续概念的品牌所销售的产品。

服装企业积极地实施可持续时尚策略，进行可持续性营销活动对品牌形象的提升、企业利润的增长和品牌的寿命都有积极的影响。如果一个品牌能够提高其履行社会责任的能力和意愿，可以在享有良好声誉的同时刺激市场需求，所以服装企业应坚持走可持续发展的道路，努力塑造绿色良好的品牌形象，做可持续时尚的领跑者。

2. 服装品牌形象中可持续策略的不足 虽然可持续策略对服装品牌形象会产生积极的影响，消费者也大都具有环保理念，但是对于可持续产品，消费者态度和行为意向之间并不总是直接对应的。有些人认为，当前服装企业面临的最大问题是自身的生存和发展，实施与商业利益背离的可持续时尚策略为企业增添了许多不必要的限制和负担，甚至干扰了企业的正常运行，这种不确定性动摇了很多企业进行绿色转型的信念。

从消费端来看，耶鲁大学经济学家 Ravi Dhar 认为，“消费者为更可持续产品支付的价格是有限的。即使消费者可以清楚地看到哪件产品是对环境有益的，但当真正购买的时候，‘可持续’充其量只是其中一个被考虑的因素。”

Harvard Business Review 2019 年的一项调查显示，65%的人表示，他们想从“提倡可持续发展的、以目标为导向的品牌”的角度去购买商品，但实际上只有 26%的人这么做。A. T. Kearney 的另一项研究发现，70%的消费者表示他们希望以可持续的方式购买，但只有 50%的人这么做。由此可见，关于可持续时尚，在企业和消费者之间或许并未达成足够的有效共识，这被认为在一定程度上限制了可持续时尚产业的发展。

可见，关于可持续时尚，在企业和消费者之间或许并未达成足够的有效共识，这被认为在一定程度上限制了可持续时尚产业的发展。因此，了解消费者意向和行为之间差距的原因，对于推动可持续时尚产业的发展至关重要。

三、可持续服装品牌营销策略

由于新经济时代的到来以及市场日趋激烈的竞争，服装品牌应尽快转变原有不可持续的经营模式与发展理念，努力实现从单一效益型向质量效益型的转变，实现可持续发展。本节将基于内部无形因素、外部有形因素、购买意向、购买行为及满意度五个维度，从三个方面分析在不违背可持续原则的同时进行可持续品牌营销的策略。

（一）基于内部无形因素

内部无形因素中包含个人意识与主观规范两个方面，其对消费者购买意向、行为、满意度具有显著正向影响。品牌营销的成功与失败关键在于是否得到消费者的认同，消费者已经将简单的本能需求转化为富有浓厚色彩的精神文化消费需求。因而，在内部无形因素方面的可持续品牌营销策略具体如下：

1. 个人意识

（1）为品牌树立可持续形象，增强消费者认同感。消费者对社会与生态可持续产品的需求不断增加，服装品牌应随之做出调整，保持相应的关联度与满意度。在认识规律特征的基础上指导可持续发展，切实把可持续贯穿在服装的设计、研发、生产、制造、包装和零售等方面。坚持做到实践与品牌承诺相一致，并且将利益相关方融入价值创造中，使之在社会、实践、环境与文化层面传递正确的价值，扩大品牌的影响力，使品牌的可持续形象得以有效的传播，从而引导消费者的可持续消费。服装品牌只有做可持续企业，生产可持续服装，进行可持续经营，才能真正提高品牌的国际竞争力。

（2）采用多种营销方式，强化可持续意识。随着消费者环境意识的不断提高，服装品牌应根据市场变化形式，不断丰富自身的可持续发展内涵，更应在此过程中注重对消费者进行相关知识的宣传与普及，使消费者了解品牌在可持续方面所做出的努力，依靠知识营销拓宽服装的销售；也可以借助网络提升影响力，互联网受众相对文化水平较高，思维活跃，对新鲜事物的关注度极高，是当下服装市场的消费主力，借助便利的网络销售服务平台，建立高效的沟通渠道；同时也应积极发展互动营销，即消费者与企业进行线上或线下互动，真正理解消费者需求，提升服务质量。

2. 主观规范

（1）增强软性传播方式，正向引导主观规范。网络发展速度正在改变着传统营销模式，与广告这种硬性传播方式相比，软性传播方式更为自然，鼓励消费者从被动接受到主动参与，使品牌力不断提升。可以通过广告语、产品设计等机制对社会的价值、信念与行为产生直接影响，根据自身需要策划方案，设计具有冲击力和富有实质性的内容，可以展示与可持续时尚相关的各种不同的定位战略，比较普遍的定位策略为强调环保、安全、健康等，从消费者心理出发设计宣传活动，最重要的是采用多种手段进行综合宣传，从不同方面增强社会以及消费者的认同度，提升消费者的购买意向、购买行为及满意度。

（2）积极投身公益事业，加强品牌社会责任感。公益事业是品牌营销时不可或缺的一种途径，通过公益事业，可以在消费者心中留下美好的印象，改变仅为盈利的固有观念。努力承担社会责任，对社区、环境、消费者负责的品牌才能得到最多的认可，并赢得消费者的好感和信赖，在激烈的竞争中稳健地发展下去。在创新设计的同时以公益慈善事业为主题进行服装系列设计，相应地推出回收项目，提高服装的利用率，形成一种良好的社会影响与节约风尚。设计师品牌谜底（MIIDII）联合白鲸鱼环保公益平台发起“衣旧焕新，公益同行”的可持续发展项目。

（二）基于外部有形因素

外部有形因素包含研发与设计、生产与制造、分配与零售、使用与处理四个方面。服装品牌在服装供应链的各个环节，其从采购、生产、运输、分配、储存与分销包含的一系列相互作用的活动，都应遵循 3R 原则。在外部有形因素方面的可持续品牌营销策略具体如下：

1. 研发与设计　研发独特性产品，遵循设计可持续化。

在产品研发中，注重肤感因素，遵循差异化原则，形成具有独特性的产品。在材料方面进行实质性的材料开发，增强对新纤维的开发、去污技术、更有效的染色和打印技术的研发投入。在服装设计中，款式作为消费者最为关注的部分，应选择经典简洁、舒适耐久为设计重点，以达到延长服装生命周期的作用，同时可以选择与消费者进行协同设计，遵循可持续理念，创建环保系列产品以满足消费者的购买需求。

2. 生产与制造　生产制造最优化，污染浪费最小化。服装品牌应在生产中降低制作过程的“投入物”，如水、能源和化学品，采用低碳的加工技术，用植物染料代替化学染料，尽量减少环境负荷和废弃物排放以及在制作时提高生产工艺，缩减加工步骤，最大限度地减少剪裁浪费。消费者对于原材料的选用关注点最高，在适当环节加入透明度与监管链，可以增强消费者的信任度。

3. 分配与零售　运输分配高效性，店铺绿色节能化。在材料采购、运输中尽量使用可再生能源，合理规划以减少物流配送里程，实时监控碳排放量参数。线下店铺应采用环保节能产品，不仅包括更容易打开，更方便再利用与回收的简洁可持续包装，而且应在店铺的装潢中，尽可能多地采用节能建材，并且在可持续的服装上进行可持续标识认证，为消费者提供重要的参考信息。

4. 使用与处理 提倡低污染洗涤，处理旧衣多元化。服装的寿命常由于洗涤或保养而受到一定影响，所以服装品牌应该完善每件服装的护理标签，表明不同洗涤温度、方式所产生的二氧化碳排放量及化学洗涤剂的污染性，改变消费者高耗能、高污染的洗涤方式。对于旧衣的处理，在售后服务中推出修补服务以及回收活动，坚持“从摇篮到摇篮”原则，并根据地方性文化采取衣物保养、旧衣改造、服装走秀等项目，增强消费者的认同感。

（三）基于购买意向、购买行为和满意度关系

在购买意向、购买行为和满意度相互关系中，必须重视三者的内在联系，以动态的思维、前瞻性的眼光，及时更新营销理念与创新营销方法，充分得到消费者的信任与支持。具体的可持续品牌营销策略如下：

1. 购买意向至购买行为过程中 强化内部可持续建设，准确定位消费者群体。引导品牌内部进行可持续概念的学习，营造全员、全链条参与到可持续环境的营造中，组织开展各项活动，充分利用微博、微信等大众传媒软件，及时进行宣传与报道，满足消费人群对可持续品牌的感知度，并在了解消费者可持续需求的基础上决定服装设计、品牌营销的方向。要清楚地找到并细分消费者群体，了解和定位消费者的可持续需求，研究消费者偏好数据，建立全面有效的信息网络，分析可持续消费的发展趋势，为品牌的开发与建设提供依据。将消费者可能购买的理由融入服装的设计中，让消费者在购物过程中获得更多的附加值，激发消费者首次购买潜力。

2. 购买行为至满意度过程中 追求消费者体验至上，进行情感式链接。品牌应秉承消费者至上的原则，可以全面地体现在从接触品牌、使用产品到售后服务的整体过程中，在品牌与消费者之间建立一种情感式的链接。由于处于互联网时代，要重视消费者的线上体验，比如选购界面的美观度、优惠信息的同步、服装可持续性的展示、产品上新的通知等。除基本的体验外，还应加强互动式体验，吸引消费者参与，发挥消费者的个性，将是未来的一大趋势。还应增强线下店铺的主题概念性，丰富消费者的情感体验。只有消费者购买的整个过程达到预期，消费者满意度才会提升，减少退货率的同时提升品牌竞争力。

3. 满意度至再次购买意向过程中 注重消费者评价，加强顾客维护。消费者的需求是多样化的，并且不断地在发展与变化，在加强消费者偏好调研的基础上也要注重倾听消费者意见，以发布活动的形式收集反馈声音，并从中发现问题、吸取经验，改进产品与服务。同样在制订营销策略、商业模式等方面应以消费者需求为根本，加强沟通与交流，让消费者真正看到品牌的行动。在客户的维护中持续跟进，培养消费者对品牌的忠诚度与黏性，形成长期重复购买行为，从而达成品牌的可持续发展。

综上所述，服装品牌在营销过程中必须具有长远意识，坚持品牌可持续理念，生产可持续服装，进行可持续经营，才能真正提高品牌的竞争力。与此同时需要具有品牌国际化战略的目光，借鉴成功的服装品牌可持续营销的相关经验，提高品牌的核心价值观，以平稳向上发展为目标，以正确的可持续价值观为方向，以优质的产品与服务为载体，塑造品牌良好形象。将当前品牌供应链努力转变为可持续价值环，把改善环境与生产利益相结合，打造真正符合可持续性的服装品牌。

四、被滥用的可持续营销

前面章节分析了可持续概念对服装品牌形象的影响以及服装品牌可持续营销的策略，真正实施可持续营销的重点在于不违背可持续原则的同时落实可持续理念。瑞典时尚品牌 Asket 是一家致力于追求合乎道德和透明化生产的极简服饰公司，该公司猛烈地抨击快时尚行业，其创始人认为快时尚行业在运营中对人类和地球缺乏关注。

不仅是 Asket，如今有越来越多时尚品牌都开始具有生态意识，这些时尚品牌痛批价值数十亿美元的品牌滥用关于可持续的话题。他们认为，快时尚行业正将可持续的标签当成一种营销手段，他们不仅毫无作为还变本加厉地增量运输，只是想以相对道德的角度刺激人们消费。换言之，时尚业需要减产，并倡导人们要有所节制地消费。除此之外，包括围绕可持续所进行的绝大多数讨论，都只是在炒作环保的概念而已。

本章小结

本章介绍了可持续发展背景下的服装品牌营销策略及问题。本章具体围绕服装品牌营销的意义和方法、可持续时尚策略与品牌营销现象、可持续策略对品牌形象的影响、可持续背景下的服装品牌营销策略、被滥用的可持续营销现状进行详细展开。本章指出某些服装品牌可持续营销策略的问题，并提供可持续营销新方向，期望能够让服装品牌在不违背可持续原则的同时进行可持续营销以提升品牌价值，加快实现行业的可持续转型升级。

思考题

1. 当前我国服装企业的品牌营销存在哪些问题？有什么对策或建议？

2. 除传统营销方式外，服装品牌营销还有哪些方式？

3. 有些人认为可持续不过是企业、品牌用于营销的“流行词”，如果人们把它忘了，这个词也就消失了。也有人认为可持续是一个品牌必做不可，且关乎存亡的大事。就这两个观点，谈谈你的看法。

4. 服装品牌营销应该对环境承担什么责任？如果营销活动从根本上是不可持续的，那么可持续营销是否有意义？

第八章　产品生命周期分析与评价

生命周期分析（life cycle assessment，LCA）是评价一个产品系统生命周期整个阶段——从原材料的提取和加工，到产品生产、包装、市场营销、使用、再使用和产品维护，直至再循环和最终废物处置的环境影响的工具。这种方法被认为是一种“从摇篮到坟墓”的方法。

生命周期分析是一种分析工具，它可以帮助人们进行有关如何改变产品或如何设计替代产品方面的环境决策，即由更清洁的工艺制造更清洁的产品。例如，生命周期分析的结果表明，某种产品能耗低，寿命长，不含有毒化学物质，其包装及残余物体积小，从而占用较少的填埋场空间，这就成为人们进行产品选择的依据。此外，生命周期分析能够确定产品的哪些组成部分将造成不利的环境影响，提醒生产者改进。

第一节　产品生命周期分析的概念

产品生命周期是指产品从投入市场到更新换代再到退出市场所经历的全过程，而产品生命周期分析则是评价一个产品系统生命周期整个阶段——“从摇篮到坟墓”的环境影响的工具，所以产品生命周期分析的整个时间跨度要比产品生命周期长，涉及的内容也更加详细具体。

一、产品生命周期及其评价

（一）产品生命周期的定义

产品生命周期（product life cycle，PLC）是产品的市场寿命，即一种新产品从开始进入市场到被市场淘汰的整个过程。产品生命周期理论是美国哈佛大学教授雷蒙德·弗农（Raymond Vernon）于1966年在其《产品周期中的国际投资与国际贸易》一文中首次提出的。

费农认为，产品生命是指市上的营销生命，产品和人的生命一样，要经历形成、成长、成熟、衰退这样的周期。按照费农教授的定义，服装产品也有一个从产生到消失的生命周期。产品或技术的生命周期是指“从摇篮到坟墓（cradle-to-grave）”的整个时期，涵盖了原物料的获取及处理，产品制造、运输、使用和维护，到回收或是最终处置阶段。

（二）产品生命周期评价的定义

为了能够更加清晰地了解产品整个生命周期过程中产生的经济、环境和社会影响，通常会采用产品生命周期评价，又称产品生命周期分析来对产品进行详细的分析。生命周期评价用于评估产品在其整个生命周期中，即从原材料的获取、产品的生产直至产品使用后的处置对环境影响的技术和方法。合理利用生命周期评价方法，可以很好地降低产品生产使用过程中所造成的环境影响，降低产品生产成本，提高企业的社会责任感。

生命周期评价（life-cycle assessment，LCA），有时又称生命周期分析、生命周期方法、摇篮到坟墓、生态衡算等，是指分析评估一项产品从生产、使用到废弃或回收再利用等不同阶段所造成的环境冲击。例如一条牛仔裤在从棉田到洗衣机的过程中，需要消耗 3480L 水，且印染阶段会排放大量重金属物质，整个过程对环境造成很大的污染。通过 LCA 方法，分析牛仔裤生产过程中各环节的投入和产出，可以控制产品的生产成本以及减少环境污染。

（三）生命周期评价的应用

生命周期评价方法的应用领域十分广泛，LCA 在工业部门中的应用有：产品系统的生态辨识与诊断、产品生命周期影响评价与比较、产品改进效果评价、生态产品设计与新产品开发、循环回收管理及工艺设计以及清洁生产审计 6 个方面。生命周期评价不仅可以解决微观产品层面的生产、使用、再生和处置等生命周期各阶段的资源和环境的合理配置，而且可以了解宏观层面上，社会经济体系和自然生态规律体系之间的相互作用和相互影响，从而为政府管理部门制定地区和行业的环境发展政策提供依据。在我国，LCA 评价及其应用从 20 世纪 90 年代以来成为学术界关注的焦点和研究热点。在政府的引导和支持下，国内大量研究人员围绕 LCA 方法开展了卓有成效的研究工作，LCA 的应用研究探索主要围绕以下几个方面：金属冶炼及清洁生产、废物回收和处理、农业、建筑设计、交通等。在纺织服装领域，我国对 LCA 的应用才刚刚起步，总体水平尚属理论学习和探索阶段。生命周期评价既是确定纺织品和服装环境影响的关键工具，也是可持续服装联盟（SAC）开发的公开希格材料可持续指数（MSI）的基础，详见第四章第一节希格材料可持续指数。

由此看来，生命周期评价方法在产品生命周期领域有着不可或缺的重要性，纺织服装的长远发展离不开可持续创新，而生命周期评价方法则是可持续创新的主要工具。

二、生命周期评价的历史

生命周期评价最初的应用可追溯到 1969 年美国可口可乐公司对不同饮料容器的资源消耗和环境释放所做的特征分析。该公司在考虑是否以一次性塑料瓶替代可回收玻璃瓶时，比较了两种方案的环境友好情况，肯定了前者的优越性。自此以后，LCA 方法学不断发展，现已成为一种具有广泛应用的产品环境特征分析和决策支持工具。

最初 LCA 主要集中在对能源和资源消耗的关注上，这是由于 20 世纪 60 年代末和 70 年代初爆发的全球石油危机引起人们对能源和资源短缺的恐慌。后来，随着这一问题不再像以前那样突出，其他环境问题也就逐渐进入人们的视野，LCA 方法因而被进一步扩展到研究废物的产生情况，由此为企业选择产品提供判断依据。

20 世纪 80 年代中期和 90 年代初，是 LCA 研究的快速增长时期。这一时期，发达国家推行环境报告制度，要求对产品形成统一的环境影响评价方法和数据；一些环境影响评价技术，例如对温室效应和资源消耗等的环境影响定量评价方法也在不断发展。这些为 LCA 方法学的发展和应用领域的拓展奠定了基础。90 年代初期以后，由于欧洲和北美环境毒理学和化学学会（SETAC）以及欧洲生命周期评价开发促进会（SPOLD）的大力推动，LCA 方法在全球范围内得到较大规模的应用。国际标准化组织制定和发布了关于 LCA 的 ISO 14040 系列标准。其他一些国家（美国、荷兰、丹麦、法国等）的政府和有关国际机构，如联合国环境规划署（UNEP）也通过实施研究计划和举办培训班，研究和推广 LCA 的方法学。在亚洲，日本、韩国和印度均建立了本国的LCA学会。此阶段，各种具有用户友好界面的LCA软件和数据库纷纷推出，促进了LCA的全面应用。

20世纪90年代中期以来，LCA在许多工业行业中取得了很大成果，许多公司已经对他们的供应商的相关环境表现进行评价。同时，LCA结果已在一些决策制订过程中发挥了很大的作用。

进入21世纪以来，国际标准化组织对生命周期评价的标准做过多次修订与更新，使生命周期评价在各行各业中的应用更加广泛，内容也更加详细。2002年发布的ISO/TS 14048为数据文档格式提供了要求和结构，用于透明且明确的文档和生命周期评估（LCA）及生命周期库存（LCI）数据的交换，从而通过指定和构建相关信息，达到数据文档、数据收集报告、数据计算和数据质量的一致。2006年国际标准化组织发布了ISO 14040和ISO 14044，这两条标准分别描述了生命周期评价的原则和框架以及要求和指南，包括：LCA目标和范围的定义、生命周期库存分析（LCI）阶段、生命周期影响评估阶段、生命周期解释阶段、LCA的报告和批判性审查、LCA的局限性、LCA阶段之间的关系，以及使用价值选择和可选元素的条件。2014年发布的ISO 14046根据生命周期评估（LCA）对产品、工艺和组织进行水足迹评估的原则、要求和准则进行了具体规定。2018年发布的ISO 10467标准以符合国际生命周期评估标准（LCA）（ISO 14040和ISO 14044）的方式，具体规定了产品碳足迹量化和报告的原则、要求和准则。2020年，随着“中国纺织服装行业全生命周期评价工作组”的成立，宣告我国将开启纺织服装可持续发展新时代。

近几年，世界许多国家和国际组织将LCA作为制订标志或标准的方法。美国环境保护局颁布和执行“政府机构必须采购环境更优产品或服务”的指南，其中环境更优产品或服务的确定，就采用LCA方法。欧洲的一些国家和公司分别开发了LCA评估计算机软件和相关数据库，如英国钢铁公司采用LCA方法对生产系统进行环境负荷评估，指导环境协调性改造，它在轿车生产领域、清洁生产领域等也都得到一定程度的应用。不仅如此，国际生命周期评价会议（life cycle management，LCM）这些年也在有序召开，来自全世界的学者及专家集体了推动LCA的发展。

三、生命周期评价的特点

LCA区别于其他传统评价方法，有以下两个显著的特点：

1. 全程性 它最大的优点在于扩展了系统的边界和研究范围，对所研究系统在整个生命周期内所造成的环境负荷或影响进行评价，而不仅对产生废物的生产过程进行评价，从而有效地防止了污染从生命周期的某一阶段转嫁到另一阶段的问题。

2. 综合性 不仅考虑废物对环境的影响，而且考虑因资源和能源的消耗而对环境造成的综合影响。它的突出优点是以整体的观点来进行评价，从而避免了传统方法造成的因系统中某一过程环境负荷改善而造成另一过程环境负荷加重的污染转嫁问题。

众所周知，可持续理念必须贯穿服装生命周期全阶段，即一件服装“从摇篮到坟墓”的过程中任何一个环节都必须符合可持续的理念，而LCA的全程性和综合性特点完全由可持续理念的整体性延伸而来。

四、各个组织和国家 LCA 发展进程

国内外的 LCA 研究是以 ISO 标准为基础，且针对不同行业产品进行了深入的研究与分析，开发了一系列适用于不同产品的 LCA 研究方法。欧盟、日本、韩国和中国都进行了绿色产品的统一认证和绿色产品市场的开发。以下为 6 个主要国家或机构关于 LCA 发展的介绍。

（一）国际标准化组织（ISO）

1997 年，ISO 制定了 ISO 14040 标准，把 LCA 实施步骤分为目标和范围定义、清单分析、影响评价和结果解释四个部分。其后 ISO 规定的 LCA 方法也得到了世界范围内的 LCA 研究工作者的认可，为以后不同国家和不同机构开展 LCA 工作或研究提供了基础。2006 年发布了第二版 ISO 14040 和新的 ISO 14044，进而取消和替代了 ISO 14040：1997、ISO 14041：1998、ISO 14042：2000 和 ISO 14043：2000。

（二）联合国环境规划署（UNEP）与环境毒理与化学学会（SETAC）

2002 年，UNEP 和 SETAC 成立了生命周期倡议（life cycle initiative，LCI），对 LCA 在人类社会中的应用做了详细的研究，并发布了一系列研究报告。2009 年发布了 *Guidelines for Social Life Cycle Assessment of Products*，为不同产品如何开展 LCA 研究提供了指导；2011 年发布了 *Global Guidance for Life Cycle Assessment Databases*，为生命周期数据库的建设提供了指导；2013 年发布了 *An Analysis of Life Cycle Assessment in Packaging for Food & Beverage Applications*，分析了 LCA 在食品和饮料包装方面的应用；2015 年通过启动“组织机构的生命周期评价”研究项目，发布了 *Guidance on Organizational Life Cycle Assessment*，为进一步探索研究组织机构生命周期评价方法（organizational LCA，O-LCA）的作用和应用打下了基础。

（三）欧盟

2013 年，欧盟推动“建立统一的绿色产品市场”政策，如今正在建立产品环境足迹（product environmental footprint，PEF）评价体系，包括制定产品 PEF 评价标准、产品 PEF 标识等，该政策针对各行各业，最先行试点的行业有皮革、非皮革鞋、T 恤等 23 种产品。欧盟甚至计划制定产品 PEF 分级标识和改进（减量）标识，代表着国际市场对绿色产品要求的发展趋势。

（四）韩国

韩国环境工业与技术协会（KEITI）开发了韩国本地 LCA 数据库（Korea LCA database），包含了 393 个国内汇总过程数据集，涵盖物质及配件的制造、加工、运输、废物处置等过程。依据 PAS2050 标准进行产品碳足迹（product carbon footprint，PCF）认证，建立了碳足迹认证与标识体系；采用 ISO 14025 方法进行产品环境声明（environment product declaration，EPD）认证，建立了产品环境声明认证体系。到 2017 年 12 月 31 日为止，已经有 297 家公司和 471 个工厂的 2797 种产品完成了 CFP 或 EPD 认证。

（五）日本

日本最早在 1995 年成立了日本生命周期评价协会（The Life Cycle Assessment Society of Japan，JLCA），进行了两阶段的项目，第一阶段项目目的是：在 1998～2002 年五年时间内，建立在日本可以普遍使用的 LCA 方法；建立日本 LCA 公共数据库（其 JLCA 数据库主要包含

250个单元过程数据集和100个汇总过程数据集)；构建便于数据利用和维护的网络系统。第二阶段项目目的是：在2003~2005年三年时间内，完成产品生命周期二氧化碳排放评价认证等技术的开发。以上成果为日本工业的生态设计产品（Eco-design）的开发、生态过程（Eco-process）的构建和生态标签（Eco-labeling）的颁发等工作奠定了重要基础。其后建立了绿色采购网络（green purchasing network，GPN），定期会发布不同产品的环境信息报告，符合绿色采购要求的产品将被列入绿色采购清单中，目前包含了21类产品和服务，其中纺织品是一类重要的产品（目前有51种纺织品），便于在市场上传递绿色产品的环保属性。

（六）中国

我国从20世纪90年代开始LCA研究，在LCA数据库建设方面取得了进步，但与国际上规范、专业的LCA数据库相比，我国的LCA数据库建设仍然缺乏统一和实用的技术指南和明确的发展路线，这已成为阻碍我国LCA研究与应用的最大障碍。因此，当务之急是组织各工业部门对具体产品或生产过程进行调查和分析，建立完整的LCA数据库。经过我国学者的努力，至今我国开发的LCA数据库有：四川大学、亿科环境科技开发的CLCD，中国科学院生态环境研究中心开发的RCESS，同济大学开发的中国汽车替代燃料生命周期数据库，宝钢开发的BAOSTEEL LCA等。

五、产品生命周期评价的主要内容

ISO 14040标准将LCA的实施步骤分为目标与范围的确定、清单分析、影响评价和结果解释四个阶段。图8-1为生命周期评价的实施步骤。

（一）目标与范围的确定

确定目标和范围是LCA研究的第一步。一般需要先确定LCA的评价目标，然后根据评价目标来界定研究对象的功能、功能单位、系统边界、环境影响类型等，这些工作随研究目标不同变化很大，没有一个固定的模式可以套用，但必须要反映出资料收集和影响分析的根本方向。另外，此研究是一个反复的过程，根据收集到的数据和信息，可能修正最初设定的范围来满足研究的目标。在某些情况下，由于某种没有预见到的限制条件、障碍或其他信息，研究目标本身也可能需要修正。

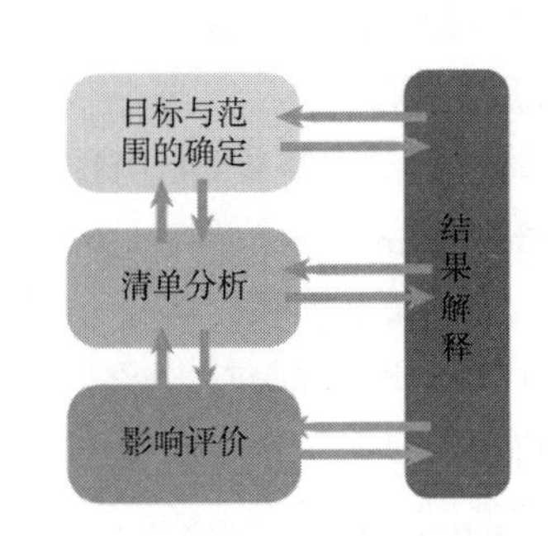

图8-1　生命周期评价的实施步骤

（二）清单分析（LCI）

清单分析的任务是收集数据，并通过一些计算给出该产品系统各种输入输出，作为下一步影响评价的依据。输入的资源包括物料和能源，输出的除了产品外，还有向大气、水和土壤的排放。在计算能源时要考虑使用的各种形式的燃料和电力、能源的转化和分配效率以及与该能源相关的输入输出。

（三）生命周期影响评价（LCIA）

在LCA中，影响评价是对清单分析中所辨识出来的环境负荷的影响作定量或定性的描述和评价。影响评价方法目前正在发展之中，一般都倾向于把影响评价作为一个“三步走”的模型，即影响分类、特征化和量化评价。

1. 影响分类　将从清单分析得来的数据归到不同的环境影响类型。影响类型通常包括资源耗竭、人类健康影响和生态影响三个大类。每一大类下又包含许多小类，如在生态影响下又包含有全球变暖、臭氧层破坏、酸雨、光化学烟雾和富营养化等。另外，一种具体类型可能会同时具有直接和间接两种影响效应。

2. 特征化　特征化是以环境过程的有关科学知识为基础，将每种影响大类中的不同影响类型汇总。目前完成特征化的方法有负荷模型、当量模型等，重点是不同影响类型的当量系数的应用，对某一给定区域的实际影响量进行归一化，这样做是为了增加不同影响类型数据的可比性，然后为下一步的量化评价提供依据。

3. 量化评价　量化评价是确定不同影响类型的贡献大小，即权重，以便能得到一个数字化的可供比较的单指标。

（四）生命周期结果解释

这一阶段是将清单分析和影响评估的发现与研究的目的、范围进行综合分析得出结论与建议的过程。生命周期解释是和另外三个阶段关联在一起的，系统地评估在产品、工艺或活动的整个生命周期内削减能源消耗、原材料使用以及环境释放的需求和机会。

第二节　纺织服装产品生命周期评价

纺织服装产品与人们的生活息息相关。纺织服装产品在整个生命周期中不仅给环境带来一定负面影响，而且可能含有威胁人类健康的因素。LCA 是改善环境，减少环境负荷，建立产品安全防线，确保人类健康的有效工具。

服装产品的生命周期又称产品市场的寿命周期，它是指一种（或一个系列的）服装产品从计划、设计、研制、生产、包装、储运、投入市场开始销售，到试销、推销、倾销，直到最后被淘汰出市场所经历的一段时间。确定和影响服装产品寿命的主要因素有市场需求和新产品对旧产品的冲击等。

一、纺织服装产品应用 LCA 的意义

纺织服装产品应用 LCA 的意义主要表现在以下几方面：

（1）通过 LCA 了解产品生产过程中物质和能量的输入输出状况，帮助企业弄清其产品资源和能量的投入量，弄清向环境释放物的种类、数量及其对环境影响的类型和程度，从而促使企业改变原料、能源组成，改进工艺，改变废弃物管理方式等，使企业在产品的功能、物耗、能耗和排污间建立最优化的平衡，其目的是实现环境、经济、效率三者的统一。

（2）LCA 可以作为帮助设计人员和工程师权衡不同的产品设计和生产计划间环境和污染问题的内部工具。由于 LCA 方法具有整体性，使所有的环境影响在相同基础上加以考虑，因此对具有相同功能但可能产生不同环境负荷的生产技术可进行比较。同时，LCA 还可以用于产品环境问题的评估，以及对具体产品的开发改进提供有力的支持。

（3）LCA是企业环境管理的重要工具，在企业建立环境管理体系时，LCA可应用于环境因素的识别。环境因素识别是建立环境管理体系的基础，基于LCA的思想，可将产品生产分为不同阶段并建立生命周期矩阵，其中一维表示产品生产的各个环节，另一维代表各环节可能产生的环境影响，通过构造并填充矩阵，可识别各阶段的环境影响，在此基础上建立环境管理体系。

（4）纺织服装生产商可以根据生命周期分析所获得的信息，判断他们应承担的产品生产和消费的社会（即环境）费用，以此作为改善环境行为争取更好经济效益的依据。

（5）LCA可以作为外部工具向消费者展示其在减少资源消耗和污染防治方面所做的努力，以获得消费者心目中的良好形象，或作为获得产品环境标志的手段，以利于产品打破绿色壁垒，顺利进入国际市场。

二、纺织服装产品应用LCA的现状

人类进入20世纪后期以来，环境污染和生态破坏日益严重，直接威胁到人类的生存发展，各个国家均在积极寻求适合本国国情的环境管理举措。目前的环境影响评价（EIA）由于其“末端污染评价”的局限，往往不能对所从事的活动全过程的资源消耗和造成的环境问题有一个彻底而全面的了解。

为了了解和减少环境影响，许多行业、政府和非政府组织都开始投资于开发量化影响的方法和系统。

（一）LCA与Higg MSI

可持续服装联盟（SAC）开发了一套基于LCA的产品工具，包括希格材料可持续性指数（the Higg Material Sustainability Index，MSI）、希格设计和开发模块（the Higg Design and Development Module，DDM）和希格产品模块（the Higg Product Module，PM），使纺织和服装行业能够衡量服装生产对环境的影响。Higg DDM和PM都利用Higg MSI来确定供应链的影响，使Higg MSI成为套件中的基本工具，也就成为众多审查中的重点。Higg MSI是公开可用的，旨在让用户“评估材料以了解影响”，并“比较材料以做出更好的选择”。

Higg MSI制作了一个“从摇篮到织物”的评分，用于评估每种织物的原材料来源提取或生产、纱线形成方法、织物形成、准备和染色的影响，详细使用过程见第四章。

Higg MSI已被用于促进服装行业所用织物类型的巨大变化，参与希格MSI已被用作支持环境影响索赔的证据。《全球时尚议程》利用Higg MSI纺织品评分，建议将常规棉纺织品产量减少30%，并用聚酯纺织品替代需求，以减少用水带来的影响。虽然这些应用符合希格斯介子的既定目标，但必须通过考虑一系列方法因素以及数据集相对于长期合作行动标准和准则的稳健性和代表性来检验希格斯介子适当支持这种深远结论的能力。

（二）LCA与碳足迹

随着能源需求的增加，预计到2035年全球能源消耗将达到2260亿兆瓦时，而目前的值为1480亿兆瓦时。能源消耗的持续增长与释放到大气中的二氧化碳（CO_2）量直接相关。随着对能源需求的增加以及大气中温室气体排放的增加，工业正在寻找有效利用能源的方法。因此，为了收集关于温室气体排放的知识，提出了碳足迹计算，除了全面的生命周期评价之外，碳足迹计算得到了快速发展。

纺织服装行业作为我国的基础产业，还没有摆脱高能耗和巨大的水污染。纺织和服装部门涉及广泛而复杂的供应链，造成大量温室气体排放。它被认为是温室气体排放的主要来源之一。据粗略估计，在每19.8吨二氧化碳中，就有1吨是从纺织工业中释放出来的。因此，对于纺织企业来说，核算碳足迹（carbon footprint，CF），进而提出相应的减排措施是纺织企业绿色生产的重要策略。

在CF计算中，分配方法是最重要和最有争议的问题之一；它在副产品之间划分多个输入或输出。适当的分配方法对于该部门的生命周期评价结果的可信度至关重要，这可能是导致生命周期评价不确定性和稳健性的主要原因。此外，分配方法直接影响数据收集和系统边界的准备。CF的结果受分配程序的影响，因此即使对于明显相似的系统也可以获得不同的结果。因此，选择适当的分配方法是一个需要考虑的关键问题。到目前为止，分配方法主要在生命周期评价标准中讨论。

三、纺织服装产品应用LCA的发展前景

《2020全球风险报告》显示未来10年全球前五大危机中，80%都是环境风险，而气候变化是最大的风险。2019年德勤对千禧一代的年度调研报告中显示，气候变化和环境保护是千禧一代和Z世代最关心的问题。

目前的可持续消费调研普遍反映了一个问题——消费者难辨可持续产品的真假。同时，联合国2015~2030年的17个可持续发展目标（sustainable development goals，SDGs）中的目标12（负责任消费和生产）长期以来在消费品价值链中存在碎片化的断层挑战，如何科学界定可持续纺织品成为实现可持续消费与生产的关联与贯通的重要命题，全生命周期评价方法开始成为众望所归的科学和专业方法。

近年来，国家发布的相关政策均强调全生命周期评价与绿色（生态）设计对于推动绿色、循环、低碳发展的重要性。欧盟正在建立基于LCA的产品环境足迹（PEF）体系，必将对全球绿色产品贸易和中国纺织产品出口产生重要影响。然而，目前全球LCA数据库中的纺织品类数据严重匮乏，既有数据残缺、陈旧、不成体系，数据质量和可信度低。中国作为全球最大的纺织品生产国和未来最重要的纺织品消费国，中国纺织服装产业亟待建立适用的产品LCA分析评价工具、本地化数据库和信息披露体系。

在此背景下，中国纺织工业联合会社会责任推广委员会拟筹备中国纺织服装行业全生命周期评价工作组（以下简称CNTAC-LCA工作组）。中国纺织工业联合会社会责任推广委员会由150多家相关企业联合组成，秉承“科技、绿色、时尚”的行业定位，建立行业社会责任公共平台，提供社会责任专业服务，协助成员企业和利益相关方实现社会责任目标，实现“提升企业竞争力，共建和谐社会，引导行业可持续发展”的愿景。CNTAC-LCA工作组充分发挥行业组织协同组织能力，指导行业开展纺织产品全生命周期评价和产品环境信息披露工作，建立纺织产品全生命周期评价体系和环境足迹数据库；整合供应链各方力量，加快建立从终端品牌端到原材料端全链条来源可查、去向可追、结果有数的产品环境信息披露体系，支持企业负责任生产的品牌化并与消费建立有效链接，支持消费者的绿色产品识别并引导和

绿色消费，提升企业应对国际市场绿色贸易壁垒的能力以及国际化竞争力，为全球时尚产业减排目标提供中国的产业解决方案（表8-1）。为此，中国纺织工业联合会社会责任办公室、中国纺织信息中心启动CNTAC-LCA工作组可持续纺织品“全生命周期评价”项目，已着手开发中国纺织服装行业LCA评价SAAS系统和材料环境数据库，并引入全球权威数据库。

表8-1 为中国时尚产业减排提供的产业解决方案

方案	具体步骤
推进产业链协同创新	建立行业LCA操作指南，方便不同环节的企业进行规范操作
	帮助企业实现供应链的绿色管理能力，推进产品全生命周期的各项工作
建立行业LCA数据库	针对不同类型、加工环节的影响因素，建立LCA模板
	开展广泛的行业调研，丰富行业数据库，减少单个企业的成本
	行业协会的职能有利于企业数据的保护
搭建易操作的行业平台工具	针对纺织企业特点、员工知识水平，设计智能的软件工具
	将企业用户的角色功能进行拆解，使填报更高效

四、纺织服装产品生命周期评价的特点和相关分析

（一）纺织服装产品生命周期评价的特点

与其他行业相比，纺织服装产品体量大，导致纺织服装产品在生产、运输、销售过程中产生的废弃物和污染物更多，并且服装产品的生命周期相对更短。其生命周期评价，从流程上看，相较于其他行业产品的生命周期评价流程没有明显的差异，但在有些方面，纺织服装的生命周期评价具有一定的特殊性。纺织服装产品生命周期评价的特点总结为以下几点：

（1）纺织服装生命周期评价过程涉及产品从原料采集、加工、产品制造、使用消费、回收利用、废弃处理的全部生命过程，是对产品“从摇篮到坟墓”全过程的分析。

（2）纺织服装生命周期评价以系统的思维方式去研究产品在整个生命周期中对环境的影响，遵循系统评价原理。纺织服装生命周期评价致力于分析产品在生命周期各阶段中对环境的影响，包括资源能源利用、污染物排放等。它与污染预防技术的目标相一致，是在产品层次上实现可持续发展的重要评价工具。

（3）纺织服装生命周期评价涉及产品整个生命周期，不仅涉及企业内部，还涉及社会各个部门，因此涉及面广。LCA研究需要大量数据，这些数据的获取、分析、归类要求投入大量的工作。

（二）纺织服装产品生命周期评价相关分析

以Gabi软件中的相关分析为参考，纺织服装产品生命周期评价相关分析主要为以下四点。

1. 情景分析 情景分析指在产品A和产品B中投入的同一物料或多个物料的量或种类的不同，所带来的所有环境结果有何不同。例如在玻璃瓶生产中，将玻璃瓶换成PET瓶排放则会不同，更换材料或者材料用量不同，看产品对环境影响的结果会有怎样的变化。

2. 敏感分析　敏感分析的作用为分析产品的敏感性，即看产品对环境排放的敏感程度。如氟利昂增加0.1，臭氧层指标从100增加至200，则说明该材料对臭氧层指标的敏感性较大，污染较大。总体来说，产品中某一种或某几种材料在同一误差范围内作比较，哪一种材料对环境的影响更大。

3. 参数分析　参数分析的主要作用为从方案A到方案B经历了几个步骤，这几个步骤是逐步上升还是波动变化的，对于结果没有太大影响，一般不用。

4. 蒙特卡罗分析　蒙特卡洛分析用来判断最后数据的精度，通常会采用计算1000次后得到的值作为理想值，结果越接近理想值表示结果越精确。

五、纺织服装产品应用LCA的案例

以女士衬衣为例，了解生命周期评价在纺织服装产品上的运用。

（一）研究范围

研究目标为分析女士衬衣生命周期过程所涉及的资源、能源利用及环境污染排放状况。根据ISO 14041标准，结合研究目标，确定研究范围。主要包括五个阶段：原材料生产、织物生产、服装生产、服装使用以及废弃物回收处置。功能单位采用每100万次穿着。研究确定的系统边界有地理边界、生命周期边界和生物圈边界。

（二）模型的建立

服装产品生命周期评价能够对服装生命周期内的资源消耗、环境影响及人类健康影响进行全面、综合的分析。图8-2为我国学者李海红提出的服装生命周期影响评价模型方法。

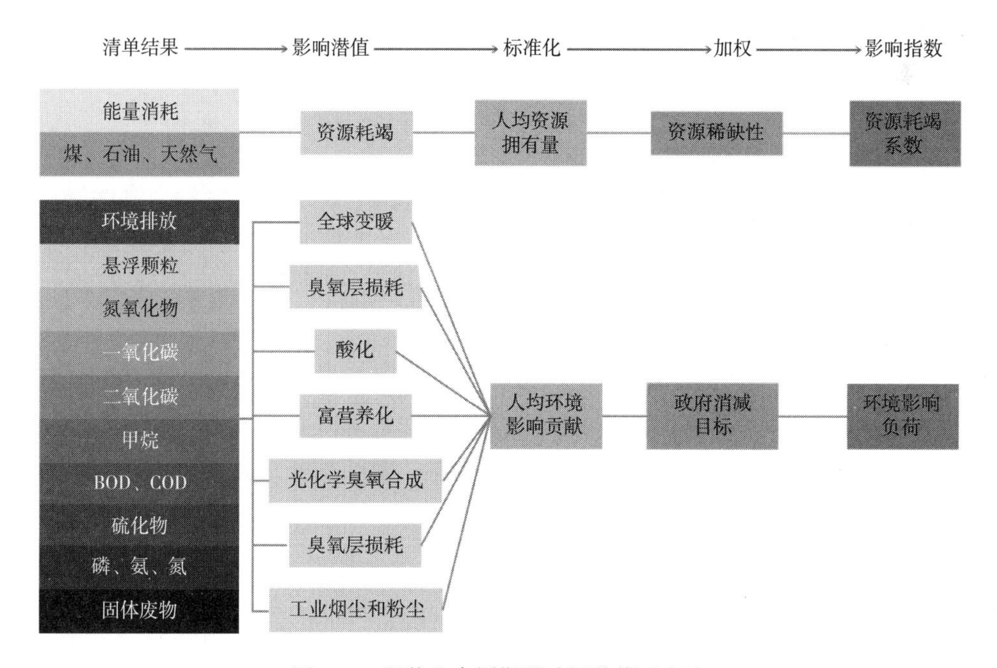

图8-2　服装生命周期影响评价模型方法

（图源：生命周期评价在服装纺织品中的应用研究［J］）

(三) 清单分析

1. 棉织品制造加工阶段的清单分析 棉织品的加工生产工艺包括棉纺、棉织和染整。

(1) 废水。棉织品在织造阶段基本没有废水产生，废水的产生主要是在染整加工阶段。坯布通常在经过退浆、煮练、漂白、丝光、染色、印花后才能成为服装面料，而在这些工艺中都会产生废水。

(2) 废气。废气污染物主要来自棉织品的各个生产车间的废气和锅炉房排放的烟气。

(3) 固体废物。边角料、废棉纱、塑料箱体等资源可全面回收，故这部分暂忽略不计。

(4) 噪声。在棉织品生产过程中，还需考虑到噪声对环境的影响。

每生产 100kg 棉织品的投入产出清单见表 8-2。假定间歇噪声时间为 12h，棉织品加工阶段环境影响负荷情况见表 8-2 和表 8-3。

表 8-2 生产 100kg 棉织品的投入产出清单

水资源消耗/m^3	电耗/(kW·h)	油耗/kg	废水排放/m^3	BOD/kg	COD/kg	pH	悬浮物/kg	氨氮/kg	废气排放/Nm^3	SO_2/kg	NO_x/kg	CO/kg	TSP/kg
4	25	60.7	3.45	1.21	3.45	11	0.1	0.14	0.056	1.5	0.58	0.015	0.17

表 8-3 100kg 棉织品加工阶段环境影响负荷

环境影响类型	环境影响潜值	基准值/[kg/(人·a)]	标准化值	权重	加权后环境影响负荷
富营养化	1.557/kg (NO_{3^-})	62	0.0085	0.73	0.006
酸化	2.169/kg (SO_2)	36	0.02	0.73	0.015
光学化臭氧合成	0.00045/kg (C_2H_4)	0.65	0.0002	0.53	0.0001
工业烟尘	0.17/kg	18	0.03	0.61	0.0018
噪声	4.21/(Pa·h)	2	0.7016	0.0005	0.0003508
水	4/m^3	472	0.003	0.1	0.0003
煤	9.425/kg	574	0.005	0.0058	0.00003
油	60.7/kg	592	0.034	0.023	0.0008

2. 服装洗涤、运输、焚烧阶段清单分析 为获得洗涤阶段的输入输出数据，特设计如下实验：洗涤方式采用标准洗涤，时间为 45min，漂洗 2 次，进水 3 次，分 3 阶段排水，每次 70L，分别取样。洗涤阶段输入输出清单见表 8-4。

表 8-4 服装纺织品洗涤阶段输入输出清单

资源利用		污染物排放		
水/m^3	电/(kW·h)	BOD/kg	COD/kg	SS/kg
5.25	6.75	0.40	1.58	0.79

于废弃服装纺织品垃圾成分复杂，垃圾焚烧产生的污染物比化石燃料燃烧产生的污染物多、成分复杂、毒性更大。在垃圾焚烧过程中，除了产生气态污染物 CO、SO_2、NO_x 等外，还会有少量其他组分燃烧产生的污染物，如当垃圾中含有氯化物时，在燃烧时还会产生 HCl 气体；当垃圾中含有重金属时，焚烧生成物中的重金属含量也会增加；当垃圾燃烧不充分时，还会产生甲烷、苯和氰化物等物质，甚至会伴有恶臭。为了研究方便，可将棉纺织品所有需要运输的过程集中到一个环节。棉花先是被运到轧棉厂，然后是纺织厂，加工成成品后运往各地销售，服装纺织品废弃后又运到垃圾焚烧厂。此阶段的输入输出清单见表 8-5。

表 8-5　100kg 服装纺织品运输、焚烧阶段输入输出清单

资源利用		大气污染物排放								
煤/kg	油/L	烟尘/kg	SO_2/kg	NO_x/kg	CO/kg	HCl/kg	HF/kg	PCDD/ng	氰化物/g	烃类/g
1190	3. 37	4. 53	0. 389	0. 341	1. 6	0. 443	0. 05	25168. 68	5. 26	15

综合以上两个阶段，得出环境影响负荷见表 2-6。本阶段中，综合考虑了服装纺织品在运输、使用以及废弃时的环境影响。在考虑服装纺织品的洗涤阶段时，设计了一小型实验以获得服装纺织品洗涤阶段的环境输入输出数据。在确定服装纺织品的焚烧功能单位时，以 100kg 废弃服装纺织品所消耗的能源及排放的污染物为标准。由表 8-6 可知，在服装纺织品的洗涤、运输、焚烧阶段，工业烟尘对环境的影响是最主要的。

表 8-6　100kg 服装纺织品洗涤、运输、焚烧阶段的环境影响负荷

环境影响类型	环境影响潜值	基准值/[kg/（人·a）]	标准化值	权重	加权后环境影响负荷
富营养化	0. 82/kg（NO_3^-）	62	0. 0044	0. 73	0. 003
酸化	0. 949/kg（SO_2）	36	0. 0100	0. 73	0. 0064
全球变暖	3. 2/kg（CO_2）	8700	0. 00001	0. 83	0. 00008
光学化臭氧合成	0. 015/kg	0. 65	0. 0076	0. 53	0. 004
工业烟尘	4. 53/kg	18	0. 0840	0. 61	0. 051
水	4. 25/m^3	472	0. 0030	0. 10	0. 0003
煤	9. 425/kg	574	0. 0037	0. 0058	0. 0027
油	2. 84/kg	592	0. 0015	0. 023	0. 0003

3. 服装生命周期环境影响潜值分析及影响评价结果　根据燃料热值，将女士衬衣穿着 100 万次的能源需求的数据换算成燃料的质量，见表 8-7。在此仅讨论煤、石油和天然气三种能源。

表 8-7　女士衬衣穿着 100 万次的主要资源消耗

燃料及原料	各阶段资源能耗量/GJ					总能耗/GJ	热值/（kJ/kg）	燃料质量/kg
	纤维获得	织物获得	服装制造	服装使用	使用后处理			
煤	24. 8	32. 0	6. 0	564. 7	—	627. 5	20934	29994. 5

续表

燃料及原料	各阶段资源能耗量/GJ					总能耗/GJ	热值/(kJ/kg)	燃料质量/kg
	纤维获得	织物获得	服装制造	服装使用	使用后处理			
石油	70.4	52.2	11.7	42.4	0.8	177.5	41868	4242.3
天然气	43.3	16.4	3.2	421.5	—	484.4	35169.12	13782.3

由表 8-7 可知：

(1) 服装使用消费阶段煤的消耗量最大。这是由于洗涤过程消耗电能，而电力生产以煤为主。纤维、织物及服装的制造过程也消耗少量煤。

(2) 纤维制造阶段，石油消耗量最大。获得涤纶需要消耗石油，同时工业过程通过消耗石油获得能源，织物制造过程、洗涤过程和服装制造阶段消耗石油主要是为了提供能源。

(3) 服装消费阶段，天然气的消耗量最大。这是由于服装洗涤设备消耗大量能源，其中一部分能源是由天然气提供的，如热水器等设备。

4. 环境影响分析及评价 将服装生命周期产生的环境影响潜值进行定量分析汇总见表 8-8。

表 8-8 服装生命周期环境影响潜值汇总

影响类型	影响潜值/kg					合计
	纤维获得阶段	纤维获得阶段	服装制造阶段	服装使用阶段	使用后处理	
全球变暖（CO_2）	12021.6	14814.1	5920.4	179580.6	284.9	212621.6
臭氧层损耗（CFC-11）	0	0	0	0	0	0
酸化（SO_2）	50.246	58.636	16.414	784.679	0.653	910.623
富营养化（NO_3^-）	34.94	38.12	15.75	1356.72	0.99	1446.51
光化学臭氧合成（C_2H_4）	1.853	0.598	1.546	6.130	0.049	10.180
固体废弃物	367.2	456.2	334.1	9187.7	1139.2	11484.5
工业烟尘和粉尘	13.35	12.84	5.77	207.00	0.15	239.11

综合以上数据，即可获得服装生命周期与环境影响潜值加权分析结果，见表 8-9。

表 8-9 服装生命周期环境影响潜值加权分析结果

项目	环境影响类型	环境影响潜值/kg	分析结果/［kg/（人·a）］			
			基准值	标准化值	权重 WF_{t2000}	加权后的环境影响潜值
全球性影响	全球变暖（CO_2）	212621.6	8700	24.44	0.83	20.28
	臭氧层损耗（CFC-11）	0	0.20	0	2.70	0
区域性影响	酸化（SO_2）	910.6	36	25.30	0.73	18.47
	富营养化（NO_{3^-}）	1446.5	62	23.33	0.73	17.03
	光化学臭氧合成（C_2H_4）	10.2	0.65	15.66	0.53	8.30

续表

项目	环境影响类型	环境影响潜值/kg	分析结果/［kg/（人·a）］			
			基准值	标准化值	权重 WF_{t2000}	加权后的环境影响潜值
局地性影响	固体废弃物	11484.5	251	45.75	0.62	28.37
	工业烟尘和粉尘	239.1	18	13.29	0.61	8.10

表8-9中各种环境影响类型的相对贡献评价结果表明，服装生命周期内最主要的环境影响为固体废弃物，其次为全球变暖、酸化和富营养化，同时，光化学臭氧合成和工业烟尘和粉尘的影响也不容忽视。

5. 服装生命周期解释 通过服装生命周期影响评价结果可以看出，服装工业的发展与资源、环境问题密切相关。纤维的制造、面料的生产、服装制造、服装洗涤及废弃过程消耗大量的资源和能源，同时也排放出大量的废气、废水和工业固体废弃物。由于服装洗涤过程中频繁使用洗衣机、烘干机和电熨斗，使服装使用阶段的能源消耗比服装制造阶段的消耗还高，随之产生的环境污染物的排放量也高。

第三节 产品生命周期分析软件的使用

本节主要内容分为以下三点，首先介绍了几种国内外目前使用较多也比较认可的LCA数据库，包括瑞士的Ecoinvent数据库、欧洲ELCD数据库、德国GaBi数据库等；其次介绍了Gabi软件的使用原理；最后通过“热水壶”的生命周期评价过程介绍Gabi软件的使用方法。

一、国内外LCA数据库

国外LCA数据库主要有瑞士Ecoinvent、欧洲生命周期文献数据库ELCD、德国GaBi扩展数据库（GaBi Databases）、美国NREL-USLCI数据库（U.S. LCI）、韩国LCI数据库（Korea LCI datebase）等。

国内开展LCA研究和应用需要中国本土的基础数据库，其中由四川大学创建、由亿科环境持续开发的中国生命周期基础数据库（Chinese Reference Life Cycle Database，CLCD），是国内首个公开发布并被广泛使用的中国本地生命周期基础数据库。国内还有多家科研单位与企业开发了LCA数据库，包括中科院生态环境研究中心开发的中国LCA数据库（CAS RCEES），北京工业大学开发的清单数据库，同济大学开发的中国汽车替代燃料生命周期数据库，宝钢开发的企业产品LCA数据库等。现对四种较为常见的数据库进行简单的介绍。

（一）Ecoinvent

Ecoinvent数据库是由瑞士Ecoinvent中心开发的商业数据库，数据主要源于统计资料以及技术文献。Ecoinvent数据库中涵盖了欧洲以及世界多国7000多种产品的单元过程和汇总过程数据集（3.1版），包含各种常见物质的LCA清单数据，是国际LCA领域使用最广泛的数据库之一，也是许多机构指定的基础数据库之一。2017 年发布了最新版本 Ecoinvent 3.4，包含欧洲及世界多国的 13300 多个单元过程数据集以及相应产品的汇总过程数据集。Ecoinvent 数据库能够提供丰富、权威的国际数据支持，既适用于含进口原材料的产品或出口产品的 LCA 研究，也可用于弥补国内 LCA 数据的暂时性缺失。

（二）ELCD

ELCD 数据由欧盟研究总署（JRC）联合欧洲各行业协会提供，是欧盟政府资助的公数据库系统，ELCD 中涵盖了欧盟 300 多种大宗能源、原材料、运输的汇总 LCI 数据集（ELCD 2.0 版），包含各种常见 LCA 清单物质数据，可为在欧盟生产、使用、废弃的产品的 LCA 研究与分析提供数据支持，是欧盟环境总署和成员国政府机构指定的基础数据库之一。最新版 ELCD 3.0 版包含了 440 个汇总过程数据集，数据主要来源于欧盟企业真实数据。

（三）Gabi

GaBi 数据库是由德国的 Thinkstep 公司开发的 LCA 数据库，GaBi（GaBi 4）专业及扩展数据库共有 4000 多个可用的 LCI 数据。其中专业数据库包括各行业常用数据 900 余条。扩展数据库包含了有机物、无机物、能源、钢铁、铝、有色金属、贵金属、塑料、涂料、寿命终止、制造业、电子、可再生材料、建筑材料、纺织数据库、美国 LCA 数据库等 16 个模块。

（四）CLCD

中国生命周期基础数据库（CLCD）最初由四川大学创建，之后由亿科环境持续开发是一个基于中国基础工业系统生命周期核心模型的行业平均数据库，目标是代表中国生产技术及市场平均水平。2009 年，CLCD 研究被联合国环境规划署（UNEP）和 SETAC 学会授予生命周期研究奖。CLCD 数据库成为国内唯一入选 WRI/WBCSD GHG Protoca 的第三方数据库，也是首批受邀加入欧盟数据库网络（ILCD）的数据库，是国内外 LCA 研究者广泛使用的中国本地生命周期基础数据库。通过亿科的进一步开发，如今的 CLCD 数据库包括国内 600 多个大宗的能源、原材料、运输的清单数据集 CLCD 数据库建立了统一的中国基础工业系统生命周期模型，避免了数据收集工作和模型上的不一致，从而保证了数据库的质量。CLCD 数据库支持完整的 LCA 分析和节能减排评价指标，包含中国本地化的资源特征化因子、归一化基准值、节能减排权重因子等参数。

目前国内外 LCA 数据库较多，针对不同的研究需求选择适合的数据库。虽然我国 LCA 研究起步较慢，但随着如今工信部绿色制造政策的推进，我国 LCA 研究得到了迅速发展。因此，建议在我国已有本土化 LCA 数据库的情况下，开展我国各行业 LCA 研究时，应首先选择代表本土化的数据库，保证数据的准确性和可比较性，如果不能满足需要再考虑国外数据库的使用。

二、Gabi 软件

（一）基本介绍

GaBi 软件是一款依照 LCA 方法论原则设计的一款环境影响分析软件，由德国斯图加特大学 LBP 研究所和 PE 公司共同研发。GaBi 具有数据集含量世界第一、图形界面透明性和灵活性等特点。提供了根据生命周期评价和生命周期工程的各项目阶段进行系统评价或分布评价的手法、解释与劣势分析以及敏感性分析，能够应用于产业界、研究领域和环境咨询领域。

GaBi 软件是一个由 Plans（方案）、Processes（流程）和 Flows（基础流）为核心所组成的模块化系统，具有清晰透明的结构，使在 GaBi 软件中构建产品和系统模型时，就像在纸上画草图一样。因为是模块式的，软件模型十分灵活，如汽车 A 与汽车 B 均有“涂装工艺”，且涂装工艺仅和汽车需要涂装的面积有关，此时可以将“涂装工艺”模块在两个产品模型中共同使用，而不必重复建模。

模块化结构的另一个特点是软件和数据库彼此独立，与产品相关的所有信息（环境概述、材料属性、工艺等）都存储在数据库中。在这种系统下，生命周期清单、生命周期影响评估和权重等结果，只在计算平衡表时进行引用，各个模块很容易进行管理。平衡表结果的透明性也是 GaBi 的一个主要优势，用户可以计算不同层次的细节的平衡，便于识别环境弱点。

（二）主要对象

登录界面之后，在软件左侧的对象层级一栏会显示出 GaBi 的所有对象。在最高级是 GaBi，GaBi 下为各个数据库文件（如专业版拓展数据库、专业版基础数据库、案例数据库），使用软件前需要用鼠标左键双击（或右键菜单）激活使用的数据库。各个数据库的组成结构都是一样的，包含项目、模型、评估、引用和行政管理等几个部分。

模型则是 GaBi 软件生命周期评价模型的操作区，包含 Product model（产品模型）、Plans（方案）、Processes（流程）、Flows（基础流）、Quantity（数量/特征化）、units（单位）和 Global parameter（全球参数）。评估则包括 Balances（平衡表）、Normalization（标准化）、Weighting（权重），其中平衡表是模型结果储存的地方，标准化与权重则是储存用于调用的综合指标方法。Documentation（引用）下包含参考文献以及联系方式。Administration（行政管理）内则是使用者的信息。

（三）主要原理

GaBi 软件是一个模块化系统，需要各个模块相互配合才能完成建模评价。Flow、Process、Plan 这三个模块是建模的主要对象。简单来说是 Flow 模块构成 Process，Process 模块构成 Plan。其中 Flow 是 Process 的输入输出，起到传递数量的作用，也就是对应图 8-6 中的连线；而多个 Process 之间按照一定逻辑顺序、配比，相互连接便构成了 Plan，类似实际生产工艺流程图。因此从某种程度上来讲，Plan 可以看作一个可以展开多个层级并查看内部工艺情况的 Process，如图 8-3 中方案 1、方案 2。

用户需要建立好相应的 Plan 层级关系，再将具体的工艺 Process 建好，放入对应的 Plan 内。在 Flow 中输入物料清单，选择 GaBi 数据库中相应材料的生命周期清单数据条，在连接时 GaBi 会自动将 Flow 中的材料与 Process 数据进行连接，然后进行核算，最终得到结果。显而易见 GaBi 的工作原理就是数据的对应和核算。

三、模型的建立

（一）建模思路

1. 清单的建立 清单收集服务于设定好的 LCA 边界，需要将一种产品在边界内所有输入、

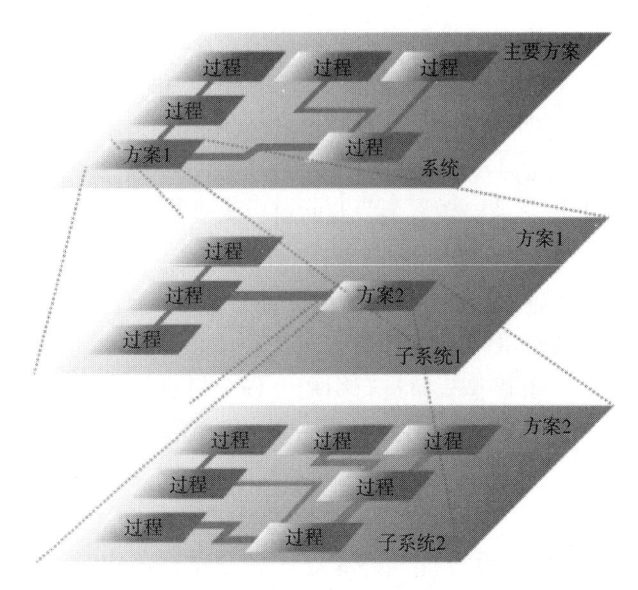

图 8-3　Gabi 软件逻辑示意图

（图源：《Gabi9 应用教程》）

输出都记录在内。根据 LCA 原则及已定的系统边界，针对实际生产的各个工艺建立清单。

（1）材料应细分至最基础的材料，材料名称应具体准确。例如，热轧不锈钢卷（有牌号最佳）、聚丙烯塑料颗粒/薄膜/注塑件、液氨等，应避免塑料、砖、木材这样的群组概念词汇。

（2）能耗则要记清楚名称、单位、消耗量；运输方式要记录运输距离、运输方式和设备信息。

2. 模型的建立　首先按照全生命周期的观点，建立四个名为生产阶段、运输阶段、使用阶段和回收阶段的 Plan，在四个 Plan 内分别新建一个 Process，并将收集到的清单内容输入相应阶段 Process 的 Flow 表中。然后根据 Process 选择数据库内的（物料/能源）数据进行连接，即补全间接排放。完成所有 Plan 内 Process 的连接后，再将四个 Plan 进行连接，便可以进行产品的全生命周期的结果计算了。

（二）模型示例操作

1. 目标和范围的定义　研究一件纯棉男士短袖 Polo 衫的生产制造阶段所形成的环境影响。本案例不包括 Polo 衫的运输和废弃阶段。

2. 清单记录　根据 Polo 衫的生产过程，按材料分主要有纯棉布料和纽扣。根据 Gabi 软件的 cut-off 原则，除对碳排放结果有显著影响的材料，其质量若小于总质量的 1%，则可以舍去，所以本案例中所用到的棉线等不计入生产材料内。表 8-10 为 Polo 衫衣身生产所需清单，表 8-11 为 Polo 衫的金属纽扣生产工艺清单，金属采用铜。

表 8-10　Polo 衫衣身生产工艺清单

输入	数量	单位	输出	数量	单位
棉纤维	200	g	无扣 Polo 衫	180	g

续表

输入	数量	单位	输出	数量	单位
服装生产耗电	1.2	MJ	废弃材料	20	g
服装生产耗水	2700	kg			

表 8-11　金属纽扣生产工艺清单

输入	数量	单位	输出	数量	单位
铜	3	g	金属纽扣	3	g
生产耗电	0.00068	MJ			
润滑油	0.00052	g			

注　以上数据均为估值。

（三）建模操作步骤

1. 新建 Plan　在 Gabi 软件的 Plan 中“新建文件夹”。重命名为“Polo shirt”。在右侧空白面板中右键点击“新建”。弹出新 Plan 表之后，点击左上角的“新建”更改名称为“Polo 衫衣身生产”，点击保存后再依次新建“金属纽扣生产”“Polo 衫组合”，这样，新建 Plan 就完成了。

2. 新建 Process　GaBi 数据虽然种类丰富，但是以材料能源数据与加工数据为主，而没有 Polo 衫这类的具体的成品加工工艺，因此需要我们去新建 Process，操作如下。

在生产阶段的 Plan 表中，单击右键，出现“新增流程”。选择新增流程后，弹出“Polo 衫衣身生产”的界面，为新建的 Process 选择存储位置。用户根据项目需求选择，该存储位置不会对结果产生影响。在本示例中，选择的是“Manufacturing”。

3. 添加/新建 Flow　首先将新建的 Process 更名。这里更名为“衣身生产”。

填写输入表信息。输入表是记录项目物料和能耗的表单。因此在输入（Inputs）表 Flow 中填写材料名称。输入 cotton fiber，单击回车键弹出搜索界面。右侧搜索结果中，根据类型（Flow 状态）与父文件夹（Flow 所属类别），选出与事实相符合的材料后，点击“接受（Accept）”。

再根据项目情况填写数量（Amount）、单位（Unit）等信息。同样地继续完成电和水的信息输入。这里需要注意的是，电的单位默认为 MJ，水的单位默认为 kg，需要在单位的下拉窗口进行更改后再进行输入。

输入填好后，接下来填写输出（Outputs）表。本例的输出有“无扣 Polo 衫”和废弃材料。此时在输出表中输入信息“无扣 Polo 衫”，因为无扣 Polo 衫这类完整的产品在数据库中是没有的，就会弹出提示框，提醒用户是否新建该 Flow，点击“创建新对象”即可。

然后是选择存储位置。存储位置并不会对结果产生影响，且为便于以后对自建 Flow 的统一管理，在此选择 Other。

选择储存位置之后，直接点击左上角保存量化大小。保存关闭就完成 Flow 的新建任务了。

需要特别说明的是，在输入输出栏的“可利用物/废弃物”一项的填写。该项通过单击进行状态更改，可变状态总共只有三种，即“X”“ * ”和“空白”，分别对应 Flow 搜索结果栏，类型下有价值、废弃、无标识三种。“X”表示：①不能直接获取的物质，这里的不能直接获取是指需要经过加工或能源投入才能得到。②是需要进行连接的。“ * ”表示：①可以连接。②固体废弃物/废水，通常用于标注排放的废弃固体物/废水。“空白”表示：①可以直接获取。②无须连接，一般是自然资源。例如，一些项目中生产阶段用到空气，像这种直接从自然界获取，在获取过程中不需要额外输出能源的物质是不会对环境造成污染的，因此用“空白”进行标记。目前 GaBi 软件能够自动对一些材料进行标记，但对于自己新建的材料，如本案例中的“无扣 Polo 衫”需要手动更改为“X”。

同理，接下来创建“废弃材料”Flow，此时废弃材料的 Flow 状态设置为“ * ”。

4. 完成 Process 的选择与连接 前面完成了生产加工的建模，但是缺少投入材料与能耗所带来的间接排放，为补全该部分，需要连接数据库内的数据。

完成了 Flow 的信息填写之后。要根据 Flow 中的信息选择 Process 进行连接，才能将数据进行传递。首先点击菜单栏中的搜索键。单击 🔍 或直接在 打开搜索窗口 🔍 中输入要查找的内容。

在搜索界面中输入要补全的材料数据，因无铜管数据，在此略过直接搜索铜进行替代。在搜索栏输入“cotton fabric”，对象类型（Type of object）选择为流程（Process），单击“搜索（search）”。搜索结果会在右侧显示。在搜索结果顶栏有“国家”“名称”“类型”“父文件夹”等，表示搜索结果的属性。国家代表数据所属区域，名称则为该数据条的名称，类型表示数据的属性，父文件夹代表该数据所属分类。

单击“类型”，使搜索结果按照类型排序。类型分为 agg、p-agg、u-so 三类。agg 是“从摇篮到大门”的数据，即对生产中的物料/能源已经进行追溯的；p-agg 是部分“从摇篮到大门”的数据，可能其中某些物料/能源并未进行追溯；u-so 则只是生产工艺，仅有在该工艺内的三废排放（直接排放），而未对工艺内投入的物料/能源进行追溯（间接排放），如物料 A+物料 B+…+电能+蒸汽→产品+三废排放。

选取时，优先选取 agg 类型的数据，没有的情况下可以选取 p-agg，但需要对 p-agg 数据缺失的部分进行补全。

打开搜索框之后分别在流程中搜索“cotton fabric”“electricity”和“water”，并选择合适的 Process。

然后单击选中右侧的 Process，左键按住拖曳（或在右键菜单中复制粘贴）到 Plan 面板中。注意这里不是点击“打开（Open）”，打开是对 Process 进行编辑或查看的，此处是需要使用，所以选中复制。

从图 X 中可以看到连接线上数据的单位均为“kg”，需要统一单位。具体操作为点击空白处，在量化大小框中选择参考量化范围。

此时可以看到，电的单位已经变“MJ”。接下来，为了防止数据的紊乱，需要“固定”“衣身生产”Process，操作为左键双击“衣身生产”Process，在测算因数旁边的方框内勾选，然后单击“确定”。

此时可以看到“衣身生产”Process 右上角出现“X”标志，说明该 Process 已被固定。

接下来点击左上角保存即表明完成了“Polo 衫衣身生产”这一 Plan。然后以相同的步骤将“金属纽扣生产”这一 Plan 完成。

然后打开“Polo 衫组合”Plan，同样单击鼠标右键选择“新增流程”，在新流程中的 Input 中将之间建立好的流程“金属纽扣”和“无扣 polo 衫”Flow 输入。

接着在 Output 中创建新的输出 Flow，点击保存即完成“组合 Polo 衫”Process。

接下来将“Polo 衫衣身生产”和“金属纽扣生产”Plan 复制到“Polo 衫组合”plan 中，进行连接，同时固定。

到此，Polo 衫的简单模型已经建立完成。

5. 结果查看　点击平衡表运算进入 Gabi 分析器开始进行运算。

进入 Gabi 分析器之后点击“平衡”查看具体的计算结果，操作如下：

勾选“量化大小视图”，双击“environment quantities”，双击“CML 2001-Jan. 2016”查看各项环境指标。本案例中 Polo 衫生产的总碳排放结果为 1.4772kg，其中 Polo 衫衣身生产产生的碳排放为 1.46282kg，金属纽扣生产的碳排放为 0.0143839kg，其中不包括使用和运输阶段的碳排放。

（四）Flow 选择原则

在新建 Process 时，需要用户根据工艺清单去新建模型，这就涉及输入输出处 Flow 的选择，这里就 Flow 选择的基本规则进行讲解，见表 8-12。主要依据名称、父文件夹、类型这三点来选择。

表 8-12　Flow 的介绍

Flow 类型	实例	是否直接获取	是否需要追溯	Gabi 软件内	
				Process 界面内 Flow 的符号	Search 窗口内结果类别
物料/能源	自来水、电能	不可	需要	X	Valuable
固体废弃物	废铁	—	可追，不可追	*	Waste
资源/排放物	地下水、CO_2	可以	无须	无标识	无标识

当搜索一个 Flow 时，搜索结果常常不止一个，那么选择哪个才是对的，选择不合适的话又有什么影响。如二氧化碳所属父文件夹就分为①不可再生资源、②无机物产品、③④向空气排放的排放物等，第一个是资源属性，指空气中的二氧化碳，植物光合作用消耗的二氧化碳就是这个；第二个则是产品，自然界中不直接存在，需要经过开采、加工等方式得到的，生产干冰灭火器所投入的干冰就属于此类；第三个则是排放物，如锅炉燃烧产生的二氧化碳；第四个指生物产生的二氧化碳（主要是呼吸作用），与③类似。

（五）Process 的选择原则

Process 的选择准确性直接影响了结果的可靠性。Process 里存储着该种（材料/能源）生产阶段的全部清单，对最终的结果影响较大。所以 Process 要严格遵循项目实际情况。Process 的选择根据数据库的情况不同有两种搜索界面选择。

在 Process 搜索结果中会显示，Flow 的选择不仅要看搜索结果中的名称信息，还应注意国家信息和对象群组信息，至于来源和更新时间这是辅助信息。

常规情况选取。各种材料都可以通过搜索界面进行搜索，得到自己所需要的数据后，拖到 Plan 表中即可。

四、结果分析

GaBi 不仅只是一个包含材料信息的数据库软件，同时 GaBi 也具备核算和数据分析能力。在 Results calculation 中，能为用户提供特征化、权重的计算。同时在 GaBi 分析器中还为用户提供了更为专业化的情景分析、敏感度分析、参数变化和蒙特卡洛分析。限于篇幅，在此不对专业化分析进行介绍。

（一）生命周期清单结果显示

清单建立里的“清单”是工艺清单，也就是产品实际生产时需要投入什么样的物料、能源才能生产出产品，而 Process 里的 agg 清单数据集，则是追溯后的生命周期清单，这里则是追溯到尽头后的资源消耗与环境排放，并无中间产品。仅是工艺清单是不全面的，比如可口可乐里的二氧化碳，因为在瓶子里并不会产生温室效应。

那么我们计算后的 Results 是哪一类呢？若是读者按照本教程操作下来，产品生产消耗（物料/能源），背景数据提供也是对应量的（物料/能源），此时中间产品正好均被使用完毕，于是便可以看到全部追溯完毕后的 LCI 清单结果。此时整个 Results 所组成的数据集就是（183g-XX 规格-Polo 衫）的 LCI 数据，把它转化为 Process，便是 agg 类型的 Process，可以直接被其他项目所使用。

在经过计算后有提供默认的评价方法结果图表，受限于软件内图表设置不便，一般不推荐直接使用这些现成的图。推荐通过复制 Results 中的数据，再粘贴到 Excel 上自行制作。

（二）特征化及标准化结果查看

1. 特征化结果 首先，软件中包含目前国际上所认可的各种环境指标。如果要进行特征化结果查询的时候，需要自行预先确定好环境指标方法。本案例中以“CML2001-Jan. 2016”为例。

在平衡表界面，选择“量化大小视图”进行特征化计算，计算后得出的结果为特征化结果值。

2. 标准化结果 标准化结果是基于特征化结果，对特征化结果进行去单位化，然后乘以相应的权重系数，得出一个综合值。

第一步：选择单位/标准化。单击在平衡表中的“单位/标准化”（英文为“Unit/Norm.”）旁边的按钮。

第二步：单击“CML2001-Jan. 2016”→“CML2001-Jan. 2016，World，year 2000，excl biogenic carbon（global equivalents）”，然后单击“确定”即可。

第三步：单击“量化大小/评估”（英文为“Quantity/Weight”.）旁边的按钮。

第四步：单击“thinkstep LCIA Survey（CML，Recipe，Traci）”→“CML2001 - Jan. 2016”→“thinkstep LCIA Survey 2012，Global，CML 2016，excl biogenic carbon（global equivalents weighted）”然后单击“确定”即可。

本章小结

本章从产品生命周期评价入手介绍了纺织服装产品如何进行生命周期评价，然后通过软件实际操作案例给读者演示了生命周期评价的量化过程。首先通过生命周期评价的概念、历史、特点、各个组织和国家LCA发展进程和LCA的主要内容几个部分详细介绍了什么是生命周期评价；其次介绍了纺织服装产品应用LCA的意义、现状和前景，接着通过案例介绍如何对纺织服装产品进行分析；最后介绍了一款生命周期评价软件——Gabi软件，通过实际操作对Polo衫进行环境影响评价。随着国家可持续战略的不断扩大，未来纺织服装行业的产品生命周期分析将会是重点关注对象，更广泛、更深层的可持续手段将会运用到这一领域，从业者应当加强自身的可持续素养，提高综合能力，为纺织服装行业贡献更多的能量。

思考题

1. 为什么需要对纺织服装产品进行生命周期评价？生命周期评价的优点是什么？
2. 在进行产品生命周期评价过程中，具体要对哪些内容进行分析？请展开分析。

第九章　可持续理念贯彻的整体性意义——以牛仔产业为例

当前，服装需求持续快速增长，尤其受到亚洲和非洲等新兴市场的推动。据估计，如果经济继续如预期增长，到2050年，成衣总销售量将达到约1.6亿吨，是目前销售量的3倍以上。倘若一直按照现有的线性生产模式，将大幅增加纺织工业的负面影响。因而，在纺织服装产业贯彻可持续理念，实现循环生产模式，对纺织服装业的未来至关重要。服装产业的可持续理念是基于整个服装供应链做出的不仅体现人与自然、社会和谐发展，更符合长远利益考量的一种发展理念，它不以局部的可持续作为最终的衡量标准，而是以服装产品从生产到弃置的整个生命周期——全局的可持续作为最终目的 。设计师和开发者从一开始设计就应考虑纺织品处置阶段的可持续，生产有利于回收再利用或迅速降解的服装，这将为整个服装业实现可持续提供有力支持。当然，这其中需要一些可靠的评价方法和评估工具，这部分内容在第四、第五和第八章中已有介绍。

牛仔服装作为19世纪的大热产物，因其独特的风格而风靡至今，但传统的牛仔面料加工过程对环境的破坏十分严重，有“牛仔之都”之称的广东省新塘镇就是一个典型的例子，本章节将以牛仔产业的可持续评估为例，阐述可持续发展的整体性意义。

第一节　服装产业的可持续理念

一、服装产业可持续发展的整体性意义

可持续性或可持续发展必须是一个综合的方法，必须从工业层面的广阔范围开始，最终应该缩小到产品层面，考虑到产品生命周期的所有阶段，即是一种产品“从摇篮到坟墓”全过程的可持续。服装生命周期的全过程包括服装纤维原料选择、面料选择、服装结构工艺设计、生产加工、包装运输、销售、穿着消费、洗涤、再回收利用、废弃回收处理，如图9-1所示。

判断纺织品是否可持续，应该从纺织品的整个生命周期中综合考虑环境、经济和社会各方面的影响。例如，在生产阶段，有机棉花可能比BCI棉花更具可持续性，但如果BCI棉花是本地种植的，有机棉花必须空运数千英里，那么“更具可持续性”的纤维可能是BCI棉花。如果做到阶段性的可持续，而在全局中消耗更多，对环境影响更大，那么阶段性的可持续也就失去了意义。

二、“从摇篮到摇篮”设计

在商业利润的驱使下，服装企业以刺激消费者购买欲为主导目标，将“时髦”和“低

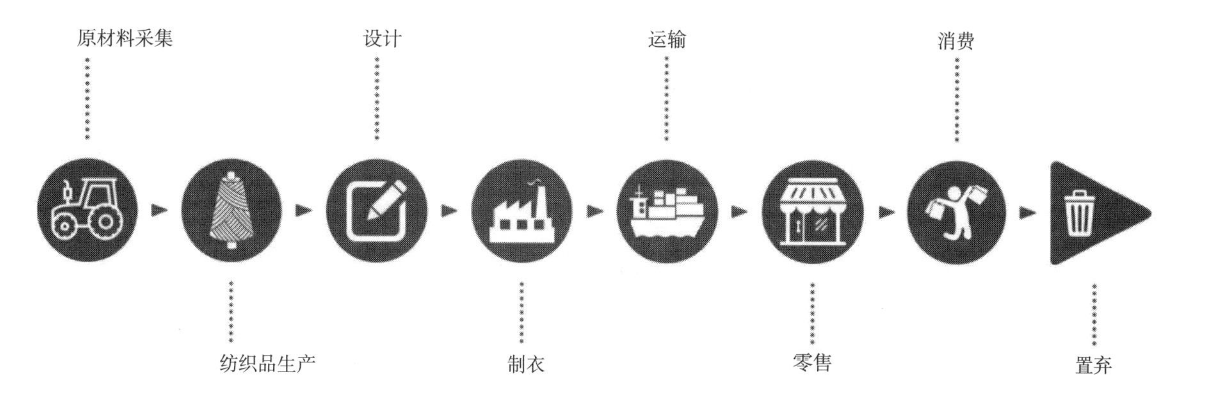

图 9-1　服装生命周期——“从摇篮到坟墓”
（图源：ROM）

价”作为服装的主要卖点，这使服装更新换代的速度越来越快，服装的生命周期也越来越短；然而，目前生产、分配和使用服装的系统几乎完全是线性运作的，大量不可再生资源被开采出来，用于生产通常穿着时间很短的衣服，之后这些材料大部分流失到填埋场或焚烧场。此外，这种采取—制造—处置模式污染和破坏自然环境及其生态系统，并在地方、区域和全球范围内造成重大的社会负面影响。这种趋势表明，如果纺织业继续沿着目前的道路发展下去，负面影响可能变得无法控制，到 2050 年，纺织品生产将耗费超过 25%的碳预算，因此，摆脱目前线性和浪费的纺织品系统，对于保持目前全球平均升温 2℃的目标在可达范围之内至关重要。服装线性生产过程 CO_2 排放示意图如图 9-2 所示。

图 9-2　服装线性生产过程 CO_2 排放
（图源：*A new textiles economy*：*Redesigning fashion's future*）

当前，打破这个线性系统的时机已经成熟。因此，设计师非常有必要将设计着眼于延长服装生命周期，以“消费者再利用”的预先设计手段进行的“从摇篮到摇篮”的设计就是基于生命周期考量的服装可持续设计。

（一）“从摇篮到摇篮”

从摇篮到摇篮（cradle to cradle）又称 C2C，是产品及系统设计上仿生学的途径，将人类的产业视为一种自然界的程序，将材料视为在健康、安全的代谢中循环的养分。这个词对应另一个流行短语“从摇篮到坟墓”（cradle to grave）的概念，传统工业生产从开采加工使用后，就被丢弃成为垃圾，是“从摇篮到坟墓”的过程；摇篮到摇篮设计则视产品材料为养分，从设计之初就设想如何完全循环回到制造端，因此称为“从摇篮到摇篮”。

C2C 设计提出，企业要保护及丰富生态系统和自然生物代谢，同时也要维持安全的、有生产力的工业代谢，其中有有机物质及技术养分的高品质使用以及循环。C2C 设计是完整的经济、企业及社会框架，希望可以建立一个有效率且在本质上没有浪费的系统。广义来说此系统不只限于工业设计及制造业，也可以应用在文明的许多层面，例如都市环境、建筑、经济以及社会系统等。服装产业的 C2C 设计如图 9-3 所示。

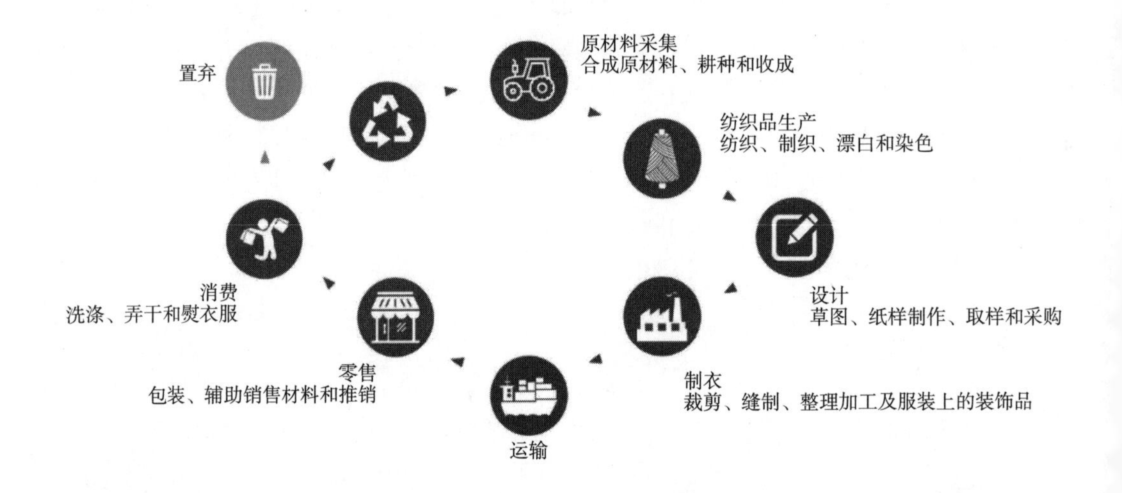

图 9-3　服装生命周期——“从摇篮到摇篮”

（二）两大循环

C2C 理念为向大自然学习，视所有材料皆为“养”，皆可再次使用。从“养分管理”观念出发，从产品设计阶段就仔细构想产品结局，让物质得以不断循环。C2C 可分成两种循环系统：生物循环和工业循环。

1. 生物循环　生物循环（biological cycle）的材料来自可快速再生的材料，并且在产品不使用后，可被生物安全分解，或是完全与“生态相容”的，最后回到生物循环提供养分。C2C 定义的可快速再生材料为 10 年内可收成的天然来源材料，或是妥善管理的森林。C2C 生物循环的材料，如木材、棉纤维、植物油等。

2. 工业循环　工业循环（technical cycle）的材料来自不可快速再生的材料，产品不使用后必须回到工业循环，由回收厂循环再生，让材料达到同等级或升级应用，并且可用于再制成新的产品。C2C 工业循环的材料，如金属、塑胶、玻璃等。

然而，今天生产的衣服几乎没有纯粹由可生物降解或生物良性材料制成的，这意味着生物循环不是大多数衣服的选择。正因为如此，工业循环旨在通过提高服装利用率和不同水平的回收利用，在回收中创造价值。但无论如何，在未来，新材料和新工艺的创新可以通过堆肥和厌氧消化创造出适合生物循环的衣服，这并不是不可想象的。例如 freitag 公司，该公司生产的牛仔裤带有一粒纽扣，可以用手拆下来，这样非生物降解的部分可以很容易地去除。在工业循环中，也要考虑因产品设计的功能性需求而采用的混纺材料分离技术，例如棉与聚酯的分离，就是一个典型的案例。回收初创公司 Again Ware 已经开发出一种工艺，可以将单一和混合材料中的聚酯和棉花分离和回收，制成纯净的相当于聚酯的聚酯和可用于生产 Lyocell 或黏胶的纤维素纸浆。这一过程可能需要高达 20% 的额外材料，这些材料会被过滤掉，对这些过滤去除的材料，例如染料和弹力材料，进行定价的研究正在进行中。

（三）三大设计原则

在追求生态效益的前提下，C2C 设计理念遵循以下三大原则，以实现生物循环和工业循环。

1. 材料养分永远可再成为养分 就像在自然界一般，万物都是养分，没有废弃物的观念。透过 C2C 设计可以让所有产品与材料，在生产、使用及循环过程中，对人类健康和环境安全有益；最后安全进入生物循环或工业循环，再次成为同等或更高品质的材料和产品。

2. 使用再生能源 再生能源是永耗不尽的，地心引力、太阳能与其衍生的能源，包括潮汐、风能、水力、波浪能及生质能。C2C 设计理念主张，与其消极地节能和减少火力、核能等传统发电用量，不如积极开发并鼓励使用再生能源。

3. 赞颂多样性 传统工业革命下，产业追求高效率、标准方法；然而大自然的系统中，越是复杂的系统，越是稳定、蓬勃发展。C2C 设计理念提倡自然生态、当地文化、个别需求及当地问题解决方案等多样性特质。例如过去无论地理环境如何，房屋结构都采用钢筋水泥；但在 C2C 架构之下，人们可选择使用就地建材，并且依当地气候做最合适的设计。

三、基于 C2C 的服装产业循环经济要求

近年来，品牌和零售商已开始单独或通过整个行业的组织和倡议，在服装供应链中采取具体应对环境或社会挑战的措施。然而，这些工作大部分集中于减少现行线性模式的影响，例如采用更有效率的生产技术或减少物料的影响，而不是采取从上游出发设计的系统性方法，不能直接解决该制度造成浪费的根本原因，特别是对服装使用率低和使用后的回收率低这两大问题。基于此，艾伦·麦克阿瑟基金会（Ellen MacArthur Foundation）提出一个符合循环经济原则的新纺织品经济愿景：这个愿景是可再生、有设计和恢复性的，并为纺织服装业、社会和环境带来好处。这个愿景总体与循环经济的原则保持一致，其目的是减少纺织服装业的负面影响，使纺织品在产业链内可循环利用其价值，制度更具可持续性。

在这样一个新的纺织品经济中，服装、面料和纤维在使用过程中保持最高价值，并在使用后重新进入经济，永远不会变成废物。这将为不断增长的世界人口提供获得高质量、负担

得起的个性化服装的机会，同时再生自然资本，消除污染，并利用可再生资源和能源。这种制度使价值在行业内各种规模的企业之间循环，以便价值链的所有部分都能给工人提供高薪，并为他们提供良好的工作条件。

一个新的纺织品经济依赖于以下四个目标要求，如图 9-4 所示。

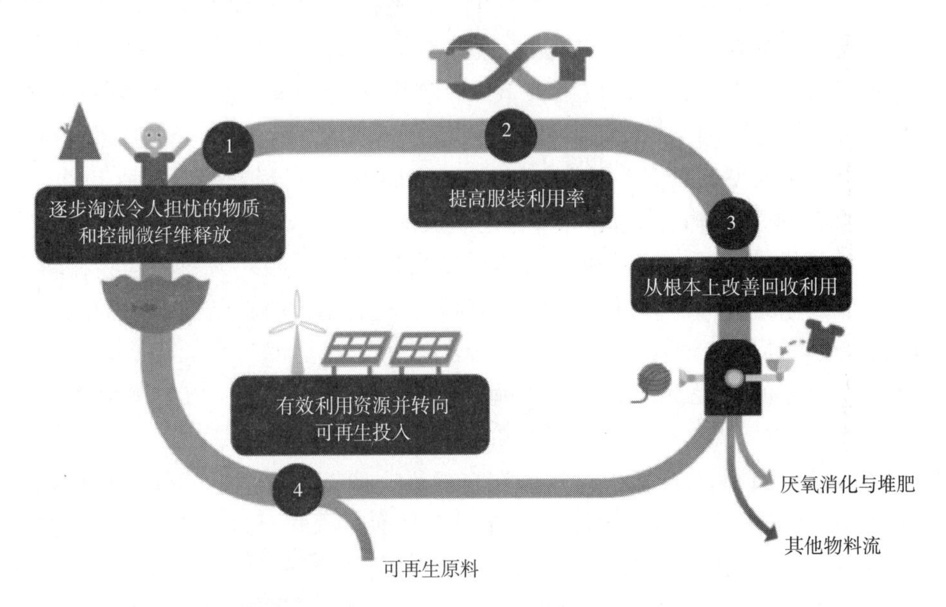

图 9-4　新纺织经济的目标要求

（图源：*A new textiles economy*：*Redesigning fashion' s future*）

（一）逐步淘汰令人担忧的物质和控制微纤维释放

首先，该体系需要确保物料输入安全和健康，以便循环使用，并避免在生产、使用和使用后阶段产生负面影响。这意味着，与健康或环境有关的材料被设计出来，而且不会有诸如塑料微纤维之类的污染物无意中排放到环境和海洋中。以下两个行动领域可以启动这一转变。

1. 协调行业努力和协调创新，创造安全的物质循环　提高价值链的透明度、稳健的证据基础和共同标准，将有助于逐步淘汰令人关切的不安全物质。虽然一些有害物质可以迅速淘汰，但需要创新，创造新的工艺投入（如染料和添加剂）、生产工艺以及纺织材料，以全面淘汰与不安全物质有关的负面影响。

2. 大幅减少塑料微纤维的释放　新材料和生产工艺可以大幅减少衣物脱落的塑料微纤维数量，同时采用大规模有效捕捉仍在脱落的纤维的技术，这些对于实现这一目标至关重要。

（二）改变服装的设计、销售和使用方式，使其摆脱日益增长的一次性本质

改变服装的设计、销售和使用方式，以摆脱它们日益随意丢弃的性质，增加服装的平均穿着次数，是在纺织系统中获取价值和设计出废物和污染的最直接的杠杆。设计和生产质量更高的服装，并通过新的商业模式提供这些服装，将有助于改变人们对服装的看法，从一次性用品转变为耐用产品。随着购买和穿着服装的行为满足了一系列复杂的客户需求和欲望，在循环纺织品经济中，需要各种各样的销售和服务模式。经济机会已经存在于各个细分市场，

品牌和零售商可以通过重新定位营销来利用这些机会。采取合作行动，促进创新商业模式的发展，将有利于抓住新的机会。这种行动还将有助于释放潜力，因为当前的经济状况尚不明显。以下三方面的行动可以加速向这一宏伟目标的过渡。

1. 扩大短期服装出租规模 当服装的耐穿性超过顾客能够或者愿意穿着的次数时，租赁模式可以提供一个吸引人的商业机会。对于希望频繁更换服装的顾客来说，订阅模式可以提供比频繁购买新衣服更有吸引力的选择。对于实际需要会随着时间而改变的服装，例如儿童服装或一次性场合的服装，租赁服务将通过保持服装的经常使用而不是放在人们的衣橱里来提高利用率。对于所有这些模式而言，重新定位营销、利用品牌和零售商拥有的丰富经验和能力以及优化后的物流，是刺激新服务增长的关键推动力。

2. 增加耐用性 虽然短期服装租赁可以通过将服装使用分配给许多不同的人来体现耐用性的价值，但对于某些服装类型和消费者群体而言，即使只有一个或几个用户，服装的质量和耐用性也是有价值的。在这些细分市场中，许多客户看重高质量、耐用的服装，但由于缺乏信息，无法获得全部价值。对于那些已经使用过并且不再需要的衣服，虽然它们仍然足够耐用，可以再次使用，但增强型转售模式提供了一个很好的机会。专注于提供持续时间更长的高质量采购，也鼓励利用新技术，提供更好的适应性和定制，以获得最大的客户满意度。

（三）通过品牌承诺和政策进一步提高服装使用率

推动高使用率需要承诺设计持久的服装行业转型，可以通过共同的指导方针、协调的努力，并增加透明度。政策制定者还可以在进一步提高服装利用率方面发挥重要作用。通过改变服装设计、收集和再加工，从根本上改进回收利用，可以让行业捕捉到不再使用的服装材料的价值。循环再造对业界来说是一个机会，可以从每年超过1000亿美元的物料损失中获得一些价值，并减少处理这些物料的负面影响。要实现这一目标，需要在以下四个方面采取需求与供应相结合的措施。

1. 协调服装设计和回收流程 目前，服装设计和生产通常不考虑当衣服不能再使用时会发生什么。集中于一系列材料（包括因功能性需要而制作的混合物），并为这些材料开发高效的回收工艺，是扩大回收规模的关键一步，新材料的开发也是如此，目前的材料不能提供所需的功能性和可回收性。还需要进行调整，以提供跟踪和追踪技术，以识别回收过程中的材料。

2. 追求技术创新，提高回收的经济性和质量 现有的常用材料回收技术需要大幅提高经济效益和产出质量，才能充分发挥回收衣物中材料的价值。需要一个共同的创新议程，将努力和投资集中在共同材料的回收技术上。改进的分拣技术还将通过提供定义明确的原料，特别是在过渡阶段，在存在共同的跟踪和追踪技术之前，支持提高回收质量。

3. 刺激对回收材料的需求 通过明确承诺使用更多的回收材料，增加对回收材料的需求，可以极大地加快服装回收的进程。通过增加透明度和沟通渠道以及政策，更好地匹配供需，将有助于进一步刺激需求。

4. 大规模实施服装收集 衣服收集需要与回收技术一起大幅扩大规模，创造对回收材料的需求将增加不可穿戴物品的市场，极大地改善收藏家从这些材料中获取价值的机会。关于全面收集的指导方针，基于当前的最佳做法和对最佳收集系统的进一步研究将有助于扩大收集规模。这些指导方针应该包括一套全球收藏模型，允许区域差异，但建立在一套共同原则的基础上。

（四）有效利用资源，转向可再生投入

在新的纺织经济中，由于服装的使用率提高及循环再用的增加，对原材料投入的需求将大幅减少。然而，原始材料的输入可能永远都是必需的。在需要这种投入而又没有可循环再利用的材料的地方，应该考虑更多地使用可再生资源。此外，过渡到更有效益和效率更高的生产流程：产生更少的废物（如纺织废品）、需要更少的资源投入（如化石燃料和化学品）、在缺水地区减少用水、具有能源效率以及使用可再生能源，将进一步有助于减少对耗竭性能源投入的需求。计算和报告负面因素的成本将进一步支持向更好的资源使用和生产过程的转变，从而产生全系统的效益。

基于 C2C 理念的新的纺织品循环模式将带来更好的经济、环境和社会成果，弥补当前线性纺织系统遗漏的机会。在实现这些目标时，每个目标都会针对不同的对象提供各种不同的解决方案，并且需要考虑到它们之间的交互作用。当然，这些目标实现也需要一个过程，虽然个体企业有一些直接的盈利机会，但是要真正改变服装的设计、生产、销售、使用、收集和再加工的方式，需要跨价值链的合作努力，包括私营和公共部门的参与者。然而，现在正是采取行动的时候，行业需要与时俱进地朝着循环生产模式进发。

四、摇篮到摇篮（C2C）认证

C2C 认证是循环经济的产品认证，它是一个国际认可的环境与永续认证，它将环境保护、资源永续循环利用及社会关怀等思维纳入认证的评分标准之中，鼓励产品从设计制造阶段，就积极思考如何让产品在使用前、使用时和使用后都对人类和自然环境带来正向影响。

（一）C2C 认证的背景

说到 C2C 认证，首先要提及的就是“从摇篮到摇篮”这一概念于 2002 年由化学家布朗嘉（Michael Braungart）与设计师麦克唐纳（William McDonough）所创，其主要理念认为所有物质皆可回归自然，因此期望产品能符合物质循环的概念，将其区分为生态循环与工业循环两大部分，由生态循环制成的产品可透过生物分解而再次回到自然环境，而通过工业制造的产品材料，则期望其可通过再次利用的方式再度制成新产品。

C2C 认证为麦克唐纳布朗嘉化学设计公司（McDonough Braungart Design Chemistry, MBDC）所设立的认证标章，如图 9-5 所示，其通过材料健康性（material health）、材料循环再利用性（material reultilization）、再生能源使用及碳管理（renewable energy and carbon management）、水资源管理（water stewardship）与企业社会责任（social fairness）等五大项目进行评估，核发五级标章，分别为基本、铜、银、金与白金级标章。

现已有多个品牌通过 C2C 认证，如内衣制造商沃尔福德（Wolford），其已推出了 C2C 认证的袜子和内衣，可以完全地生物降解。这些服装使用纤维素纤维、可生物降解的塑料纤维和 Infinito 纤维，弹力是由 Roica Eco Smart 提供的，Roica Eco Smart 是一种创新材料，旨在取代传统的弹性材料。

图 9-5　C2C 认证

（二）C2C 认证的五个指标面向

C2C 认证是在循环经济倡议下针对产品永续设计的认证，涵盖了产品材料与制作过程，并可分为以下五大面向，如图 9-6 所示。

图 9-6　五大面向指标

1. 材料健康性　了解产品中所有材料与化学品，包含制作过程使用的化学品，并根据产品的预期用途评估对人类与环境健康的影响。若有被评估为具有健康风险的物质，厂商应修改产品设计，选用更安全的材料。

2. 材料循环性　包含规划产品回收系统，产品可拆解设计以及各零件材料都选用可以不断循环使用的材料养分。材料或化学品的循环，包括了工业循环（Upcycle 升级再造）和生物循环（可安全堆肥分解、可快速再生）。

3. 再生能源 以所有制造皆由100%的清洁再生能源驱动为目标，包含再生能源电力以及生物质燃料。

4. 水资源管理 将干净的水视为宝贵资源、基本人权来管理。前端包含工厂取水不排挤当地其他居民用水、不排挤生态所需的用水。后端包含工厂排水不含任何有毒物质，甚至可直接饮用，让周围生物继续安全地用水。

5. 社会公平性 确保生产供应链中所有利害关系人皆合理受益，包括员工、客户、供应链网络与周遭环境等。

（三）品牌C2C认证

目前，已有众多品牌（如C&A、Puma、Aveda、Ecover、Desso、Mosa、Shaw Industries、Steelcase、Van Houtum、Construction Specialties和AGC glass Europe等）通过C2C认证，经过对品牌产品进行社会与环境影响调查，结果显示，由C2C通过认证的产品，通过使用再生材料与提升资源使用效率等方法，可提升产品的经济与环境效益。

以欧洲时装零售商C&A为例，2017年6月，其推出了全球首个黄金级别的C2C认证的服装。为了达到这一水平的认证，C&A与Fashion for Good合作，这是一个由创始合伙人C&A基金会发起的全球合作伙伴关系。两家印度服装制造商Cotton Blossom和Pratibha Syntex也加入了这个项目，并生产了两种风格的女式T恤系列。

C&A的T恤总体上达到了C2C黄金水平（第二高水平），同时也满足了物质健康、可再生能源和水管理方面最高的铂金要求。

白金材料健康水平意味着在这些产品中（或直到生产的最后阶段，包括染色过程）不存在任何值得关注的物质。

C&A的T恤所使用的棉花是有机认证的，因此在棉花种植过程中不使用合成杀虫剂或化肥，且这些衬衫整体都是由纯有机棉制成的，包括标签和线，这样便于回收，不需要分离不同的材料。可再生能源的使用和工厂水的再利用进一步减少了生产对整体环境的影响，在开发过程中，C&A也使用了符合C2C认证的染料；最后，当这件T恤不能再穿又没有被回收时，它可以在家庭堆肥装置中堆肥，不到12周就会分解。

C&A将首个黄金级C2C认证T恤的推出视为第一步，并打算在未来系列中提供更多C2C的认证产品。

第二节　牛仔产业的可持续理念

一、牛仔产业的可持续发展现状

（一）牛仔产品生命周期中的水资源消耗、能源消耗概况

根据美国某牛仔公司在其生产过程中的检测得知，一件牛仔服装从棉田到纺织成棉布，再到制作伴随洗衣机后处理以及清洗的整个过程中，单一条牛仔裤的一生居然需要耗费超过3000L水；如果使用这些产生的废水浇灌花园，足够灌溉两个小时左右。关于牛仔服装在清

洗过程中产生的资源消耗，法国的最新研究证明表明，生产的每一条牛仔裤，所需要的面料、辅料、配饰分别为牛仔（denim）布、聚酯缝线、铜扣、纽扣等，如果对这条裤子每天进行常规清洗、烘干和熨烫，产生的能源消耗大约为 240 千瓦时，等同于同时点亮大约四千枚 60 瓦的电灯泡。

据国家环保总局统计，纺织行业中印染行业的污水排放总量居全国制造业排放量的第五位，其中 60%的纺织行业污水排放来自印染行业，且污染重，处理难度高，废水的回用率低。其中牛仔服装行业作为纺织行业的重要组成部分，其涉及面较广，污染程度在棉纺织行业中也是较为严重的。当前，许多牛仔公司意识到了牛仔产业可持续发展的重要性，纷纷致力其中。

（二）不同牛仔品牌的阶段性可持续行动

1. 选材阶段　国际木基纤维制造业兰精（Lenzing）集团推出全新的可持续牛仔布产品，继续推进牛仔行业的可持续性，兰精（Lenzing）主要采用的原料是山毛榉木，木材来自可持续管理森林，并获美国农业部（USDA）指定为 BioPreferred 产品。

2. 加工阶段　在 2015 国际纺织机械展览会（TIMA 2015）上，西班牙 Jeanologia 公司提出了牛仔裤“零排放加工中心”整理车间的概念，其通过对 TWINHS 型双头高速激光雕印机、G2 型臭氧水洗机和 e-Flow 型泡沫处理设备的组合，实现了对加工用水的 100%回收，且无须后续水处理和使用浮石，从而可使化学品用量、水耗和能耗分别降低 90%、90%和 50%。

3. 使用消费阶段　The R Collective 通过技术改良和创新，推出“Wash Less”牛仔裤，在衣物的消费环节减少了资源消耗。在中国，一件普通的牛仔裤平均每穿着 4 次，就会被清洗一次。而经过循环再造的牛仔裤，可以在每两次清洗之间穿着 10 次。这样，能够在洗衣机清洗方面减少 61%的能源与用水消耗。他们标示有“WashLess”符号的衣物，不需要干洗，并且通过挂晒而非烘干的方式能够另外节约超过 60%的能耗。

4. 回收利用阶段　Nathalie Ballout 是一名牛仔再生师，Ballout 的同名设计师品牌是一个以回收复古牛仔为主的品牌，她收购大量复古牛仔裤，然后将它们进行解体、漂白或染色、然后再重新接缝、创造独特的手工服装，挑战时装业大规模生产带来的环境破坏。

二、由阶段可持续转向整体可持续

（一）牛仔服装生命周期概述

一种产品从原料开采开始，经过原料加工、产品制造、产品包装、运输和销售，然后由消费者使用、回收和维修，最终再循环或作为废弃物处理和处置，整个过程称为产品的生命周期。牛仔服装的整个生命周期包括：牛仔服装纤维的获取、面料加工与剪裁、服装产品的制作与后处理、服装产品的分配与运输、服装产品的消费与使用、牛仔服装的再循环与废弃的整个过程。

资源消耗和环境污染物的排放在每个阶段都可能发生，因此污染预防和资源控制也应贯穿于牛仔产品生命周期的各个阶段。生命周期评价是对某种产品或某项生产活动从原料开采、加工到最终处置的一种评价方法。利用生命周期评价（LCA）可以完成以牛仔服装为研究对象，对服装生命周期进行完整的定性评价，从而获取准确的牛仔服装的碳足迹，得出牛仔服装整个生命周期中所涉及的资源、能源利用及环境污染排放状况。生命周期评价的思想力图在源头预防和减少环境问题，而不是等问题出现后再去解决。生命周期评价涵盖了产品的生产、销售、消费和回收处理等过程以及在产品的功能、能耗和排污之间寻求合理的平衡。

若要延长牛仔服装的生命周期，最理想的境况是闭合牛仔服装的生命曲线，使其呈现出循环结构——也是上文所指的“从摇篮到摇篮”生命结构。据相关研究报告指出：服装全生命周期中最主要的环境影响为固体废弃物，其次为全球变暖、酸化和富营养化。仅仅就废旧牛仔服装的循环回收阶段而言，就能解决牛仔服装最致命的硬伤即“固体废弃物”问题。

（二）牛仔生命周期评估案例

根据 EMMA ÅSLUND HEDMAN 2018 年对 Nudie Jeans 旗下牛仔裤 Grim Tim Conjunctions 的环境生命周期评估得到如下结果：

1. 测评方法 环境生命周期评价（E-LCA）是一种用于评价特定产品或服务从原材料（摇篮）提取到废物管理（坟墓）的整个生命周期的潜在环境影响和使用资源的方法。

2. Grim Tim Conjunctions 生命周期示意图 由确定五个生命周期阶段（棉花种植、面料制造、牛仔裤生产、分销、使用和废弃）划分的 Grim Tim Concontions 牛仔裤生命周期，流程如图 9-7 所示。

Grim Tim Conjunctions 牛仔裤是由 RR2716 Old Crispy 面料制作而成的，这种面料主要来源于印度种植的有机棉。牛仔裤生产生命周期阶段由三个主要工序组成：裁剪、缝制和整理。主要由两个独立的供应商负责：Bobo 工厂负责裁剪和缝纫工作，GG Productions 工厂负责收尾和包装工作。这两个供应商都位于意大利，因此数据集主要针对意大利。缝纫过程后，裤子被卡车发送到位于意大利的 Piombino Dese 的洗衣店，在整理过程中，添加了几种物质：浮石、颜料和盐。洗过的裤子在洗完后由卡车送到位于意大利阿库拉加纳的精加工工厂 GG Productions 进行打包，随后被运往瑞典在 Borås 的一个存储库中存储。

3. 所测数据结果 图 9-8 描述了一条（0.6 千克）Grim Tim Conjunctions 牛仔裤产品，显示了四个生命周期阶段，所有影响评价结果。四个生命周期阶段分别为棉花种植、面料制造、牛仔裤生产和使用（包括焚烧）。

从 LCA 收集的结果显示，12.0kg 二氧化碳当量为 Grim Tim Conjunctions 这种牛仔裤对气候变化的总影响。与其他类似的研究相比，在生命周期相同的情况下，Nudie Jeans 生产的 Grim Tim Conjunctions 牛仔裤最终出现在较低的范围中。普通牛仔裤产生 11.5（Roos 等，2015 年）~33.4kg 二氧化碳当量（Levi Strauss，2015）。

三、牛仔产业的可持续指南

（一）基于 C2C 的牛仔产业循环经济三原则

循环经济打破了目前“获取—制造—废弃”的工业模式，它需要将经济活动逐渐与消耗有限资源分离，并通过系统设计消除浪费。在向可再生能源转型的基础上，循环发展模式构建经济、自然和社会资本。牛仔循环经济基于以下三项原则。

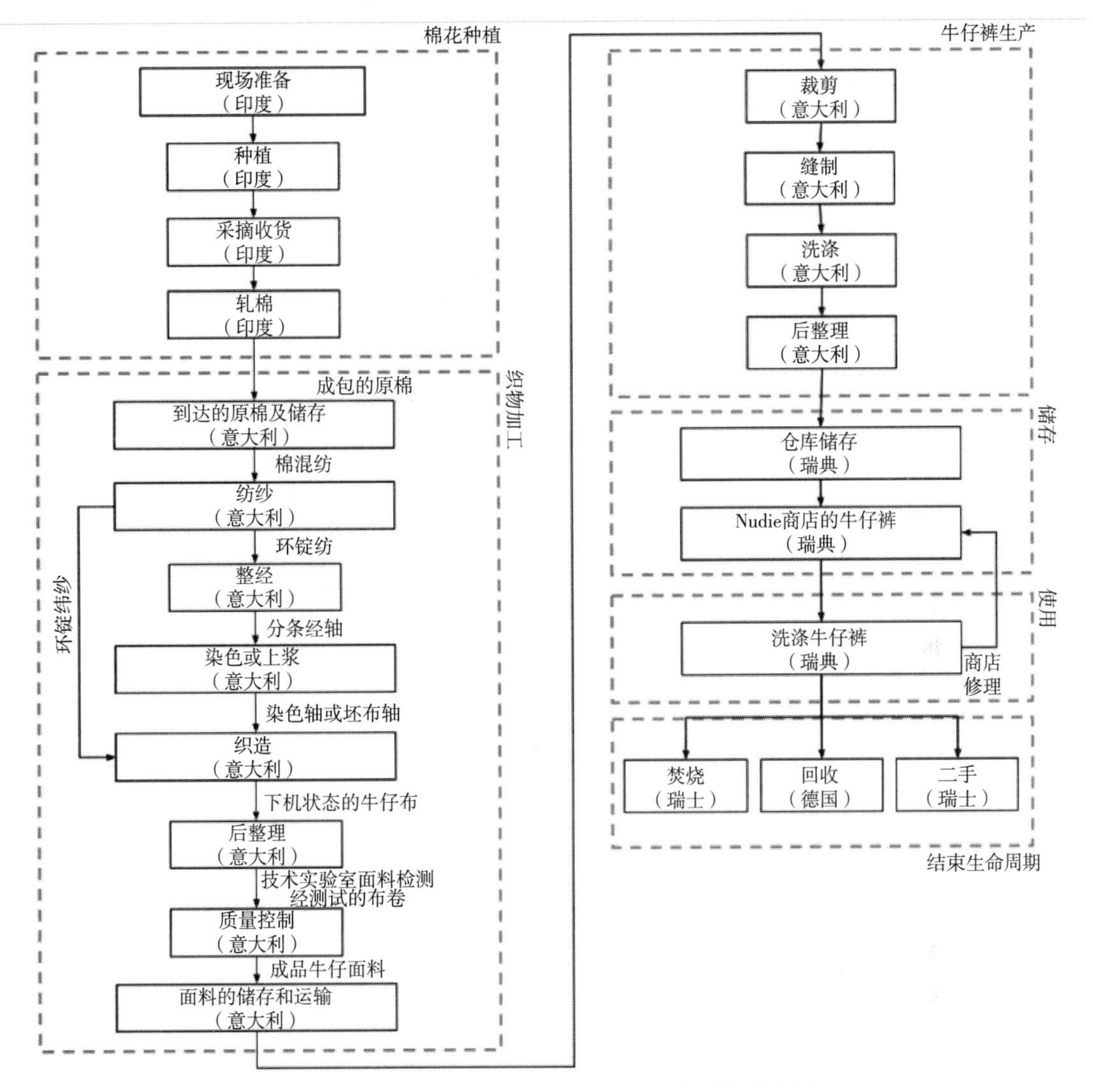

图 9-7　Grim Tim Conjunctions 牛仔裤生命周期示意图

（图源：Comparative Life Cycle Assessment of Jeans：A Case Study Performed at Nudie Jeans）

1. 从设计之初避免废弃和污染　经济活动对于有机体健康的损害和对环境的污染通常来自温室气体和有毒物质的排放，对大气、土地和水源造成污染，并产生交通堵塞等结构性问题。循环经济能够充分把握并认识到这些问题，并从设计源头解决问题。

2. 延长产品和材料的使用周期　循环经济能够节约更多资源、原料和劳动力，从而创造更多价值。这意味着设计应注重耐用、重复使用、再制造以及可回收性，以实现产品、零部件和原材料在经济体内的循环。为有效利用长效基材料，循环系统鼓励在营养物回归自然系统之前进行多次利用。

3. 促进自然系统再生　循环经济尽可能地避免使用不可再生资源，保护并优化使用可再生资源，例如通过让有价值的营养物回归土壤以促进自然系统再生。

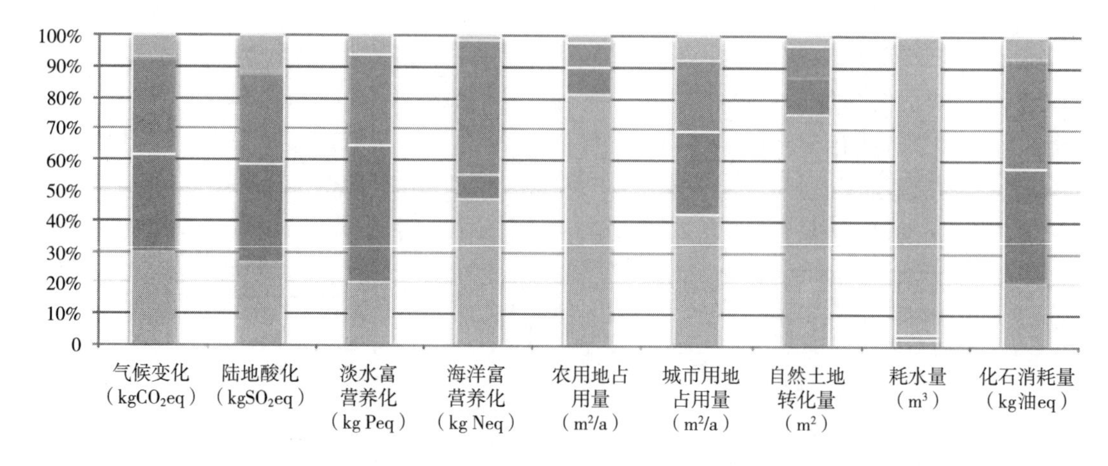

图 9-8 Grim Tim Conjunctions 牛仔裤生命周期对环境的影响评价结果

（图源：Comparative Life Cycle Assessment of Jeans：A Case Study Performed at Nudie Jeans）

（二）基于 C2C 的牛仔裤设计指南

1. 耐用性 增加衣物的平均穿着次数是服装行业产生更高价值和通过设计避免废弃的有效方法。设计和生产使用寿命更长的服装，并通过提高其使用率的商业模式来供应服装可以转变人们对服装的看法，即服装不是一次性产品，而是耐用品。

耐用性是指实质产品在其设计寿命内进行正常损耗时，在不需要额外维护或维修的情况下维持其功能的能力。从广义上来说，可分为以下两个方面：

（1）物理耐用性。是指通过调整面料结构和策略加固，以制造出可以提升耐劳度的产品。

（2）情感持久度。是指产品满足用户（单个或多个）的情感需求并被喜爱的程度。

2. 面料安全性 面料安全性是指组成产品的材料和其他物质以及在生产过程（包括从原料生产到用后处理的流程）中使用的材料和其他物质对人类健康和环境的安全性。要提高面料的安全性，首先必须使用可再生的种植方法（或有机种植方法），并利用安全的替代物杜绝生产过程中使用的有害化学药剂。

各生产阶段所用的化学品通常会残留在纺织品中，它们可能会对人类和环境产生不利影响。我们必须尽快杜绝纺织品生产中的有害物质，以促进循环系统中健康的物质流动，同时寻求从现有纺织品中去除残留有害物质的方法。

3. 可回收性 可回收性是指当产品及其组成部分不能再被重复使用或修复时，其材料能被继续使用的能力。服装可在各个层面实现回收利用。

（1）面料回收利用是将整块面料的各个部分重新缝制成一件新衣服（或新衣服的一部分）。该类回收利用有时又称为“再制造”。

（2）纱线回收利用是指在保持其完好无损的情况下，将用于制造针织服装的纱线拆解。

（3）纤维回收利用是指在根据颜色和面料对衣服进行分类后，将其粉碎并重新加工成纤维。

（4）聚合物回收利用是指使纤维回归聚合物状态，它会破坏纤维，但化学结构保持不变。实现该类回收利用的方式包括熔化和压制由单一面料塑料纤维制成的纺织品；以及用溶剂提取聚合物（通常用于纤维素回收利用）。

（5）化学单体回收利用是指将聚合物分解成单体或其他组成面料，这些单体或面料可作为生产原生聚合物的原料。

4. 可追溯性　可追溯性是指能够准确识别牛仔裤的组成面料。需要跟踪和追踪的信息包括化学物质合规水平（牛仔裤生产中所用的化学品）。可追溯性还包括确定牛仔裤生产是否符合该指南要求。可追溯性对标识、工艺或元素活动进行追踪，并在整个供应链上追溯面料、产品和生产条件。

（三）C2C 黄金级面料牛仔布

2017 年 12 月，牛仔服饰著名品牌 G Star Raw 发布了全球第一款 C2C 黄金级认证的牛仔布料。其牛仔面料的特点如下：

（1）100%有机棉面料，栽种全程不使用农药与化肥。

（2）使用 Dystar 公司开发的 C2C 健康性黄金级认证 Indigo 染料。

（3）由专业的环保丹宁布料工厂 Artistic Milliners 生产。

牛仔服装设计、制作、销售以及废弃或循环再利用的每一个环节都会产生环境影响，企业应该从全过程考虑，寻求切实可行的降低环境影响和资源能耗的设计方法。以上提供的牛仔裤设计指南和案例作为参考，希望能够为整个牛仔产业链的可持续发展提供更多的思路和帮助。

本章小结

本章基于可持续理念贯穿的整个服装产业链，即全局的可持续，阐述了服装产业可持续的整体性意义，并引出可持续发展下的“从摇篮到摇篮”设计的概念、原则与方法；并以牛仔产业为例，概述了牛仔产业的绿色发展现状，并提供了 Nudie Jeans 品牌 Grim Tim Conjunctions 系列牛仔裤的生命周期评价案例，最后给出牛仔产业的可持续发展指南。借助此章，希望能让读者进一步理解服装行业的可持续不是某一节点的可持续，而是基于服装的整个生命周期——“从摇篮到坟墓”的可持续；同时，对“从摇篮到摇篮”的设计和循环经济的介绍，能有助于读者理解现行环境下，纺织服装产业未来的发展规划，从而对纺织服装行业可持续发展有更深的把握，也能在此领域进行更多的探索。

思考题

1. 你认为服装产业的可持续发展方向有哪些？在服装行业可持续发展中还有哪些痛点？
2. 还有哪些品牌推出了最新的可持续牛仔服装？并说明其可持续的理由。

参考文献

[1] MIA, MINI MISS, PENTER YIP, et al. Fashionpedia: the Visual Dictionary of Fashim Design [M]. Fashionary International The Limited, 2016.

[2] 罗慧，霍有光，胡彦华，等. 可持续发展理论综述 [J]. 西部皮革，2004，4 (1): 35-38.

[3] BASIAGO A D. Economic, social, and environmental sustainability in development theoy and urban planning practice [J]. Environmentalist, 1998, 19 (2): 145-161.

[4] 曹撷. 零浪费理念在服装设计上的研究与应用 [D]. 北京：北京服装学院，2019.

[5] MARNIEFOGG. 时尚通史 [M]. 陈磊，译. 北京：中信出版集团，2016.

[6] 赛得利，MSC 咨询，第一财经，企业社会价值研究院，可持续商业研究中心. 2020 中国可持续时尚消费报告 [R]. 2020.

[7] BOF 时装商业评论，麦肯锡咨询公司. 2020 全球时尚业态报告 [R]. 2020.

[8] 中国连锁经营协会. 2017 中国可持续消费研究报告 [R]. 2017.

[9] LAITALA K, AUSTGULEN M H, KLEPP I G. Responsibility without means [J]. Roadmap to sustainable textiles and clothing: environmental and social aspects of textiles and clothing supply chain, 2014: 125-151.

[10] 商道纵横. 2020 年中国可持续消费报告 [R]. 2020.

[11] 段文婷，江光荣. 计划行为理论述评 [J]. 心理科学进展，2008 (2): 315-320.

[12] KANG J, LIU C, KIM S H. Environmentally sustainable textile and apparel consumption: the role of consumer knowledge, perceived consumer effectiveness and perceived personal relevance [J]. International Journal of Consumer Studies, 2013, 37 (4): 442-452.

[13] 龙成志，卿前龙. 消费者可持续性知识对绿色消费的影响——以品牌可持续性感知为中介 [J]. 中国流通经济，2017，31 (7): 91-102.

[14] FOLLOWS S B, JOBBER D. Environmentally responsible purchase behaviour: a test of a consumer model [J]. European journal of Marketing, 2000, 34 (5/6): 723-746.

[15] CONNER M, NORMAN P, BELL R. The theory of planned behavior and healthy eating [J]. Health psychology, 2002, 21 (2): 194.

[16] R. I. S. E. 后疫情时代聚焦中国可持续时尚消费人群 [R]. 2020.

[17] 赵江洪，赵丹华，顾方舟. 设计研究：回顾与反思 [J]. 装饰，2019 (10): 5.

[18] I. L. 麦克哈格. 设计结合自然 [M]. 苗经纬，译. 北京：中国建筑工业出版社，1992.

[19] 中央美术学院设计学院史论部. 设计真言 [M]. 成都：四川美术出版社，2010.

[20] 张军，徐畅，戴梦雅，等. 生态文明视域下可持续设计理念的演进与转型思考 [J].

生态经济，2021，37（5）：7.
［21］程煜．基于牛仔时尚的可持续服装设计探究［D］．北京：北京服装学院，2018.
［22］陈星羽，陈敏之．基于可持续发展理念的服装设计研究［J］．艺术教育，2020（8）：4.
［23］钟慧云．可持续设计理念与包豪斯设计理念探析［J］．艺术科技，2019（8）：2.
［24］杨晓斌，杨林．20 世纪设计思想的演进　设计思想的演进——基于绿色设计到生态设计再到可持续设计的表述［J］．生态经济（学术版），2014（2）：4.
［25］朱河，张平安．可持续设计理念的嬗变与重塑［J］．文化月刊，2021：180-185.
［26］GAZIULUSOY A I，BREZET H. Design for system innovations and transitions：a conceptual framework integrating insights from sustainablity science and theories of system innovations and transitions［J］. Journal of Cleaner Production，2015，108（DEC. 1PT. A）：558-568.
［27］BRUNDTLAND G H. World commission on environment and development［J］. Environmental policy and law，1985，14（1）：26-30.
［28］萧颖娴．趋势和机遇："可持续"理念对时装产业发展之影响及设计人才培养之应对［D］．北京：中国美术学院，2013.
［29］周博．维克多·帕帕奈克与绿色设计的思想传统［C］// 设计学研究·2015.
［30］孟露．可持续产品设计的思路与方法［J］．艺术大观，2020（25）：59-60.
［31］刘新．可持续设计的观念、发展与实践［J］．创意与设计，2010（2）：4.
［32］孙赵洁，茅丹．可持续时尚设计方法概述及趋势分析［J］．纺织科技进展，2020（8）：40-44.
［33］PAPANEK V. Design for human scacle［M］. New York：Van Nostrand Rein hold Company，1983.
［34］李超逸．快时尚服装品牌的数字化可持续发展［J］．西部皮革，2019，41（11）：2.
［35］维克多·帕帕纳克．绿色律令：设计与建筑中的生态学和伦理学［M］．周博，刘佳，译．北京：中信出版社，2013.
［36］陆钟武．对工业生态学的思考［J］．环境保护与循环经济，2010（2）：3.
［37］周洁．可持续设计理念在服装领域中的创新应用研究［D］．吉林：东北电力大学，2021.
［38］汤姆·拉斯．可持续性与设计伦理［M］．徐春美，译．重庆：重庆大学出版社，2016.
［39］朱铿桦．"互动参与式"服装设计方法的系统构建研究［D］．北京：中国美术学院，2016.
［40］刘新，余森林．可持续设计的发展与中国现状［C］// 2009 清华国际设计管理大会．
［41］VEZZOLI C，MANZINI E. Design for environmental sustainability［M］. London：Springer，2008.

[42] 陶辉，王莹莹．可持续服装设计方法与发展研究［J］．服装学报，2021，6（3）：9.

[43] GWILT A，RISSANEN T. Shaping sustainable fashion：Changing the way we make and use clothes［M］. London：Routledge，2012.

[44] 王革辉．服装材料学［M］．北京：中国纺织出版社，2020.

[45] HASANBEIGI A，PRICE L. A Review of Energy Use and Energy Efficiency Technologies for the Textile Industry［R］. America：China Energy Group，Environmental Energy Technologies Division，Lawrence Berkeley National Laboratory，2012：17-30.

[46] FOUNDATION E M. A new textiles economy：Redesigning fashion's future［R］. 2017：20-141.

[47] LEIBOWITZ D. CFDA Guide to Sustainable Strategies 7.0［R］. America：Council of Fashion Designers of America，2019：51-105.

[48] COALITION S A. Higg Materials Sustainability Index（MSI）Methodology［R］. 2020.

[49] OPPERSKALSKI S，SIEW S，TAN E，et al. the 2020 Preferred Fiber & Materials Market Report［R］. America：Textile Exchange，2020：6-16.

[50] 于伟东．纺织材料学［M］．北京：中国纺织出版社，2018.

[51] GROSE L. Sustainable cotton production［J］. Sustainable textiles，2009：33-62.

[52] MUTHU S S. Assessing the environmental impact of textiles and the clothing supply chain［M］. Cambridge：Woodhead publishing，2020.

[53] FLETCHER K. Sustainable Fashion and Textiles Design Journeys［M］. London：Earthscan Publications，2014.

[54] MUTHU S S. Textiles and Clothing Sustainability-Recycled and Upcycled Textiles and Fashion［M］. Berlin：Springer，2017.

[55] SHEN L，WORRELL E，PATEL M K. Open-loop recycling：A LCA case study of PET bottle-to-fibre recycling［J］. Resources，conservation and recycling，2010，55（1）：34-52.

[56] KOç E，KAPLAN E. An Investigation on Energy Consumption in Yarn Production with Special Reference to Ring Spinning［J］. FIBRES & TEXTILES in Eastern Europe，2007：18-25.

[57] 吴赞敏．纺织品清洁染整加工技术［M］．北京：中国纺织出版社，2020.

[58] 刘江坚．染整节能减排新技术［M］．北京：中国纺织出版社，2015.

[59] 刘伦伦，唐颖，BELLAVITIS A D-A，等．可持续服装设计的发展现状［J］．毛纺科技，2018：94-98.

[60] 陈磊．考虑渠道定价权和可持续性的服装供应链采购外包策略研究［D］．广州：华南理工大学，2020.

[61] ANILKUMAR E N，SRIDHARAN R. Sustainable supply chain management：A literature review and implications for future research［J］. International Journal of System Dynamics

Applications（IJSDA），2019，8（3）：15-52.
［62］GROSE L，FLETCHER K. Fashion and sustainability：design for change［M］. London：Laurence King Publishing，2012.
［63］孙欢．我国服装企业绿色供应链管理研究［J］．农村经济与科技，2017，28（2）：147-148.
［64］郑馨怡．纺织服装业绿色采购对企业绩效影响的实证研究［D］．湖北：武汉纺织大学．2012.
［65］王洋，王小雷，陶亚奇．基于 LCA 的服装低碳化对策［J］．纺织导报，2019，（1）：19-22.
［66］中国纺织工业联合会社会责任办公室．循环时尚：中国新纺织经济展望［R］. 2020.
［67］SHIRVANIMOGHADDAM K，MOTAMED B，RAMAKRISHNA S，et al. Death by waste：Fashion and textile circular economy case［J］. Science of The Total Environment，2020，718：137317.
［68］LEAL FILHO W，ELLAMS D，HAN S，et al. A review of the socio - economic advantages of textile recycling［J］. Journal of cleaner production，2019，218：10-20.
［69］唐世君，杨中开．废旧纺织品回收及其再利用技术［M］．北京：中国纺织出版社，2016.
［70］全国产品回收利用基础与管理标准化技术委员会 . GB/T 38926—2020 中国标准书号［S］．北京：中国标准出版社，2020.
［71］全国产品回收利用基础与管理标准化技术委员会 . GB/T 38923—2020 中国标准书号［S］．北京：中国标准出版社，2020.
［72］赵国樑．我国废旧纺织品综合再利用技术现状及展望［J］．北京服装学院学报（自然科学版），2019，39（1）：94-100.
［73］刘安，郭嘉莹．循环时尚——纺织服装升级再造的发展及设计方法研究［J］．丝绸，2020，57（12）：132-139.
［74］NIKE. 2020 财年 NIKE 影响报告［R］. 2020：13-16.
［75］优衣库 . 2021 可持续战略报告［R］. 2021：4-9.
［76］冯丽云，耿凯燕，刘天成．品牌营销［M］．北京：经济管理出版社，2006.
［77］张征宇．营销创新［M］．北京：经济管理出版社，2006.
［78］孙健．海尔的营销策略［M］．北京：企业管理出版社，2002.
［79］黄茹倩．基于 ABC 态度模型的快时尚品牌可持续营销策略研究［D］．武汉：武汉纺织大学，2021.
［80］郑俊洁．绿色环保理念下的服装品牌可持续发展研究［J］．轻纺工业与技术，2021，50（1）：3.
［81］史亚娟．极简派 Everlane 如何打造“慢经典”？［J］．中外管理，2017（1）：106-109.
［82］王杨阳．可持续时尚策略对服装品牌形象影响机制的量化研究［D］．苏州：苏州大学，2021.

［83］AAKER D A. Managing Brand Equity：Capitalizing on the Value of a Brand Name［J］. Journal of Marketing，1992，56（2）：125-134.

［84］JUNG J，SANG J K，Kim K H. Sustainable marketing activities of traditional fashion market and brand loyalty［J］. Journal of Business Research，2020，120：294-301.

［85］WATSON K J，WIEDEMANN S G. Review of methodological choices in LCA-based textile and apparel rating tools：key issues and recommendations relating to assessment of fabrics made from natural fibre types［J］. Sustainability，2019，11（14）：3846.

［86］郑秀君，胡彬．我国生命周期评价（LCA）文献综述及国外最新研究进展［J］．科技进步与对策，2013，30（6）：155-160.

［87］郭淼，吴晓玲．纺织服装产品生命周期评价方法初探［J］．纺织导报，2003（1）：70-73.

［88］李海红，郭雅妮，赵小锋．生命周期评价在服装纺织品中的应用研究［J］．西安工程大学学报，2009，23（4）：82-87.

［89］LI X，CHEN L，DING X. Allocation methodology of process-level carbon footprint calculation in textile and apparel products［J］. Sustainability，2019，11（16）：4471.

［90］葛娉婷. Study on Main Influencing Factors and Countermeasures of Green Development of Jeans Garment Industry［J］. Modern Management，2020，10（5）：799-810.

［91］赵红，蔡再生．生态染整技术研究进展［J］．国际纺织导报，2018，46（11）：24-30.

［92］HEDMAN E Å. Comparative Life Cycle Assessment of Jeans：A case study performed at Nudie Jeans［D］；Royal Institute of Technology（KTH），2018：35-40，91.